高等职业教育教材

化工安全技术

朱啟进　主　编
程雷相　副主编

HUAGONG
ANQUAN
JISHU

化学工业出版社
·北京·

内容简介

《化工安全技术》为理实一体化教材，共九个项目，首先认识化工企业的性质和安全生产的重要性，进而掌握个体防护用品的使用，防止生产过程中现场中毒伤害，防止燃烧爆炸伤害，防止现场触电伤害，防止检修作业伤害，安全使用压力容器，安全进行化工单元操作和化学反应过程，防止职业危害。

每个项目分解成若干个任务，每个任务含"任务引入""任务分析""必备知识""任务实施"四个环节，以真实发生过的事故案例为切入点，分析事故发生的原因，让学生掌握预防此类事故发生的理论知识，并完成所要求的技能训练。

本书可作为高等职业教育化工类及相关专业的教材，也可作为化工企业人员的培训用书或参考书。

图书在版编目（CIP）数据

化工安全技术/朱啟进主编；程雷相副主编. —北京：化学工业出版社，2022.10
ISBN 978-7-122-42566-9

Ⅰ. ①化… Ⅱ. ①朱… ②程… Ⅲ. ①化工安全-安全技术-教材 Ⅳ. ①TQ086

中国版本图书馆 CIP 数据核字（2022）第 212782 号

责任编辑：提　岩　旷英姿　　　　　　　　文字编辑：崔婷婷
责任校对：李露洁　　　　　　　　　　　　装帧设计：李子姮

出版发行：化学工业出版社（北京市东城区青年湖南街13号　邮政编码100011）
印　　装：河北鑫兆源印刷有限公司
787mm×1092mm　1/16　印张14½　字数354千字　2023年5月北京第1版第1次印刷

购书咨询：010-64518888　　　　　　　　　售后服务：010-64518899
网　　址：http://www.cip.com.cn
凡购买本书，如有缺损质量问题，本社销售中心负责调换。

定　价：45.00元　　　　　　　　　　　　　　　　　　　版权所有　违者必究

前言

近年来，化工行业发展迅速，然而伴随着发展，安全事故也时有发生，这些事故主要是泄漏、中毒、着火甚至爆炸等。事故的发生严重影响着企业的命运和当地居民的健康。因此，化工安全生产意义重大，是一个企业能否生存下去的关键因素。化工生产过程中涉及的原料、半成品、成品等大多数是易燃易爆、有毒有害的危险化学品。为保证生产过程的安全性，操作员在处理这些危险化学品时必须要有足够的安全知识、安全操作技能和安全职业态度。

为落实党的二十大精神、贯彻立德树人的根本任务，本书根据全国石油和化工职业教育教学指导委员会提出的关于化工类专业人才培养目标和新制订的教学计划要求进行编写。以专业教学的针对性、实用性和先进性为指导思想，紧紧围绕职业能力训练的教学需要构建知识体系和组织教学内容。内容的设计上以培养学生实践技能、职业素养及岗位核心能力为目的，以典型的工作任务为载体，以实施任务的流程为主线。首先，把实际发生的事故作为"任务引入"，然后分析出完成任务所需的理论知识、实操技能及职业素养。通过"必备知识"环节的学习，学生基本掌握了完成任务所需的理论知识，在"任务实施"环节，安排一个或多个活动以培养学生的动手操作能力以及分析、研判的能力。因此，本书的教学内容包括理论知识和动手操作两部分，两者相互衔接、有机融合，达到理实结合的效果。

本书共有九个项目，首先认识化工企业的性质和安全生产的重要性，进而掌握个体防护用品的使用，防止生产过程中现场中毒伤害，防止燃烧爆炸伤害，防止现场触电伤害，防止检修作业伤害，安全使用压力容器，安全进行化工单元操作和化学反应过程，防止职业危害。每个项目相对独立，都是从企业生产中提炼出来的。紧密结合企业生产实际，培养学生核心岗位生产能力。

本书由朱启进主编，程雷相副主编。其中项目一、项目八和项目九由朱启进编写，项目二、项目六和项目七由程雷相编写，项目三、项目四和项目五由张润红编写。全书由朱启进、程雷相统稿，刘开明教授主审。

本书的编写得到了甘肃省技能公共实训中心、化学工业出版社及主编所在单位的大力支持，在此表示衷心感谢！

由于编者水平所限，书中不足之处在所难免，敬请广大读者批评指正。

编者
2022 年 10 月

目录

项目一　树立安全生产的职业素养

学习目标	1
任务一　认识化工生产与安全	1
［任务引入］	1
［任务分析］	2
［必备知识］	2
一、化工行业的概念	2
二、化工企业生产的特点	2
三、安全生产	3
四、企业的"三级"安全教育	5
［任务实施］	6
活动1　认识化工企业及生产特点	6
活动2　认识化工企业中常见的安全标志	7
活动3　认识化工企业的"三级"安全教育	8
任务二　认识安全生产法律法规和安全生产管理体系	8
［任务引入］	8
［任务分析］	8
［必备知识］	9
一、安全法规	9
二、安全管理	9
三、安全事故管理	11
四、事故分类	12
五、事故等级	12
六、安全技术	13
［任务实施］	13
活动1　认识安全生产法律法规和安全生产管理体系	13
活动2　案例分析	14

项目二　正确选择和使用安全防护用品

学习目标	15
任务一　正确选择和佩戴安全帽	16
［任务引入］	16
［任务分析］	16
［必备知识］	16
一、安全帽的结构和种类	16
二、安全帽的作用	17
三、安全帽的质量要求	18
四、安全帽的选择与使用	18
［任务实施］	19
活动　正确选择和使用安全帽	19
任务二　正确选择和使用呼吸器官防护用品	21
［任务引入］	21
［任务分析］	21
［必备知识］	21
一、常见的呼吸器官防护用具	21
二、选择呼吸器官防护用具	22
三、练习佩戴防毒面具	23
［任务实施］	25
活动　练习使用正压式空气呼吸器	25
任务三　正确选择和使用眼面部防护用品	27
［任务引入］	27
［任务分析］	27
［必备知识］	27
一、眼面部防护用品的分类	27
二、眼面部防护用品选择和使用注意事项	29
三、焊接防护用具的使用	30
［任务实施］	30
活动　正确选择和使用眼面部防护用品	30
任务四　正确选择和使用手部防护用品	32
［任务引入］	32

［任务分析］	32
［必备知识］	32
一、认识常见的手部伤害	32
二、制定手部防护措施	33
［任务实施］	35
活动　正确选择和使用手部防护用品	35

任务五　正确选择和使用足部防护用品　37

［任务引入］	37
［任务分析］	37
［必备知识］	37
一、认识常见的足部伤害	37
二、制定足部防护措施	38
［任务实施］	40
活动　正确选择和使用足部防护用品	40

任务六　正确选择和使用躯体防护用品　42

［任务引入］	42
［任务分析］	42
［必备知识］	43
一、认识躯体防护用品	43
二、正确穿着躯体防护服	44
［任务实施］	45
活动　正确选择和使用躯体防护用品	45

任务七　正确选择和使用听觉器官防护用品　47

［任务引入］	47
［任务分析］	47
［必备知识］	47
一、噪声及噪声的分类	47
二、常用的听觉器官防护用品	48
［任务实施］	48
活动　正确使用耳塞	48

任务八　正确选择和使用坠落防护用品　49

［任务引入］	49
［任务分析］	49
［必备知识］	49
一、认识坠落防护	49
二、认识安全带	50
三、正确选择系挂安全带挂点	51
［任务实施］	51
活动　佩戴全身式安全带	51

项目三　防止现场中毒伤害

学习目标	53

任务一　认识危险化学品　53

［任务引入］	53
［任务分析］	54
［必备知识］	54
一、危险化学品及其分类	54
二、危险化学品的储运安全	56
［任务实施］	61
活动　认识危险化学品	61

任务二　辨识工业毒物　62

［任务引入］	62
［任务分析］	63
［必备知识］	63
一、工业毒物的毒性	63
二、工业毒物的危害	65
［任务实施］	67
活动　辨识实验室危险化学品	67

任务三　中毒的预防与救护　69

［任务引入］	69
［任务分析］	69
［必备知识］	69
一、急性中毒的现场救护程序	69
二、综合防毒措施	71
［任务实施］	73
活动1　聚氯乙烯工艺生产装置泄漏中毒事故应急演练	73
活动2　训练单人徒手心肺复苏	75

项目四　防止燃烧爆炸伤害

学习目标	77
任务一　认识燃烧和爆炸	**77**
［任务引入］	77
［任务分析］	78
［必备知识］	78
一、燃烧	78
二、火灾	80
三、爆炸	80
［任务实施］	82
活动　探究燃烧发生需要的条件	82
任务二　认识和正确选择灭火剂	**83**
［任务引入］	83
［任务分析］	83
［必备知识］	83
一、认识灭火方法	83
二、认识灭火剂	84
［任务实施］	88
活动　探究灭火剂的灭火原理	88
任务三　正确选择和使用灭火器	**89**
［任务引入］	89
［任务分析］	89
［必备知识］	89
一、认识灭火器	89
二、正确选择和使用灭火器	90
［任务实施］	92
活动1　在仿真系统上灭火	92
活动2　在VR系统上灭火	93
任务四　在化工装置上进行初期火灾的扑救	**93**
［任务引入］	93
［任务分析］	94
［必备知识］	94
一、生产装置初起火灾的扑救	94
二、易燃、可燃液体贮罐初起火灾的扑救	94
三、电气火灾的扑救	95
［任务实施］	96
活动1　聚乙烯实训一体化装置区域内着火应急演练	96
活动2　精馏实训一体化装置区域内起火爆炸应急演练	97

项目五　防止现场触电伤害

学习目标	100
任务一　认识电气安全技术	**101**
［任务引入］	101
［任务分析］	101
［必备知识］	101
一、电气安全基本知识	101
二、电气安全技术	106
三、触电急救技术	111
［任务实施］	113
活动　触电事故应急处理	113
任务二　认识静电防护技术	**117**
［任务引入］	117
［任务分析］	117
［必备知识］	117
一、静电危害及特性	117
二、静电防护技术	119
［任务实施］	122
活动　静电引发事故案例分析	122
任务三　认识雷电防护技术	**122**
［任务引入］	122
［任务分析］	123
［必备知识］	123
一、雷电的分类及危害	123
二、常用防雷装置的种类与作用	124
三、人身的防雷措施	125
四、建筑物的防雷措施	125
［任务实施］	126
活动　制定实训室防雷方案	126

项目六　化工装置检修作业

学习目标 127

任务一　认识化工装置检修作业 128
[任务引入] 128
[任务分析] 128
[必备知识] 128
一、化工装置检修的分类与特点 128
二、装置停车检修前的准备工作 129
[任务实施] 130
活动　认识化工装置检修作业流程 130

任务二　认识盲板抽堵作业 131
[任务引入] 131
[任务分析] 132
[必备知识] 132
一、认识盲板 132
二、盲板抽堵作业 134
[任务实施] 135
活动　盲板抽堵作业 135

任务三　认识高处作业 136
[任务引入] 136
[任务分析] 137
[必备知识] 137
一、高处作业 137
二、高处作业的危险分析 138
三、高处作业的安全要求 138
四、高处作业的安全防护 139
[任务实施] 139
活动　高处作业 139

任务四　进入受限空间作业 141
[任务引入] 141
[任务分析] 141
[必备知识] 141
一、受限空间基本概念 141
二、进入受限空间作业的不安全因素分析 142
三、进入受限空间作业安全要求 143
四、进入受限空间作业工作人员职责 144
[任务实施] 144
活动　进入受限空间作业（实训） 144

任务五　认识动火作业 146
[任务引入] 146
[任务分析] 147
[必备知识] 147
一、动火作业基本概念 147
二、动火作业的安全要求 147
三、动火作业许可证 149
[任务实施] 149
活动　一级动火作业 149

任务六　认识临时用电作业 150
[任务引入] 150
[任务分析] 151
[必备知识] 152
一、临时用电作业基本概念 152
二、临时用电作业安全要求 152
三、用电安全"十不准" 153
[任务实施] 153
活动　临时用电作业 153

项目七　安全使用与管理压力容器

学习目标 155

任务一　压力容器的安全使用与管理 155
[任务引入] 155
[任务分析] 156
[必备知识] 156
一、压力容器概述 156
二、压力容器的安全操作 159
[任务实施] 161
活动1　压力容器事故案例分析（一） 161

活动2　压力容器事故案例分析（二）　162
任务二　锅炉的安全使用与管理　162
　　[任务引入]　162
　　[任务分析]　162
　　[必备知识]　163
　　一、锅炉基本知识　163
　　二、锅炉的安全使用与管理规范　163
　　三、锅炉的安全启动、运行和停炉　165
　　四、锅炉事故类别和处理　167
　　[任务实施]　169
　　活动　锅炉安全事故案例分析　169

任务三　气瓶的安全使用与管理　169
　　[任务引入]　169
　　[任务分析]　170
　　[必备知识]　170
　　一、气瓶的定义及分类　170
　　二、气瓶的安全附件　171
　　三、气瓶的颜色　171
　　四、气瓶的管理　172
　　五、气瓶的检验　174
　　[任务实施]　174
　　活动　实验室气瓶安全检查　174

项目八　安全进行化工单元操作和化学反应

学习目标　177
任务一　安全进行化工单元操作　177
　　[任务引入]　177
　　[任务分析]　178
　　[必备知识]　178
　　一、认识加热操作的安全技术要点　178
　　二、认识冷却冷凝与冷冻操作的安全技术要点　178
　　三、认识筛分的安全技术要点　179
　　四、认识过滤的安全技术要点　179
　　五、认识混合的安全技术要点　180
　　六、认识输送操作的安全技术要点　181
　　七、认识干燥的安全技术要点　181
　　八、认识蒸发的安全技术要点　182
　　九、认识蒸馏的安全技术要点　182
　　十、认识吸收操作的安全技术要点　182
　　十一、认识液-液萃取操作的安全技术要点　182
　　[任务实施]　183
　　活动　分析流体及固体输送操作的危险性　183

任务二　安全操作化工单元设备　183
　　[任务引入]　183
　　[任务分析]　184
　　[必备知识]　184
　　一、安全运行泵　184
　　二、安全运行换热器　184
　　三、安全运行精馏设备　185
　　四、安全运行反应器　186
　　五、安全运行蒸发器　186
　　六、安全运行容器　186
　　[任务实施]　187
　　活动　安全操作化工单元设备事故案例分析　187

任务三　安全进行化学反应　188
　　[任务引入]　188
　　[任务分析]　188
　　[必备知识]　188
　　一、认识氧化反应的安全技术要点　188
　　二、认识还原反应的安全技术要点　189
　　三、认识硝化反应的安全技术要点　191
　　四、认识氯化反应的安全技术要点　192
　　五、认识催化反应的安全技术要点　193
　　六、认识聚合反应的安全技术要点　194
　　七、认识电解反应的安全技术要点　194
　　八、认识裂解反应的安全技术要点　195
　　九、认识磺化反应的安全技术要点　195
　　十、认识烷基化反应的安全技术要点　195
　　十一、认识重氮化反应的安全技术要点　196
　　[任务实施]　196
　　活动　安全进行化学反应事故案例分析　196

项目九　职业危害防护技术

学习目标　198
任务一　认识职业危害　199
[任务引入]　199
[任务分析]　199
[必备知识]　199
一、职业危害因素及我国职业危害的现状　199
二、职业危害因素的分类　200
三、职业性危害因素的作用条件　201
四、职业危害因素与职业病　201
五、职业危害程度分级标准　203
六、职业危害因素识别的方法应用　203
[任务实施]　205
活动　编写工作危害分析记录表　205
任务二　预防生产性粉尘的危害　206
[任务引入]　206
[任务分析]　206
[必备知识]　206
一、粉尘的产生及对人体的危害　206
二、生产性粉尘的性质　207
三、预防粉尘危害的对策　207
[任务实施]　209
活动　材料分析　209
任务三　预防灼伤伤害　210
[任务引入]　210
[任务分析]　210
[必备知识]　211
一、灼伤及其分类　211
二、化学灼伤的现场急救　211
三、化学灼伤的预防措施　212
[任务实施]　213
活动　预防灼伤伤害案例分析　213
任务四　预防物理性危害　214
[任务引入]　214
[任务分析]　214
[必备知识]　214
一、噪声及噪声聋　215
二、振动及振动病　215
三、电磁辐射及其所致职业病　216
四、异常气象条件及有关的职业病　218
[任务实施]　220
活动　预防物理性危害案例分析　220

参考文献

项目一　树立安全生产的职业素养

【学习目标】

知识目标

① 能描述化工企业和化工生产过程。
② 能说出化工企业生产的特点。
③ 能总结化工生产与安全之间的关系。
④ 能归纳、总结化工企业中常见的安全标志。
⑤ 能描述化工企业"三级"安全教育。
⑥ 能描述化工企业常见的安全生产法律法规。
⑦ 能总结事故的成因理论和事故的类型。

技能目标

① 能在生产现场识别不同的安全标志。
② 能绘制出常见的安全生产法律法规的思维导图。
③ 能绘制出化工企业"三级"安全教育的思维导图。

素质目标

① 树立安全第一的生产理念。
② 增强安全生产的意识。
③ 加强小组合作能力。

 ## 任务一　认识化工生产与安全

任务引入

　　甘肃刘化（集团）有限责任公司是甘肃省化肥生产骨干企业，现为靖远煤业集团有限责任公司的全资子公司。目前已发展成生产能力为年产合成氨 40 万吨、尿素 70 万吨、甲醇 10 万吨、浓硝酸 15 万吨、硝基复合肥 25 万吨的大型企业集团。刘化集团具备行业先进水平的30万吨尿素、硝酸系统和高塔复合肥生产装置及工艺，产品有液氧、液氮、液氩、液氨、液体二氧化碳、磷肥、化肥催化剂、编织袋等50余种。

刘化集团采用二氧化碳汽提法生产尿素，其工艺是将液态二氧化碳跟液态氨气在高温高压条件下于尿素合成塔中反应生成液态尿素。液态尿素通过造粒塔降温，形成固态小颗粒进入包装车间。

阅读以上材料，分析思考：

① 通过了解刘化（集团）有限责任公司，分析化工企业生产的特点有哪些。

② 认识甘肃省技能公共实训中心的"合成气制液化天然气半实物仿真工厂"，在工厂内找到安全标志，总结化工企业内常见的安全标志种类、含义。

③ 认识化工企业的"三级"安全教育。

任务分析

要完成以上任务，应该认真查阅学习化工行业的概念和生产特点，熟悉常见化工企业中的安全标志及含义。系统学习一般企业的"三级"安全教育。

必备知识

一、化工行业的概念

化工行业就是从事化学工业生产和开发的单位总称。化工行业渗透各个方面，是国民经济中不可或缺的重要组成部分，其发展对于人类经济、社会发展具有重要的现实意义。化工行业包含无机化工、有机化工、精细化工、石油化工等。化学工业是多品种的基础工业，为了适应化工生产的多种需要，化工设备的种类很多，设备的操作条件也比较复杂。按操作压力来说，有真空、常压、低压、中压、高压和超高压；按操作温度来说，有低温、常温、中温和高温。处理的介质大多数有腐蚀性，或易燃、易爆、有毒、剧毒等。有时对于某种具体设备来说，既有温度、压力要求，又有耐腐蚀要求，而且这些要求有时还互相制约，有时某些条件又经常变化。

二、化工企业生产的特点

1. 化工生产涉及的危险品多

化工生产的原料、半成品和成品种类繁多，且绝大部分是易燃、易爆、有毒、有腐蚀性的化学危险品。因此生产中对这些原材料、燃料、中间产品和成品的贮存和运输都提出了特殊的要求。

2. 化工生产要求的工艺条件苛刻

有些化学反应在高温、高压下进行，有的则要在低温、高真空度下进行。如：由轻柴油裂解制乙烯进而生产聚乙烯的生产过程中，轻柴油在裂解炉中的裂解温度为800℃，裂解气要在深冷（-96℃）条件下进行分离；纯度为99.99%的乙烯气体在294MPa压力下聚合，制成聚乙烯树脂。

3. 生产规模大型化

近几十年来，国际上化工生产采用大型生产装置是一个明显的趋势。采用大型装置可以降低单位产品的生产成本，有利于提高劳动生产率。因此，世界各国都在积极发展大型化工生产装置。当然，化工生产装置也不是越大越好，这里涉及技术经济的综合效益问题。例如，目前新建的乙烯装置已达年产120万吨的规模。

4. 生产方式日趋先进

现代化工企业的生产方式已经从过去的手工操作、间歇生产转变为高度自动化、连续化生产；生产设备由敞开式变为密闭式；生产装置由室内走向露天；生产操作由分散控制变为集中控制，同时也由人工手动操作和现场观测发展到由计算机遥测遥控。

化工生产具有易燃、易爆、易中毒、高温、高压、易腐蚀等特点，与其他行业相比，化工生产潜在的不安全因素更多，危险性和危害性更大，因此，对安全生产的要求也更加严格。此外，在化工生产中，不可避免地要接触大量有毒化学物质，如苯类、氯气、亚硝基化合物、铬盐、联苯胺等物质，极易造成中毒事件；同时在化工生产过程中也容易造成环境污染。随着行业的发展，化学工业面临的安全生产、劳动保护与环境保护等问题越来越引起人们的关注，这对从事化工生产安全管理人员、技术管理人员及技术工人的安全素质提出了越来越高的要求。如何确保化工安全生产，使化学工业能够稳定持续地健康发展，是中国化学工业面临的一个亟待解决且必须解决的重大问题。

三、安全生产

安全生产是我们国家的一项重要政策，也是社会、企业管理的重要内容之一。做好安全生产工作，对于保障员工在生产过程中的安全与健康，搞好企业生产经营，促进企业发展具有非常重要的意义。

1. 安全生产的概念

安全，就是指生产过程中的设备和企业员工没有危险、不受威胁、不出事故。比如生产过程中的人身和设备安全、道路交通中的人身和车辆安全等。

安全生产，是指在生产过程中的人身安全和设备安全。也就是说，安全生产是为了使劳动过程在符合安全要求的物质条件和工作秩序下进行，防止伤亡事故、设备事故及其他事故的发生，保障从业人员的安全与健康，保障企业生产的正常进行。安全生产是安全与生产的统一，安全促进生产，生产必须安全。

安全生产管理，是指企业为实现生产安全所进行的计划、组织、协调、控制、监督和激励等管理活动。简而言之就是为实现安全生产而进行的工作。

2. 安全生产的重要意义

安全生产在化工生产中的意义主要体现在以下几方面。

（1）安全生产是化工生产的前提　化工生产中易燃、易爆、有毒、有腐蚀性的物质多，高温、高压设备多，工艺复杂，操作要求严格，因而与其他行业相比，安全生产在化工行业中就更为重要。统计资料表明，在工业企业发生的爆炸事故中，化工企业就占了三分之一。

（2）安全生产是化工生产的保障　要充分发挥现代化工生产的优势，必须实现安全生产，确保装置长期、连续、安全地运行。发生事故就会造成生产装置不能正常运行，影响生产能力，造成一定的经济损失。如果发生伤亡事故，劳动者的安全健康受到危害，生产就会遭受巨大损失。

（3）安全生产是化工企业员工的头等大事　对于生产员工，安全生产关系到个人的生命安全与健康，家庭的幸福和生活的质量，关系人民群众的生命财产安全，关系改革发展和社会稳定大局。对于巩固社会的安定、国家的经济建设具有重要的意义。

3. 常见安全标志

安全标志是用来提醒人们注意不安全因素、防止事故发生的标志。安全标志分为禁止标志、警告标志、指令标志和提示标志四大类型。

禁止标志是禁止人们不安全行为的图形标志，基本形式是带斜杠的圆边框。

警告标志是提醒人们对周围环境引起注意，以避免可能发生危险的图形标志，基本形式是正三角形边框。

指令标志是强制人们必须做出某种动作或采用防范措施的图形标志，基本形式是圆形边框。

提示标志是向人们提供某种信息（如标明安全设施或场所等）的图形标志，基本形式是正方形边框。提示标志提示目标的位置时要加方向辅助标志，按实际需要指示左向或下向时，辅助标志应放在图形标志的左方，如指示右向时，则应放在图形标志的右方。

表 1-1 为常见四种安全标志及其含义。

表 1-1 常见四种安全标志及其含义（GB 2894—2008）

种类	图标及含义				
禁止标志	禁止吸烟	禁止烟火	禁止带火种	禁止合闸	禁止转动
	禁止触摸	禁止入内	禁止停留	禁止通行	禁止靠近
	禁止乘人	禁止堆放	禁止抛物	禁止戴手套	禁止穿化纤服装
警告标志	注意安全	当心火灾	当心爆炸	当心腐蚀	当心中毒
	当心触电	当心电缆	当心机械伤人	当心伤手	当心扎脚

续表

种类	图标及含义
指令标志	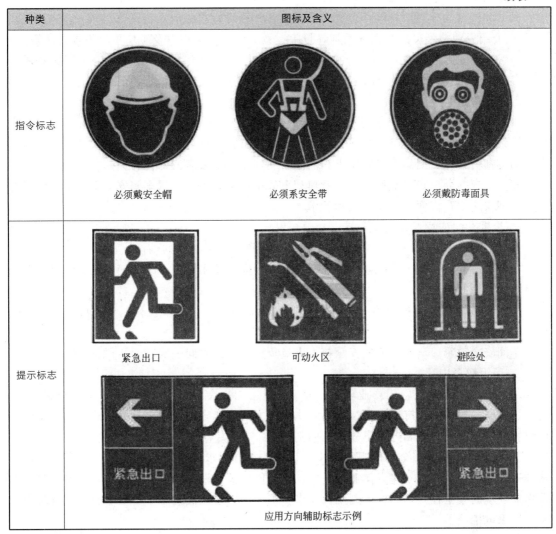
提示标志	

必须戴安全帽　　必须系安全带　　必须戴防毒面具

紧急出口　　可动火区　　避险处

应用方向辅助标志示例

四、企业的"三级"安全教育

"三级"安全教育是指新入厂职员、工人的厂级安全教育、车间级安全教育和岗位（工段、班组）安全教育，是厂矿企业安全生产教育制度的基本形式。"三级"安全教育制度是企业安全教育的基本教育制度。企业必须对新工人进行安全生产的入厂教育、车间教育、班组教育；对调换新工种，复工，采取新技术、新工艺，使用新设备、新材料的工人，必须重新进行新岗位、新操作方法的"三级"安全教育，受教育者，经考试合格后，方可上岗操作。

1. 厂级教育内容

① 讲解劳动保护的意义、任务、内容和其重要性，使新入厂的职工树立起"安全第一"和"安全生产人人有责"的思想。

② 介绍企业的安全概况，包括企业安全工作发展史、企业生产特点、工厂设备分布情况（重点介绍接近人体要害部位的设备、特殊设备的注意事项）、工厂安全生产的组织。

③ 介绍《全国职工守则》《中华人民共和国劳动法》《中华人民共和国安全生产法》《中华人民共和国劳动合同法》以及企业内设置的各种警告标志和信号装置等。

④ 介绍企业典型事故案例和教训，抢险、救灾、救人常识以及工伤事故报告程序等。

厂级安全教育一般由企业安全技术部门负责进行，时间为4~16小时。讲解应和看图片、参观劳动保护教育展览结合起来，给员工发一本浅显易懂的规定手册。

2. 车间教育内容

① 介绍车间的概况。如介绍车间生产的产品、工艺流程及其特点，车间人员结构、安全生产组织状况及活动情况，车间危险区域、有毒有害工种情况。介绍车间劳动保护方面的规章制度和劳动保护用品的穿戴要求和注意事项，车间事故多发部位、原因、有什么特殊规定和安全要求。介绍车间常见事故和对典型事故案例的剖析。介绍车间安全生产中的好人好事，车间文明生产方面的具体做法和要求。

② 根据车间的特点介绍安全技术基础知识。

③ 介绍车间防火知识，包括防火的方针，车间危险化学品的情况，防火的要害部位及防火的特殊需要，消防用品放置地点，灭火器的性能、使用方法，车间消防组织情况，遇到火险如何处理等。

④ 组织新工人学习安全生产文件和安全操作规章制度，并应教育新工人尊敬师傅，听从指挥，安全生产。

车间安全教育由车间主任或安全技术人员负责，授课时间一般需要4~8课时。

3. 班组教育内容

① 本班组的生产特点、作业环境、危险区域、设备状况、消防设施等。重点介绍高温、高压、易燃易爆、有毒有害、腐蚀、高空作业等方面可能导致发生事故的危险因素，交代本班组容易出事故的部位和典型事故案例的剖析。

② 讲解本工种的安全操作规程和岗位责任，重点要求思想上应时刻重视安全生产，自觉遵守安全操作规程，不违章作业；爱护和正确使用机器设备和工具；介绍各种安全要求以及作业环境的安全检查和交接班制度。要求新工人出了事故或发现了事故隐患，应及时报告领导，采取措施。

③ 讲解如何正确使用、爱护劳动保护用品和文明生产的要求。要强调机床转动时不准戴手套操作，高速切削要戴保护眼镜，女工进入车间要戴好工帽，进入施工现场和登高作业，必须戴好安全帽、系好安全带，工作场地要整洁，道路要畅通，物件堆放要整齐等。

④ 实行安全操作示范。组织重视安全、技术熟练、富有经验的老工人进行安全操作示范，边示范、边讲解，重点讲安全操作要领，说明怎样操作是危险的，怎样操作是安全的，不遵守操作规程将会造成的严重后果。

任务实施

活动1　认识化工企业及生产特点

活动描述：在教师的指导下，以小组为单位参观合成气制液化天然气半实物仿真工厂，归纳、总结化工企业的概念和生产特点。

活动场地：合成气制液化天然气半实物仿真工厂。

活动方式：小组讨论。

活动流程：

1. 认识"合成气制液化天然气半实物仿真工厂"

合成气制液化天然气半实物仿真工厂，由内蒙古汇能集团工艺包按照 1∶8 比例仿制。装置不流通真实物料，"软硬结合"，用工厂实际数据模拟生产，安全可靠。可用于学生入厂实训和企业员工岗前培训。给学员分配同真实工厂一样的内操、外操、巡检员、班长、技术员、安全员等岗位，倒班生产实训。用这种方式既没有任何安全隐患，又可达到同真实工厂一样的实习效果，是目前化工行业安全重压下的重要实训选择。现场设备粘贴的二维码，可用手机扫描学习化工设备的结构和原理。

2. 分组参观

根据班级人数分组，每组 4 人，指定组长。以小组为单位，在教师的带领下参观"合成气制液化天然气半实物仿真工厂"。

3. 分组讨论

以小组为单位，讨论以下两个问题：

① 描述化工企业的概念；
② 总结化工企业的特点。

活动 2　认识化工企业中常见的安全标志

活动描述： 在教师的指导下，以小组为单位参观合成气制液化天然气半实物仿真工厂，总结化工企业中常见安全标志的种类，描述安全标志的图标并说出其含义。

活动场地： 合成气制液化天然气半实物仿真工厂。

活动方式： 小组合作式。

活动流程：

1. 认识化工厂常见的安全标志

根据班级人数分组，每组 4 人，指定组长。以小组为单位，在教师的带领下参观"合成气制液化天然气半实物仿真工厂"。在参观过程中，认真观察装置区域内的安全标志，找到四种常见的安全标志，归纳总结安全标志的种类和含义。

2. 完成记录表

以小组为单位完成表 1-2。

表 1-2　安全标志记录表

标志名称	标志个数	标志含义	类别

续表

标志名称	标志个数	标志含义	类别

活动3　认识化工企业的"三级"安全教育

活动描述：学习企业"三级"安全教育的相关知识，并绘制出"三级"安全教育的思维导图。

活动场地：合成气制液化天然气半实物仿真工厂外操室。

活动方式：小组合作式。

活动流程：

1. 认识企业"三级"安全教育

根据班级人数分组，每组4人，分工合作。讨论并决定分组，指定组长。在教师的指导下学习企业"三级"安全教育的相关知识。

2. 绘制"三级"安全教育的思维导图

以小组为单位，团队协作，完成企业"三级"安全教育的思维导图的绘制。

任务二　认识安全生产法律法规和安全生产管理体系

任务引入

2005年9月28日6时39分，开发区某公司的板材工厂，在做投产各项准备，对2楼的浆液贮槽进行了MMA（丙烯酸类树脂）清洗，洗涤后发现槽底有块状固体异物。操作工王某在打开人孔盖后发现在槽内壁上部有一圈薄膜状固体聚合块附着，立刻向班长汇报，班长指令王某用MMA冲洗后发现无效果。刘某在木棒（3m长）前端缠上白布，斜着从人孔伸进去捅捣内壁上薄膜，王某在人孔的上方观察内部脱落状况。在捅捣下第一块薄膜后开始第二块的时候，槽内发生燃爆，在事故中有两位员工被烧伤。

分析上述事故案例，思考：

① 以上事故发生的原因有哪些？

② 该企业生产中违反了哪些安全生产法律？

③ 该企业在以后的生产中为避免发生类似的事故应该怎么做？

任务分析

要完成以上任务，首先要了解我国安全生产方针、政策和有关安全生产的法律法规，熟悉重大事故防范、应急管理和救援组织以及事故调查处理的有关规定。然后才能按照安全生产法律法规、标准规范、规章制度、操作规程等的规定解决实际问题。

必备知识

一、安全法规

1. 安全法规体系

我国安全法制管理所依据的安全法律体系具有五个层次,见表1-3。

表1-3 安全法律体系层次

层次	定义	主要法规
1	宪法	宪法
2	安全生产法律	《中华人民共和国安全生产法》《中华人民共和国消防法》等
3	安全生产法规	《安全生产许可证条例》《重大事故隐患管理规定》等
4	安全生产规章	《建筑施工企业安全生产许可证管理规定》等
5	安全生产标准	《高处作业分级》(GB/T 3608—2008)等

2. 主要安全法规内容

安全管理法规是根据《中华人民共和国安全生产法》(简称《安全生产法》)以及《中华人民共和国劳动法》(简称《劳动法》)等有关法律规定,而制定的有关条例、部门规章及管理办法规定。它是指国家为了搞好安全生产,加强劳动保护,保障职工的安全健康所制定的管理法规的总称。安全管理法规的主要内容有:确定安全生产方针、政策、原则;明确安全生产体制;明确安全生产责任制;制订和实施劳动安全卫生措施计划;安全生产的经费来源;安全检查制度;安全教育制度;事故管理制度;女职工和未成年工的特殊保护;工时、休假制度等。

我国现行的安全管理法规主要有:《中华人民共和国安全生产法》《安全生产许可证条例》《国务院关于特大安全事故行政责任追究的规定》《企业职工伤亡事故报告和处理规定》《女职工劳动保护规定》《未成年工特殊保护规定》《乡镇企业劳动安全卫生管理规定》《国务院关于特别重大事故调查程序暂行规定》《企业职工伤亡事故分类标准》《企业职工伤亡事故调查分析规则》《企业职工伤亡事故经济损失统计标准》等。

二、安全管理

1. 安全管理原则

(1) 安全生产方针　我国推行的安全生产方针是:安全第一、预防为主、综合治理。

(2) 安全生产工作体制　我国执行的安全体制是:国家监察,行业管理,企业负责,群众监督,劳动者遵章守纪。

其中,企业负责的内涵是:负行政责任,指企业法定代表人是安全生产的第一责任人;管理生产的各级领导和职能部门必须负相应管理职能的安全行政责任;企业的安全生产推行"人人有责"的原则等。负技术责任,企业的生产技术环节相关安全技术要落实到位、达标;推行"三同时"原则等。负管理责任,在安全人员配备、组织机构设置、经费计划的落实等方面要管理到位;推行管理的"五同时"原则等。

(3) 安全生产管理五大原则

① 生产与安全统一的原则,即在安全生产管理中要落实"管生产必须管安全"的

原则。

② 三同时原则，即新建、改建、扩建的项目，其安全卫生设施和措施要与生产设施同时设计，同时施工，同时投产。

③ 五同时原则，即企业领导在计划、布置、检查、总结、评比生产的同时，计划、布置、检查、总结、评比安全。

④ 三同步原则，企业在考虑经济发展、进行机制改革、技术改造时，安全生产方面要与之同时规划、同时组织实施、同时运作投产。

⑤ 三不放过原则，发生事故后，要做到事故原因没查清、当事人未受到教育、整改措施未落实三不放过原则。

（4）全面安全管理　企业安全生产管理执行全面管理原则，纵向到底，横向到边；安全责任制的原则是"安全生产，人人有责""不伤害自己，不伤害别人，不被别人所伤害"。

（5）三负责制　企业各级生产领导在安全生产方面"向上级负责，向职工负责，向自己负责"。

（6）安全检查制　查思想认识，查规章制度，查管理落实，查设备和环境隐患；定期与非定期检查相结合；普查与专查相结合；自查、互查、抽查相结合。

2. 安全管理的主要内容

（1）基础管理　基础管理工作包括各项规章制度建设，标准化工作，安全评价，重大危险源及化学危险品的调查与登记，监测和健康监护，职工和干部的系统培训，日常安全卫生措施的编制、审批，安全卫生检查，各种作业票（证）的管理与发放等。此外，企业的新建、改建、扩建工程基础上的设计、施工和验收以及应急救援等工作均属于基础工作的范畴。

（2）现场安全管理　现场安全管理也叫生产过程中的动态管理。包括生产过程、检修过程、施工过程、设备（包括动设备和静设备、电气、仪表、建筑物、构筑物）、防火防爆、化学危险品、重大危险源、厂区内的其他人员和设备的安全管理。

3. 安全管理模式的发展和完善

随着安全科学的发展和人类安全意识的不断提高，安全管理的作用和效果将不断加强。现代安全管理将逐步实现：变传统的纵向单因素安全管理为现代的横向综合安全管理；变事故管理为现代的事件分析与隐患管理；变被动的安全管理对象为现代的安全管理动力；变静态安全管理为现代的安全动态管理；变被动、辅助、滞后的安全管理模式为现代的主动、本质、超前的安全管理模式；变外迫型安全指标管理为内激型的安全指标管理。

4. 安全、环境与健康管理体系

安全、环境与健康管理体系（简称 HSE 管理体系）是一种系统化、科学化、规范化、制度化的先进管理方法，推行 HSE 管理体系是国际石油、石化行业安全管理的现代模式，也是当前进入国际市场竞争的通行证。目前石化行业正积极推进安全、环境与健康管理体系建设。

安全、环境与健康管理体系是一种事前进行风险分析，确定其自身活动可能发生的危害及后果，从而采取有效的防范手段和控制措施防止事故发生，以减少可能引起的人员伤害、财产损失和环境污染的有效管理方法。HSE 管理体系在实施中突出责任和考核，以责任和考核保证管理体系的实施。

安全，就是指企业员工在生产过程中或生产过程中的设备没有危险、不受威胁、不出事故。环境，是指与人类密切相关的、影响人类生活和生产活动的各种自然力量或作用的总和。它不仅包括各种自然因素的组合，还包括人类与自然因素间相互形成的生态关系的组合。健康，是指人身体上没有疾病，在心理上（精神上）保持一种完好的状态。由于安全、环境与健康管理在实际工作过程中，有着密不可分的联系，因而把健康（healthy）、安全（safety）和环境（environment）管理形成整体管理体系，称作 HSE 管理体系。

通常，HSE 管理体系由几大要素组成，如领导承诺、方针目标和责任；组织机构、职责、资源和文件；风险评价和隐患治理；人员、培训和行为；装置设计和安装；承包商和供应商管理危机和应急管理；检查、考核和监督；审核、评审、改进和保障体系等。

三、安全事故管理

1. 事故致因理论

危险是指易于受到损害或伤害的一种状态。

事故是指造成人员死亡、伤害、职业病、财产损失或其他损失的意外事件。

事故隐患泛指生产系统中可导致事故发生的人的不安全行为、物的不安全状态和管理上的缺陷。

本质安全是指通过设计等手段使生产设备或生产系统本身具有安全性，即使在误操作或发生故障的情况下也不会造成事故。具体包括失误-安全功能和故障-安全功能。

2. 引发事故的四个因素

① 人的不安全行为；

② 环境的不安全条件；

③ 物的不安全状态；

④ 管理存在缺陷。

以上四个因素加在一起就必然会构成一个事故，其中人的原因造成事故的比例大概占 40%，设备的原因造成的物的不安全状态、环境的不安全条件而造成的事故大概占 40%，其他一些外界的因素占 20%。

3. 海因里希安全法则

当一个企业有 300 个隐患或违章，必然要发生 29 起轻伤或故障，在这 29 起轻伤事故或故障当中，必然包含有一起重伤、死亡或重大事故。这是美国著名安全工程师海因里希提出的 300∶29∶1 法则，即"海因里希"安全法则。

海因里希将事故因果联锁过程概括为以下五个因素：遗传及社会环境、人的缺点、人的不安全行为或物的不安全状态、事故、伤害。他认为，企业安全工作的中心就是防止人的不安全行为，消除机械的或物质的不安全状态，中断事故连锁的进程而避免事故的发生。

4. 墨菲定律

假设某意外事件在一次实验中发生的概率为 P（$P>0$），则在 n 次实验中至少有一次发生的概率为：$P_n=1-(1-P)^n$。由此可见，无论概率 P 多么小，当 n 越来越大时，P_n 就越来越接近 1，这意味着事故迟早会要发生。

墨菲定律最大的警示意义是告诉人们，小概率事件在一次活动中就发生是偶然的，但在多次重复性的活动中发生是必然的。

5. 事故发生的特点

（1）因果性　事故的起因是在环境系统中，一些不安全因素相互作用、相互影响，到一定的条件下，发生突变，从一些简单的不安全行为酿成了一个安全事故。

（2）偶然性　事故发生的时间、地点、形式、规模和事故后果的严重程度是不确定的。不确定性让人很难把握事故的影响到底有多大。

（3）必然性　危险客观存在，生产、生活过程中必然会发生事故，采取措施预防事故，只能延长发生事故的时间间隔、减小概率，而不能杜绝事故。

（4）潜伏期　事故发生之前存在一个量变过程。一个系统，如果很长时间没有发生事故，并不意味着系统是安全的。当人麻痹的时候，事故就出来了，而且会造成事故扩大化。

（5）突变性　事故一旦发生，往往十分突然，令人措手不及。安全管理一定要有预案，当有突发事件的时候知道如何去应对。

所以，安全管理首先要了解事故发生的特点，然后有针对性地解决。

四、事故分类

事故分类方法有很多种，可以按事故性质进行分类，也可以按伤害程度和伤害方式进行分类。我国在工伤事故统计中，主要是按照伤害方式，即导致事故发生的原因进行分类，将工伤事故分为 20 类。

1. 按事故性质分类

事故性质可分为责任事故和非责任事故。责任事故是指可以预见、抵御和避免，但由于人的原因没有采取预防措施从而造成的事故。非责任事故包括自然灾害事故和技术事故，如地震、泥石流造成的事故。技术事故是指由于科学技术水平的限制，安全防范知识和技术条件、设备条件达不到应有的水平和性能，因而无法避免的事故。

在已发生的事故中，大多属于责任事故。据有关部门对事故的分析，责任事故占 90% 以上。

2. 按伤害程度分类

根据伤害程度的不同，可分为轻伤、重伤、死亡。

① 轻伤，指损失工作日低于 105 日的失能伤害。

② 重伤，指相当于表定损失工作日等于和超过 105 日的失能伤害。

③ 死亡。

3. 按伤害方式分类

GB 6441—86《企业职工伤亡事故分类》中，将伤亡事故分为 20 类：①物体打击；②车辆伤害；③机械伤害；④起重伤害；⑤触电；⑥淹溺；⑦灼烫；⑧火灾；⑨高处坠落；⑩坍塌；⑪冒顶片帮；⑫透水；⑬放炮；⑭火药爆炸；⑮瓦斯爆炸；⑯锅炉爆炸；⑰容器爆炸；⑱其他爆炸；⑲中毒和窒息；⑳其他伤害。

事故隐患分类原则，按危害和整改难度，分为一般事故隐患和重大事故隐患。

五、事故等级

依据《生产安全事故报告和调查处理条例》第三条规定：根据生产安全事故（以下简称事故）造成的人员伤亡或者直接经济损失，事故一般分为一般事故、较大事故、重大事故、特别重大事故,具体见表 1-4。

表 1-4 生产安全事故分级

事故等级	死亡人数	重伤人数	经济损失
特别重大事故	造成 30 人以上死亡	100 人以上重伤（包括急性工业中毒,下同）	1 亿元以上直接经济损失
重大事故	造成 10 人以上 30 人以下死亡	50 人以上 100 人以下重伤	5000 万元以上 1 亿元以下直接经济损失
较大事故	造成 3 人以上 10 人以下死亡	10 人以上 50 人以下重伤	1000 万元以上 5000 万元以下直接经济损失
一般事故	造成 3 人以下死亡	10 人以下重伤	1000 万元以下直接经济损失

六、安全技术

生产过程中存在着一些不安全或危险的因素,危害着工人的身体健康和生命安全,同时也会造成生产被动或发生各种事故。为了预防或消除对工人健康的有害影响和各类事故的发生,改善劳动条件,而采取各种技术措施和组织措施,这些措施的综合叫作安全技术。

随着化工生产的不断发展,化工安全技术也随之不断充实和提高。安全技术的作用在于消除生产过程中的各种不安全因素,保护劳动者的安全和健康,预防伤亡事故和灾害性事故的发生。采取以防止工伤事故和其他各类生产事故为目的的技术措施,其内容包括：

① 直接安全技术措施,即使生产装置本质安全化；
② 间接安全技术措施,如采用安全保护和保险装置等；
③ 提示性安全技术措施,如使用警报信号装置、安全标志等；
④ 特殊安全措施,如限制自由接触的技术设备等；
⑤ 其他安全技术措施,如预防性实验、作业场所的合理布局、个体防护设备等。

我国推行的安全生产方针是：安全第一、预防为主、综合治理。我国执行的安全体制是：国家监察,行业管理,企业负责,群众监督,劳动者遵章守纪,为实现生产安全所进行的计划、组织、协调、控制、监督和激励等管理活动对安全生产管理尤为重要。

任务实施

活动 1 认识安全生产法律法规和安全生产管理体系

活动描述：以小组为单位,通过对开发区某公司的板材工厂发生的事故分析,总结化工企业生产应遵守的法律法规有哪些。

活动场地：合成气制液化天然气半实物仿真工厂外操室。

活动方式：小组合作式。

活动流程：

1. 事故原因分析和防范措施

完成表 1-5。

表 1-5 事故原因分析和防范措施

事故原因分析	直接原因	
	间接原因	
防范措施		

2. 绘制思维导图

以思维导图的形式绘制出国家一般法，国家安全专业综合性法规，国家安全技术标准，行业、地方性法规，企业规章制度包括的内容以及各法规或标准之间的关系。

活动 2 案例分析

活动描述：以小组为单位，分析以下事故，完成事故原因的分析及防范措施的制定。

活动场地：合成气制液化天然气半实物仿真工厂外操室。

活动方式：以小组合作式。

活动流程：

1. 材料阅读

2003 年 7 月 14 日，辽宁葫芦岛某化工厂发生一起因入罐作业违反操作规程导致 2 人窒息昏迷事故。

2003 年 7 月 14 日上午 9 时 30 分，该化工厂粒碱工段在对 D103 碱罐清理过程中，岗位工 Q 和 L 在入罐作业中窒息昏迷，后经多方抢救，2 人脱离危险。经调查，D103 碱罐高 1.4m，直径 2m，该碱罐正常时需将氮气通入罐内使用，测量该罐液位的仪表正常运行。岗位工作业时没能将氮气阀门关闭，事故发生后，分析 D103 罐内含氧仅为 1%，罐内基本全是氮气，从而证明 Q 和 L 在入罐作业中窒息昏迷为罐内缺氧所致。

2. 制定防范措施

根据以上材料，同学们分析此次事故发生的原因，并给出相应的防范措施。

项目二　正确选择和使用安全防护用品

【学习目标】

知识目标
① 能描述基本的劳动保护的种类和作用。
② 能陈述主要安全防护用品的防护原理。
③ 能总结基本的劳动防护用品的使用注意事项。
④ 能总结基本的劳动防护用品的维护和保养要点。

技能目标
① 能正确选择和佩戴安全帽。
② 能正确选择和使用呼吸器官防护用品。
③ 能正确选择和使用眼面部防护用品。
④ 能正确选择和使用听觉器官防护用品。
⑤ 能正确选择和使用手套。
⑥ 能正确选择和使用躯体防护服。
⑦ 能正确选择和使用足部防护用品。
⑧ 能正确选择和使用安全带。

素质目标
① 意识到化工生产的危险无处不在。
② 树立安全第一的生产理念，并影响周围的人。
③ 加强小组合作能力。
④ 加强沟通能力。

任务一　正确选择和佩戴安全帽

任务引入

某企业生产现场，一名工人在1.5m左右高的脚手架上进行设备维修作业时，不慎坠落地面，坠落过程中安全帽离开头部，该工人后脑部直接撞击地面，经医院抢救无效死亡。经调查，该工人虽戴着安全帽作业，但戴安全帽时未系下颏带，导致坠落过程中安全帽离开头部，失去了安全帽的防护作用。

《安全生产法》规定，"生产经营单位必须为从业人员提供符合国家标准或者行业标准的劳动防护用品，并监督、教育从业人员按照使用规则佩戴、使用"；国家标准GB 2811—2019《头部防护　安全帽》规定，产品说明必须声明"使用安全帽时应根据头围大小调节帽箍或下颏带，以保证佩戴牢固，不会意外偏移或滑落"。

在监督检查中发现戴安全帽不系下颏带的行为时，可以责令立即消除或者限期消除隐患，生产经营单位拒不执行的，在修订后的《安全生产法》实施后，可以按照第九十九条的规定，责令生产经营单位停产停业整顿，并处十万元以上五十万元以下的罚款，对其直接负责的主管人员和其他直接责任人员处二万元以上五万元以下的罚款。

阅读以上材料，我们得知安全帽对企业员工非常重要，是一顶"生命帽"。那么我们在选择和使用安全帽时应注意哪些事项呢？你会正确佩戴安全帽吗？

任务分析

安全帽是企业生产中的一顶"生命帽"，它关系着员工的生命、家庭的幸福和企业的安全，作为即将成为化工行业从业人员的我们，认识安全帽并正确选择和使用它至关重要。

必备知识

一、安全帽的结构和种类

1. 安全帽的结构

安全帽由帽壳、帽衬接头、帽舌、吸汗带、下颏带调节器、下颏带、托带衬垫、后箍、托带、后箍调节器、帽沿、透气孔、帽箍组成。

安全帽的帽壳对外来冲击力起到第一道防护作用，帽壳顶部呈光滑圆弧形，应有一定的强度和弹性，使力分散，并吸收掉一部分动能。为了减轻重量，帽顶采用加筋的形式，以增加强度和弹性。

帽衬用来减缓冲击力。帽衬与帽壳之间要有50mm的空间，防止动能直接传到头上。帽衬有单层和双层两种，双层的更为安全，双帽衬与帽壳的连接处要牢靠，防止受冲击时脱开。

安全帽的结构和组成如图2-1、图2-2所示。

(a) 安全帽外形　　　　　　(b) 安全帽帽衬　　　　　(c) 安全帽帽衬内部结构

图 2-1　安全帽的结构图

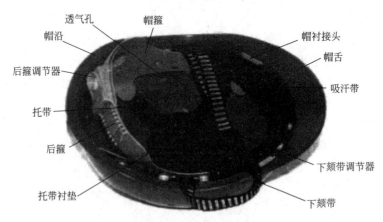

图 2-2　安全帽的具体组成

2. 安全帽的种类

根据其不同使用场所及类型，安全帽可分为两类，见表 2-1。

表 2-1　安全帽类型

产品类别	符号	特殊性能分类	性能标记		备注
普通型	P	—	—		—
特殊型	T	阻燃	Z		—
		侧向刚性	LD		—
		耐低温	-30℃		—
		耐极高温	+150℃		—
		电绝缘	J	G	测试电压 2 200V
				E	测试电压 20 000V
		防静电	A		—
		耐熔融金属飞溅	MM		—

二、安全帽的作用

安全帽的防护作用有：

① 防止物体打击伤害。

② 防止高处坠落伤害头部。
③ 防止机械性损伤。
④ 防止污染毛发伤害。

三、安全帽的质量要求

安全帽的质量直接关系人的生命安全，国家标准 GB 2811—2019《头部防护 安全帽》中对其性能和试验方法都作了规定。对安全帽的基本要求有如下几点。

1. 冲击吸收性能

按照 GB/T 2812 规定的方法测试，经高温（50℃±2℃）、低温（-10℃±2℃）、浸水（水温 20℃±2℃）、紫外线照射预处理后做冲击测试，传递到头模的力不应大于 4900N，帽壳不得有碎片脱落。

2. 耐穿刺性能

按照 GB/T 2812 规定的方法测试，经高温（50℃±2℃）、低温（-10℃±2℃）、浸水（水温 20℃±2℃）、紫外线照射预处理后做穿刺测试，钢锥不得接触头模表面，帽壳不得有碎片脱落。

3. 其他要求

（1）阻燃性能　按照 GB/T 2812 规定的方法测试，续燃时间不应超过 5s，帽壳不得烧穿。

（2）侧向刚性　按照 GB/T 2812 规定的方法测试，最大变形不应大于 40mm，残余变形不应大于 15mm，帽壳不得有碎片脱落。

（3）耐低温性能

① 按照 GB/T 2812 规定的方法，经低温（-30℃±2℃）、3h 预处理后做冲击测试，传递到头模的力不应大于 4900N，帽壳不得有碎片脱落。

② 按照 GB/T 2812 规定的方法，经低温（-30±2℃）、3h 预处理后做穿刺测试，钢锥不得接触头模表面，帽壳不得有碎片脱落。

除上述规定的一般要求外，还有耐高温、防静电、防酸碱等特殊要求，在购置安全帽时，需向厂家或商家提出，以便得到适合本企业的安全帽。

四、安全帽的选择与使用

1. 安全帽的选择

在工作时为了保护好头部的安全，选择一顶合适的安全帽是非常重要的。选择安全帽时，要注意的主要问题是：

① 按不同的防护目的选择安全帽，如防护物体坠落和飞来冲击的安全帽，防止人员从高处坠落或从车辆上甩出去时头部受伤的安全帽，电气工程中使用的耐压绝缘安全帽等。

② 安全帽的质量须符合国家标准规定的技术指标，生产厂家和销售商须有国家颁发的生产经营许可证。安全帽的材料要尽可能轻，并有足够的强度。

③ 安全帽在设计上要结构合理，使用时感觉舒适、轻巧、不闷热，防尘防灰。

2. 安全帽的使用

选择了合适的安全帽，正确的使用方法同样重要。使用安全帽时要注意以下几点：

① 缓冲衬垫的松紧由带子调节，人的头顶和帽壳内表面应≤50mm，以保证在遭受冲击

时帽体有足够的空间可供变形,同时有利于帽体和头部之间的通风。

② 使用安全帽时要戴正,否则会降低安全帽对于物体冲击的防护作用。安全帽的带子要系牢,若在发生危险时由于跑动使安全帽脱落,则起不到防护作用。

③ 由于安全帽在使用过程中会逐步损坏,所以要定期进行检查,仔细检查有无龟裂、下凹、磨损等情况。注意不要戴有缺陷的帽子。因为帽体材料有老化变脆的性质,所以注意不要长时间在阳光下暴晒。帽衬由于汗水浸湿而容易损坏,要经常清洗,损坏后要立即更换。

④ 最重要的是,安全帽使用规范要以规章制度的形式规定下来,并严格执行。在工作中不断进行宣传教育,使职工养成自觉正确佩戴安全帽的习惯。

不正确使用安全帽示例见图 2-3。

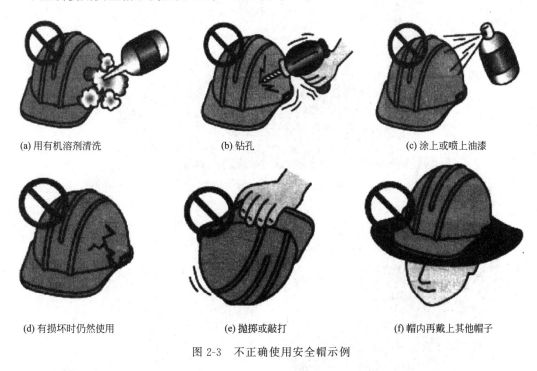

图 2-3 不正确使用安全帽示例

任务实施

活动 正确选择和使用安全帽

活动描述:教师选择一顶安全帽,演示安全帽的佩戴过程,并介绍注意事项,学生每人一顶安全帽,练习使用安全帽。

活动场地:合成气制液化天然气半实物仿真工厂外操室。

活动方式:直观演示、练习法。

活动流程:

1. 认识安全帽的佩戴方案

① 安全帽在佩戴前应调整好松紧大小,以帽子不能在头部自由活动,自身又未感觉不适为宜。

② 安全帽由帽衬必须与帽壳连接良好,应有一定间隙,该间隙一般为 2~4cm。

③ 必须拴紧下颏带，当人体发生坠落或二次击打时，不至于脱落。由于安全帽戴在头部，可起到对头部的保护作用。

④应戴正、帽带系紧，帽箍的大小应根据佩戴人的头型调整；女生佩戴安全帽应将头发放进帽衬。

2. 小组讨论

图 2-4 为正确佩戴安全帽示例，以小组为单位指出图 2-5 佩戴安全帽的错误之处。

图 2-4　正确佩戴安全帽示例

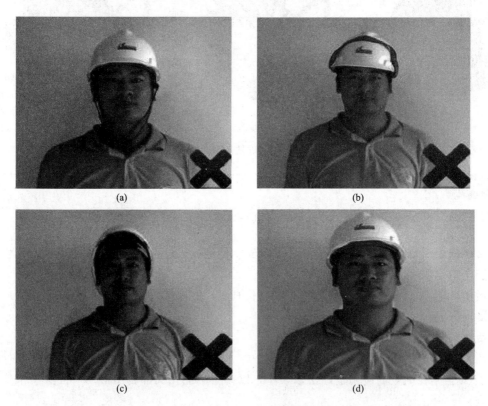

图 2-5　错误佩戴安全帽示例

3. 练习佩戴安全帽

独立完成佩戴安全帽的操作。

任务二　正确选择和使用呼吸器官防护用品

任务引入

某小型农药厂工人在进入罐体处理堵塞时，错误地选择了过滤式防毒面具，下到罐内即昏倒，另外1名工人发现后喊人抢救，其他工段的工人也纷纷参加抢救，结果造成罐内罐外11人中毒，其中3人经抢救无效死亡。另外一家化工企业发生次氯酸钠分解并外泄，散发出氯气，调度室让兼职气防员前往处理。3人乘车到现场后，其中1人边走边调整将呼吸器气瓶的阀门关死，造成缺氧窒息死亡。

造成上述事故的一个重要原因就是不会正确选择和使用呼吸防护用品。那么我们如何正确选择和使用呼吸器防护用品呢？

任务分析

呼吸道是工业生产中毒物进入人体内的主要途径。凡是以气体、蒸汽、雾、烟、粉尘形式存在的毒物，均可经呼吸道侵入体内。呼吸器官防护用具是用来防御缺氧环境或空气中有毒有害物质进入人体呼吸道的防护用品，是防止职业危害的最后一道屏障，正确选择与使用呼吸器官防护用品是预防职业病和恶性安全事故的重要保障。从事化工生产操作的人员要了解呼吸器官防护用具的适用性和防护功能，能判断是否适合所遇到的有害物及其危害程度，能正确选择并能检查呼吸器官防护用具是否完好，会正确使用典型呼吸器官防护用具。

必备知识

一、常见的呼吸器官防护用具

常见的呼吸器官防护用具如图2-6所示。

图2-6　常见的呼吸器官防护用具

二、选择呼吸器官防护用具

1. 选择和使用呼吸器官防护用具的主要原则

① 有害物的性质和危害程度;
② 作业场所污染物的种类和可能达到的最高浓度;
③ 污染物的成分是否单一;
④ 作业的环境如何及作业场所的氧含量。

此外,还要考虑使用者的面型特征以及身体状况如何等因素,如图 2-7 所示。

活动是否自如

视野是否开阔

交流是否方便

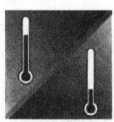
温度是否适宜

湿度是否合适

与其他防护用品的兼容性

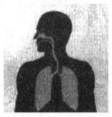
呼吸的肺活量

皮肤是否过敏

与脸部是否吻合

呼吸压力大小

设备自重

图 2-7　呼吸器官防护用具的选择因素示意图

2. 空气呼吸器的使用时间

空气呼吸器的使用时间取决于气瓶中的压缩空气数量和使用者的耗气量,而耗气量又取决于使用者所进行的体力劳动的性质,详见表 2-2。

表 2-2　劳动类型与耗气量对应表

劳动类型	耗气量/(L/min)	劳动类型	耗气量/(L/min)
休息	10~15	高强度工作	35~55
轻度活动	15~20	长时间劳动	50~80
轻度工作	20~30	剧烈活动(几分钟)	100
中强度工作	30~40		

三、练习佩戴防毒面具

1. 佩戴过滤式防毒面具

具体佩戴方法如图 2-8 所示。

(a) 将头箍调整好尺寸舒适地套在头的后上方

(b) 将下面的系带向后拉，一边拉一边将面罩盖住口鼻

(c) 将下面的系带拉到脖子后面，然后勾住

(d) 拉住系带的两端，调整松紧度

(e) 调整面具在脸部的位置，以达到最佳的佩戴效果

(f) 负压测试

图 2-8　佩戴过滤式防毒面具的方法

每次佩戴面具后，请按照如下方法进行面具的负压测试：将手掌盖住过滤盒或滤棉承接座的圆形开口，轻轻吸气。如果面具有轻微塌陷，同时面部和面具之间无漏气，即说明面具佩戴正确。如果有漏气现象，应调整面具在面部的佩戴位置或调整系带的松紧度，保证密合。如果不能达到佩戴的密合性，请不要进入污染区域。

2. 佩戴正压式空气呼吸器

（1）使用前的检查、准备工作

① 打开空气瓶开关，气瓶内的储存压力一般为 28～30MPa，随着管路、减压系统中压力的上升，会听到余压报警器报警。

② 关闭气瓶阀，观察压力表的读数变化，在 5min 内，压力表读数下降不超过 2MPa，表明供气管系高压气密性好。否则，应检查各接头部位的气密性。

③ 通过供给阀的杠杆，轻轻按动供给阀膜片组，使管路中的空气缓慢地排出，当压力下降至 4～6MPa 时，余压报警器应发出报警声音，并且连续响到压力表指示值接近零时。否则，就要重新校验报警器。

④ 检查压力表有无损坏，它的连接是否牢固。

⑤ 检查中压导管是否老化，有无裂痕，有无漏气处，它和供给阀、快速接头、减压器的连接是否牢固，有无损坏。

⑥ 检查供给阀的动作是否灵活，是否缺件，它和中压导管的连接是否牢固，是否损坏。检查供给阀和呼吸阀是否匹配。戴上呼吸器，打开气瓶开关，按压供给阀杠杆使其处于工作状态。在吸气时，供给阀应供气，有明显的"嗞嗞"响声。在呼气或屏气时，供给阀停止供气，没有"嗞嗞"响声，说明匹配良好。如果在呼气或屏气时供给阀仍然供气，可以听到"嗞嗞"声，说明不匹配，应校验正压式空气呼吸器呼吸阀的通气阻力，或调换全面罩，使其达到匹配要求。

⑦ 检查全面罩的镜片、系带、环状密封、呼吸阀是否完好，有无缺件和供给阀的连接位置是否正确，连接是否牢固。全面罩的镜片及其他部分要清洁、明亮和无污物。检查全面罩与面部贴合是否良好，方法是：关闭空气瓶开关，深吸数次，将空气呼吸器管路系统的余留气体吸尽。全面罩内保持负压，在大气压作用下全面罩应向人体面部移动，感觉呼吸困难，证明全面罩和呼吸阀有良好的气密性。

⑧ 检查空气瓶的固定是否牢固，它和减压器连接是否牢固，检查连接的气密性。检查背带、腰带是否完好，有无断裂处等。

(2) 佩戴使用

① 佩戴时，先将快速接头断开（以防在佩戴时损坏全面罩），然后将背托在人体背部（空气瓶开关在下方），根据身材调节好肩带、腰带并系紧，以合身、牢靠、舒适为宜。

② 把全面罩上的长系带套在脖子上，使用前全面罩置于胸前，以便随时佩戴，然后将快速接头接好。

③ 将供给阀的转换开关置于关闭位置，打开空气瓶开关。

④ 戴好全面罩（可不用系带）进行2～3次深呼吸，应感觉舒畅。屏气或呼气时，供给阀应停止供气，无"嘶嘶"的响声。用手按压供给阀的杠杆，检查其开启或关闭是否灵活。一切正常时，将全面罩系带收紧，收紧程度以既要保证气密又感觉舒适、无明显的压痛为宜。

⑤ 撤离现场到达安全处所后，将全面罩系带卡子松开，摘下全面罩。

⑥ 关闭气瓶开关，打开供给阀，拔开快速接头，从身上卸下呼吸器。

使用过程见图2-9。

(a) 使用前的检查

(b) 将气瓶瓶底向下背在肩上

(c) 利用过肩式或交叉穿衣式背上呼吸器

(d) 将大拇指插入肩带调节带的扣中向下拉

(e) 插上塑料快速插扣

图2-9 佩戴正压式空气呼吸器的方法

(3) 呼吸器使用注意事项

① 有呼吸方面疾病的消防员，不可担任需要呼吸器的工作。

② 承担劳动强度较大的工作后，不应立即使用隔绝式呼吸器。

③ 需要呼吸器的工作，应两个人结伴而行，以彼此照应。

④ 佩戴者在使用中，应随时观察压力表的指示值，根据撤离到安全地点的距离和时间，

及时撤离灾区现场,或听到报警器发出报警信号后及时撤离灾区现场。

⑤ 一旦进入空气污染区,呼吸器不应取下,直到离开污染区后,同时还应注意不能因能见度有所改善,就认为该区域已无污染,误将呼吸器卸下。

⑥ 打开气瓶阀时,为确保供气充足,阀门必须拧开 2 圈以上,或全部打开。

⑦ 气瓶在使用过程中,应避免碰撞、划伤和敲击,避免高温烘烤和高寒冷冻及阳光下暴晒,油漆脱落应及时修补,防止瓶壁生锈。在使用过程中发现有严重腐蚀或损伤时,应立即停止使用,提前检验,合格后方可使用。超高强度钢空气瓶的使用年限为 12 年。

⑧ 气瓶内的空气不能全部用尽,应留下不小于 0.05MPa 压力的剩余空气。

任务实施

活动　练习使用正压式空气呼吸器

活动描述：首先,教师演示正确使用正压式空气呼吸器的方法。其次,在教师的指导下,同学们练习佩戴和脱卸正压式空气呼吸器。

活动场地：个人安全防护技能实训室。

活动方式：直观演示、练习法。

活动流程：

1. 认识个人安全防护技能实训室

个人安全防护技能实训室,培训考核的项目有灭火器的正确选择和使用、正压式空气呼吸器的佩戴和使用、单人徒手心肺复苏法、创口包扎、压缩氧自救器的使用。着重进行个人安全防护、急救等通用技能培训、考核与鉴定。

2. 学习使用正压式空气呼吸器

阅读图 2-10,学习正压式空气呼吸器的使用方法。

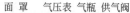
面罩　气压表　气瓶　供气阀

主要组件如上图所示

第一步,打开箱子,检查组件的完整性。

第二步,背上设备,拉好肩带和腰带。

第五步：戴好面罩,用手掌抵住面罩接口,检查面罩的气密性,感觉呼吸不畅,说明面罩气密性好。

第四步：关闭供气阀开关,打开气瓶阀门10秒左右,迅速关闭气瓶阀门,然后打开供气阀开关,会听到短暂的报警声,说明报警哨功能正常。

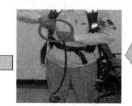
第三步：将供气阀接口和气瓶连接口连接。

图 2-10

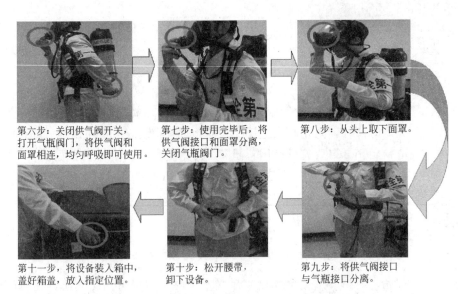

图 2-10　正压式空气呼吸器的佩戴与脱卸流程

3. 练习使用正压式空气呼吸器

按照表 2-3 的考核要求，完成正压式空气呼吸器的佩戴流程。

表 2-3　正确使用正压式空气呼吸器成果考核表

序号	考核内容	评分标准	配分
1	工作准备	劳保用品穿戴齐全：每缺一项或穿戴不合格扣 1 分	2
		①安全帽；②工鞋；③手套；④工衣（裤）	
2	呼吸器的检查	①检查气瓶、面罩密封、高中压管路是否有裂纹或划伤	18
		②面罩与气瓶连接是否牢固	
		③背带：是否完好、齐全	
		④压力表：工作是否正常，读出气瓶压力值	
		⑤呼吸阀开关：呼吸阀开关工作是否正常	
		⑥报警装置：慢慢拨动呼吸阀开关，报警是否正常	
		每缺一项或检查不到位扣 3 分	
3	佩戴程序	①检查程序结束并确保合格后，将空气呼吸器主体背起，调节好肩带、腰带并系紧	50
		②检查呼吸阀上的开关是否关闭	
		③打开气瓶阀观察气瓶压力。打开时应听到报警哨响起直至达到（5.5±0.5）MPa 以上时停止（读数值并口述）	
		④戴上面罩，先把下颌放在面罩内，再把头带拿过头顶，按照从下到上的顺序拉紧头带，最后拉紧额头上的头带	
		⑤吸气后呼吸阀自动打开，吸一口气之后立即屏住呼吸，同时用两个手指放在面罩的密封边缘旁边，检查是否有气流泄漏，如有泄漏需采取措施。检查是否有头发或其他物品卡在面罩密封边缘，并做适当调整或再次收紧头带。确保全面罩软质侧缘和人体面部的充分结合	
		⑥在使用过程中要随时观察压力表的指示值，当压力下降到（5.5±0.5）MPa 或听到报警声时，佩戴者应立即停止作业、安全撤离现场（口述）	
		⑦程序错误或操作不到位扣 5~10 分，佩戴后未检查面罩气密性，未描述气瓶低压报警的终止考核	

续表

序号	考核内容	评分标准	配分
4	脱卸程序	①按照从下到上的顺序松开头带，取下面罩，同时关闭呼吸阀开关 ②打开腰带锁扣，松开腰带 ③卸下肩带，让肩带从右侧滑到身体前面同时卸下呼吸器，平放在柔软物上，按下钢瓶阀并顺时针旋转至完全关闭 ④打开呼吸阀开关，排除供气管路中的残气 ⑤程序错误或操作不到位扣 5~8 分	30
	合计		100

任务三　正确选择和使用眼面部防护用品

任务引入

某化工厂一车间当班操作工发现泵漏液，立刻停泵进行泄压、置换操作后，交由维修班处理。维修工在拆开泵中间一组压盖时，泵内含有氨的冷凝液突然带压喷出，溅入维修工左眼内。虽立刻用清水冲洗，但仍然疼痛难忍，其他人将维修工紧急送往医院治疗。

造成上述事故的一个重要原因就是没有正确使用眼面部防护用品。因此，在生产的不同场合，正确选择和使用合适的眼面部防护用品，是化工操作工人必须掌握的。

任务分析

眼面部受伤常见的有碎屑飞溅造成的外伤、化学物灼伤、电弧眼等。预防烟雾、尘粒、金属火花和飞屑、热、电磁辐射、激光、化学品飞溅等眼睛或面部伤害的个人防护用品称为眼面部防护用品。眼面部伤害及防范见表 2-4。

表 2-4　眼面部伤害及防范

危险	处于危险的身体部位	减少危险的安全措施	个人防护用品
化学品飞溅	眼睛和面部	用安全的材料代替危险材料	带侧面保护的防震护目镜
烟雾		安装排气通风设施	防护眼镜
微尘		安装防尘罩	
紫外线		安装挡板，降低靠近工作区的紫外线辐射	可滤掉 98%紫外线的聚碳酸酯眼镜
焊接发出的射线		遮住面部，避免焊接射线直射员工的眼睛	面罩

必备知识

一、眼面部防护用品的分类

眼面部防护用品是指防御烟雾、化学物质、金属火花、飞屑和粉尘等眼睛、面部伤害的防护用品。常见的眼面部防护用品如下。

1. 防冲击眼镜

防冲击眼镜能防止金属、砂、屑等飞溅物对眼部的冲击，多用于车、铣、刨、磨等工种。这种防护眼镜的镜片及镜架要求非常坚固，不易打碎，接触眼部的遮边不应有锐角。

选择防冲击眼镜时，要选择带侧翼的（如图2-11所示），以防护来自侧面的冲击物，镜片还应选择防雾镜片，以免佩戴者哈气造成镜片模糊。

2. 防护眼罩

防护眼罩不仅能阻止各种冲击物对眼睛的伤害，还能起到对液体喷溅的防护。为保持眼罩内外的空气流通，防护眼罩在侧面设有间接的通风孔（如图2-12所示）。在使用液体化学品的作业场所，若存在液体喷溅对眼睛造成伤害的风险时，应当选择防护眼罩来保护作业人员的双眼安全。

但要注意，需要防灰尘、烟雾及各种有害气体时，必须选择无通风孔的防护眼罩，且要与脸部接触严密，镜架要耐酸、碱。但这种防护眼罩适用于有轻微毒性、刺激性不太强的环境。在作业环境毒性较大的情况下，应与防毒面具一起使用。

图 2-11　带侧翼防冲击眼镜　　图 2-12　防护眼罩　　2-13　防冲击和液体喷溅面屏

3. 防冲击和液体喷溅面屏

这种面屏是将眼睛和面部全部覆盖，对冲击物和液体喷溅起到较好的防护作用。如果面屏是可掀起并暴露眼睛的，就必须同时佩戴防冲击眼镜。如果作业场所还同时存在物体打击、粉尘、噪声等，选择防冲击和液体喷溅面屏时，应考虑能与安全帽、口罩、耳塞同时佩戴的。

4. 焊接眼面部防护具

在焊接作业场所中，应选择防护焊接弧光的护具。目前市场上的焊接眼面部防护具包括普通焊接防护眼镜（如图2-14所示）、焊接防护眼罩（如图2-15所示）和焊接防护面屏（如图2-16所示）。焊接防护面屏包括头戴式、手持式和安全帽式面屏。

图 2-14　普通焊接防护眼镜　　图 2-15　焊接防护眼罩　　图 2-16　焊接防护面屏

在实际使用中，应尽量使用焊接防护眼罩或焊接防护面屏，因为佩戴普通焊接防护眼镜，紫外线可通过面部与防护眼镜的缝隙进入眼部，不能有效防护焊接弧光中的紫外线和强光，从而伤害眼睛。此外，焊接工人如果还从事存在粉尘的作业，如打磨作业，还应佩戴防尘口罩；如在有物体打击的场所焊接时，应佩戴安全帽式面屏。

5. 防热辐射面屏

防热辐射面屏是用反射性强、耐热性良好的材料（如铝箔）制成，或在有机玻璃上贴金属薄膜、金属镀层（如镀铝或镀金，镀金效果更好）反射红外辐射，再佩戴护目镜用于观察。因此，要求防护镜片在白炽灯下，能显示红色灯丝。工业窑炉的操作人员应佩戴防热辐射面屏（如图 2-17 所示）。

6. 全面罩呼吸器

全面罩呼吸器能覆盖使用者口、鼻、眼睛和面额，从而有效防止物体冲击、液体喷溅、有毒有害气体、粉尘等的危害，在危险性较大的作业场所，尤其是有毒有害气体浓度较大的场所，应使用全面罩呼吸器（如图 2-18 所示）。

图 2-17 防热辐射面屏

图 2-18 全面罩呼吸器

二、眼面部防护用品选择和使用注意事项

选择防护眼镜的关键是试戴，每个人的脸型不同，瞳距不同，要通过试戴选择适合自己的防护眼镜。试戴时要观察侧面，确认防护眼镜能防护来自侧面的伤害。

此外，选择眼面部防护用品还要挑选符合国家特种防护用品规定的合格产品。在购买时，要注意产品及包装的标志、标识，以确认是否为合格产品。合格产品在包装上应有：产品名称、制造厂名、生产日期；有功能标识：如防冲击、防液体飞溅等标识。

防冲击眼面护具、焊接眼面防护用品、全面罩呼吸器等是国家许可的产品，在产品包装或产品本身上应有安全标志（即 LA，为劳动安全的意思，如图 2-19 所示）。

图 2-19 安全标志

安全标志图为白底绿图，下面黑色字体的编号采用 3 层数字和字母组合的编号方法编制。第一层的两位数字代表获得安全标志使用授权的年份；第二层的两位数字代表获得安全标志使用授权的生产企业所属的省级行政地区的区划代码（进口产品，第二层的代码则以两位英文字母缩写表示该进口产品产

地的国家）；第三层代码的前三位数字代表产品的名称代码，如焊接面罩是301，焊接眼镜是302，防冲击眼镜是303，后三位数字代表获得安全标志使用授权的顺序。

眼面部防护用品的使用过程中要经常进行维护和更换，使用者需按照产品使用说明进行维护，保证清洁干净。当表面有脏污时，不能用有机溶剂进行清洗，也不能用干布直接擦拭，防止镜片有划痕，应用少量洗涤剂和清水冲洗。当镜片或镜架出现裂纹、变形或破损时，必须及时进行更换。

三、焊接防护用具的使用

① 使用的眼镜和面罩必须经过有关部门检验。
② 挑选、佩戴合适的眼镜和面罩以防作业时脱落和晃动，影响使用效果。
③ 眼镜框架与脸部要吻合，避免侧面漏光。必要时应使用带有护眼罩或防侧光型眼镜。
④ 防止面罩、眼镜受潮、受压，以免变形损坏或漏光。焊接用面罩应该具有绝缘性，以防触电。
⑤ 使用面罩式护目镜作业时，累计8h至少更换一次保护片。防护眼镜的滤光片被飞溅物损伤时，要及时更换。
⑥ 保护片和滤光片组合使用时，镜片的屈光度必须相同。
⑦ 对于送风式、带有防尘、防毒面罩的焊接面罩，应严格按照有关规定保养和使用。
⑧ 当面罩的镜片被作业环境的潮湿烟气及作业者呼出的潮气罩住，使其出现水雾，影响操作时，可采取下列措施解决：
  a. 水膜扩散法，在镜片上涂上脂肪酸或硅胶系的防雾剂，使水雾均等扩散。
  b. 吸水排除法，在镜片上浸涂界面活性剂（PC树脂系），将附着的水雾吸收。

任务实施

活动　正确选择和使用眼面部防护用品

活动描述：教师演示使用防尘面具和化学护目镜，并介绍注意事项，之后，每位同学在教师的指导下，完成使用防尘面具和化学护目镜的练习。

活动场地：合成气制液化天然气半实物仿真工厂外操室。

活动方式：直观演示、练习法。

活动流程：

1. 认识眼面部防护用品的操作规范及使用要求

（1）GB/T 3609.2—2009《职业眼面部防护　焊接防护　第2部分：自动变光焊接滤光镜》。

（2）正确着装，熟悉眼面部防护用品的组成与功能等相关知识。

（3）练习选择和使用眼面部防护用品。

（4）对不符合使用要求的说明其原因。

2. 熟悉眼面部防护用品的选择和使用的关键技术点

我国在《个体防护装备配备规范》中规定了需要配备眼面部防护用品的一些岗位。每一种防护用品都有其使用限制，在选用时，需要根据不同的危害选具有相应功能的眼面部防护用品（见表2-5）。

表2-5　眼面部防护用品的选用（GB 39800.1—2020）

作业类别名称	必须使用的防护用品	可考虑使用的防护用品
高温作业（高温天气户外作业、高温车间作业）	防强光、紫外线、红外线护目镜或面罩	
带电作业（如高、低压设备或线路带电维修）		防冲击护目镜
吸入性粉尘作业（如铝、镉等有毒金属及其化合物的烟雾及粉尘，沥青烟雾，矿尘，石棉尘及其他有害物的动植物性粉尘）	防毒面具	防尘口罩（防颗粒物呼吸器）
沾染性毒物作业（如有机磷农药、有机汞化合物、苯和苯的三硝基化合物、苯胺、酸、氯、联苯、放射性物质）	防毒面具 防腐蚀液护目镜	防尘口罩（防颗粒物呼吸器）
生物性毒物作业[如有毒性动（植）物养殖、生物毒素培养制剂、带菌或含有生物毒素的制品加工处理、腐烂物品处理、防疫检验]	防腐蚀液护目镜 防尘口罩（防颗粒物呼吸器）	
腐蚀性作业（如二氧化硫气体净化、酸洗、化学镀膜）	防腐蚀液护目镜	
强光作业（如电弧光、电弧焊、炉窑）	防强光、紫外线、红外线护目镜或面罩 焊接面罩	
激光作业（如激光加工金属、激光焊接、激光测量、激光通信、激光医疗）	防激光护目镜	
荧光屏作业（如电脑操作、电视机调试）	防微波护目镜	
射线作业（如放射性矿物开采、选矿、冶炼、加工、核废料或核事故处理、放射性物质使用、X射线检测）	防放射性护目镜	
有碎屑或液体飞溅的作业（如破碎、锤击、铸件切割、砂轮打磨、高压液体清洗）	防冲击护目镜	
操纵转动机械作业（如机床、传动机械）	防冲击护目镜	
野外作业（如地质勘探、森林采伐、大地测量）	太阳镜	防冲击护目镜
车辆驾驶作业		防强光、紫外线、红外线护目镜或面罩 防冲击护目镜 太阳镜
铲、装、吊、推机械操作作业（如操作铲机、推土机、装载机、天车、龙门吊、塔吊、单臂起重机）		防冲击护目镜 防尘口罩（防颗粒物呼吸器）

3. 练习使用防尘面具和化学护目镜

根据使用眼面部防护用品的操作规范和使用的关键技术点，独立练习使用防尘面具和化学护目镜。

项目二　正确选择和使用安全防护用品

任务四　正确选择和使用手部防护用品

任务引入

2010年6月2日，平台井队安装注聚专用四通作业，钻工刘某负责安装定位螺栓，四通在油管挂密封段卡住遇晃动后突然下落10cm左右，刘某手扶的螺栓没有进螺栓孔，被反向顶起至四通断面，导致右手食指握持螺栓部位被螺栓与四通断面挤伤。

以上事故是典型的手部伤害事故，钻工刘某在没有做好手部防护的情况下作业，导致手部受到挤伤。那么我们在从事化工生产的过程中如何做好手部防护呢？如何选择和使用手部防护用品？

任务分析

在生产中我们常常忽视了对手的保护，如接触酸碱时不戴防酸手套；操作高温易烫伤、低温易冻伤设备时，不穿隔温服或戴隔温手套；安装玻璃试验仪器或用手拿取有毒有害物料时不戴手套；使用钻床时不戴手套等。

手是人体最易受伤害的部位之一，在全部工伤事故中，手的伤害大约占1/4。一般情况下，手的伤害不会危及生命，但手功能的丧失会给人的生产、生活带来极大的不便，可导致终身残疾、丧失劳动和生活的能力。

所以手的保护是职业安全非常重要的一环，正确地选择和使用手部防护用具十分必要。手部安全警示标志如图2-20所示。

图2-20　手部安全警示标志

必备知识

一、认识常见的手部伤害

手是人体最为精细致密的器官之一，它由27块骨骼组成，肌肉、血管和神经的分布与组织都极其复杂，仅指尖上每平方厘米的毛细血管长度就可达数米，神经末梢达到数千个。在工业伤害事故中，手部伤害类型大致可分以下4大类。

1. 机械性伤害

由于机械原因造成对手部骨骼、肌肉或组织的创伤性伤害，从轻微的划伤、割伤至严重的断指、骨裂等。如使用带尖锐部件的工具，操纵某些带刀、尖等的大型机械或仪器，会造成手的割伤；处理或使用钉子、起子、凿子、钢丝等会刺伤手；受到某些机械的撞击会引起撞击伤害；手被卷进机械中会扭伤、压伤甚至轧掉手指等。

2. 化学、生物性伤害

当接触到有毒、有害的化学物质或生物物质，或是有刺激性的药剂，如酸、碱溶液，长期接触刺激性强的消毒剂、洗涤剂等，会造成对手部皮肤的伤害。轻者造成皮肤干燥、起皮、刺痒，重者出现红肿、水疱、疱疹、结疤等。有毒物质渗入体内，或是有害生物物质引起的感染,还可能对人的健康乃至生命造成严重威胁。

3. 电击、辐射伤害

在工作中,手部受到电击伤害,或是电磁辐射、电离辐射等各种类型辐射的伤害,可能会造成严重的后果。此外,由于工作场所、工作条件的因素,手部还可能受到低温冻伤、高温烫伤、火焰烧伤等。

4. 振动伤害

在工作中,手部长期受到振动影响,就可能受到振动伤害,造成手臂抖动综合征、白指症等病症。长期操纵手持振动工具,如油锯、凿岩机、电锤、风镐等,会造成振动伤害。手随工具长时间振动,还会造成对血液循环系统的伤害,而发生白指症。特别是在湿、冷的环境下这种情况很容易发生。由于血液循环不好,手变得苍白、麻木等。如果伤害到感觉神经,手对温度的敏感度就会降低,触觉失灵,甚至会造成永久性的麻木。

手部受到伤害后常见的病症有灼伤、扭伤、挫伤、骨折、破口、皮炎等。

二、制定手部防护措施

保护手的措施,一是在设计、制造设备及工具时,要从安全防护角度予以充分的考虑,配备较完备的防护措施。二是合理制定和改善安全操作规程,完善安全防范设施。例如对设备的危险部件加装防护罩,对热源和辐射设置屏蔽,配备手柄等合理的手工工具。如果上述这些措施仍不能有效避免事故的话,则应考虑使用个体防护用品。

1. 常见的防护手套

防护手套根据不同的防护功能,主要分为以下 14 种:①绝缘手套;②耐酸碱手套;③焊工手套;④橡胶耐油手套;⑤防 X 射线手套;⑥防水手套;⑦防毒手套;⑧防振手套;⑨森林防火手套;⑩防切割手套;⑪耐火阻燃手套;⑫防微波手套;⑬防辐射热手套;⑭防寒手套等。常见工业用防护手套如图 2-21 所示。

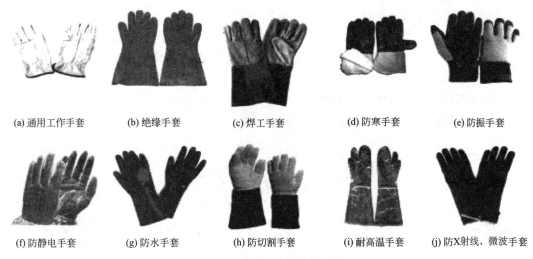

(a) 通用工作手套　　(b) 绝缘手套　　(c) 焊工手套　　(d) 防寒手套　　(e) 防振手套

(f) 防静电手套　　(g) 防水手套　　(h) 防切割手套　　(i) 耐高温手套　　(j) 防X射线、微波手套

图 2-21　常见工业用防护手套

2. 选择防护手套的一般原则

(1) 手套的无害性　手套与使用者紧密接触部分,如手套的内衬、线、贴边等均不应威

胁使用者的安全和健康。生产商对手套中已知的、会产生过敏的物质，应在手套使用说明中加以注明。

所有手套的pH值应尽可能地接近中性。皮革手套的pH值应大于3.5，小于9.5。

（2）舒适性和有效性

① 手部的尺寸测量两个部位：掌围（拇指和食指的分叉处向上20mm处的围长）；掌长（从腕部到中指指尖的距离）。

② 手套的规格尺寸：手套的规格尺寸是根据相对应的手部尺寸而确定的。手套应尽可能使使用者操作灵活。

（3）透水汽性和吸水汽性

① 在特殊作业场所，手套应有一定的透水汽性。

② 手套应尽可能地降低排汗影响。

3. **使用防护手套的注意事项**

① 首先应了解不同种类手套的防护作用和使用要求，以便在作业时正确选择，切不可把一般场合用手套当作某些专用手套使用。如棉布手套、化纤手套等作为防振手套来用，效果很差。

② 在使用绝缘手套前，应先检查外观，如发现表面有孔洞、裂纹等应停止使用。

③ 绝缘手套使用完毕后，按有关规定保存好，以防老化造成绝缘性能降低。使用一段时间后应复检，合格后方可使用。使用时要注意产品分类色标，像1kV手套为红色、7.5kV为白色、17kV为黄色。

④ 在使用振动工具作业时，不能认为戴上防振手套就安全了。应注意工作中安排一定的时间休息，随着工具自身振频提高，可相应将休息时间延长。对于使用的各种振动工具，最好测出振动加速度，以便挑选合适的防振手套，取得较好的防护效果。

⑤ 在某些场合下，所有手套大小应合适，避免手套指过长，被机械绞或卷住，使手部受伤。

⑥ 操作高速回转机械作业时，可使用防振手套。进行某些设备维护和注油作业时，应使用防油手套，以避免油类对手的伤害。

⑦ 不同种类手套有其特定用途的性能，在实际工作时一定结合作业情况来正确使用和区分，以保护手部安全。

4. **练习脱掉沾染危险化学品手套**

脱掉被污染手套的正确方法如图2-22所示。

(a) 用一只手提起另一只手上的手套

(b) 脱掉手套、把手套放在另一只戴手套的手中

(b) 把手指插入手套内层

(d) 由内向外脱掉手套，并将第一只手套包在里面

图2-22 脱掉被污染的手套的方法

> **任务实施**

活动　正确选择和使用手部防护用品

活动描述：在现代化工实训中心危化品安全生产作业检修操作实训室的物品柜里面存放着三种防护手套，分别是耐酸碱手套、防静电手套和防毒手套。在教师的指导下，学习在不同的工作环境下正确选择和使用防护手套。

活动场地：现代化工实训中心危化品安全生产作业检修操作实训室。

活动方式：直观演示、独立练习。

活动流程：

一、认识三种防护手套

1. 耐酸碱手套

耐酸碱手套主要是用于抵御手部接触酸、碱或者需要使用酸、碱液的工作中带来的伤害，佩戴耐酸碱手套可预防职业性皮肤病，有多重产品规格。按材质可分为：橡胶耐酸碱手套（图2-23）、乳胶工业手套、浸塑耐酸碱手套、塑料手套。

图2-23　橡胶耐酸碱手套

（1）耐酸碱防护手套的技术指标

① 耐酸碱防护手套不应有发脆、发黏、破损和喷霜等缺陷。

② 手套应具有气密性能，在（10±1）kPa的压力下，不能出现漏气的现象。

③ 手套应有较强的防渗透能力。

（2）耐酸碱手套的使用和注意事项

① 可接触浓度为40％以下酸碱液的耐酸碱橡胶手套，若短时间接触浓度40％以上的酸碱液时，用后应立即用清水冲洗干净，以免缩短使用寿命。

② 接触强氧化酸如硝酸、铬酸等，强氧化作用会造成产品发脆、变色、早期损坏。高浓度的强氧化酸甚至会引起烧损，应予注意。

③ 乳胶工业手套只适用于弱酸，浓度不高的硫酸、盐酸和各种盐类，不得接触硝酸等强氧化酸。

④ 一般乳胶工作手套、农业手套只适用于接触一般污染物，不能用于接触酸碱作业。

⑤ 使用时应防止与汽油、润滑油等有机溶剂接触；防止锋利的金属刺割及与高温物体接触。

⑥ 使用后应将表面酸碱液体或污物用清水冲洗、晾干，不得暴晒及烘烤。长期不用可撒涂少量滑石粉，以免发生粘连。

2. 防静电手套

采用特种防静电涤纶布制作，基材由涤纶和导电纤维组成，导电纤维间距为4mm、5mm或者10mm，手套具有极好的弹性和防静电性能，避免人体产生的静电对产品造成破坏，它在化工行业、电子行业及日常生活中广泛使用。种类有防静电手套（图2-24）、防静电点塑（防滑）手套、防静电PU涂层手套（涂指或涂掌）等。

功能特点包括：防静电、防滑、防油、耐磨、吸汗、透气，无尘，PU部分无味，柔软，使用寿命长，可重复使用。

使用防静电手套时的注意事项：

① 使用天然胶乳指套要避免接触使用油性润滑剂，例如凡士林、婴儿油、浴液、按摩油、黄油等，以免影响性能。

② 避免尖锐物扎伤，如针、剪刀、牙签等。

③ 避免在高温、潮湿、烈日、不通风的场所使用。

3. 防毒手套

防毒手套（图2-25）是一种个人防护器材，即具有防毒性能的手套，为防手直接接触毒物，导致手部皮肤损伤或手携带毒物导致其他伤害（如误食中毒）的防毒护品，与防毒面具、防毒服、防毒靴套等配套使用。也可以单独使用，用以防御各种液态、气态毒剂及放射性气体等。

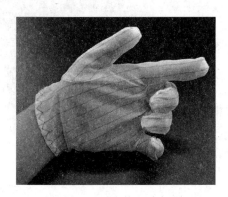

图2-24 防静电手套

图2-25 防毒手套

二、防护手套的使用注意事项

① 防护手套的品种很多，应根据防护功能来选用。首先要明确防护对象，然后再仔细选用。如耐酸碱手套，有耐强酸（碱）的，有只耐低浓度酸（碱）的，耐有机溶剂和化学试剂又各有不同。因此不能乱用，以免发生意外。

② 防水、耐酸碱手套使用前应仔细检查，观察表面是否有破损，采取的简易办法是向手套内吹气，用手捏紧套口，观察是否漏气。若漏气则不能使用。

③ 橡胶、塑料等类防护手套用后应冲洗干净、晾干，保存时避免接触高温物体，并在制品上撒上滑石粉以防粘连。

④ 绝缘手套应定期检验电绝缘性能，不符合规定的不能使用。

⑤ 乳胶工业手套只适用于弱酸，浓度不高的硫酸和各种盐类，不得接触强氧化酸（硝酸等）。

三、练习在不同的工作环境下选择和使用防护手套

两种不同的工作情景：①法兰垫片处发生乙酸乙酯泄漏事故；②法兰垫片处发生氰化钠溶液泄漏事故。

① 根据以上两种工作场景，选择合适的防护手套。

② 在教师的指导下练习使用防护手套。

任务五 正确选择和使用足部防护用品

任务引入

2008年3月7日23时左右，位于山西省某化肥厂合成氨车间分析检验工刘某在液氨储存罐中取样时由于取样阀开度过大，少量液氨泄漏出来，滴在刘某的鞋上。当日刘某仅穿了普通帆布鞋，泄漏导致刘某足部轻微冻伤。

该事故发生的直接原因是刘某安全意识不强，在取样时没有做到足够的防护，导致足部冻伤。那么我们在从事化工生产的过程中如何做好足部防护呢？如何正确选择和使用足部防护用品？

任务分析

在化工企业，操作人员要经常使用工具、移动物料、调节设备，所接触的可能有坚硬、带棱角的东西，在处理灼热或腐蚀性物质时所发生的溅射伤害及搬运时不慎被下坠的物件压伤、砸伤、刺伤，导致无法正常工作，甚至造成终身残疾。

在作业中，足部防护用品用来防护物理、化学和生物等外界因素对足部、小腿部的伤害。足部防护用品是避免或减轻工作人员在生产和工作中足部伤害的必要个体防护装备。

所以足部的保护在化工企业中非常重要，正确地选择和使用手部防护用具十分必要。

必备知识

一、认识常见的足部伤害

通过对大量足部安全事故的分析表明，发生足部安全事故有3个方面的主因：一是企业没有为职工配备或配备不合格的足部防护用品；二是作业人员安全意识不强，心存侥幸，认为足部伤害难以发生；三是企业和职工不知道如何正确选择、使用和维护足部防护用品。

作业过程中，足部受到伤害有以下几个主要方面。

1. 物体砸伤或刺伤

在机械、冶金等行业及建筑或其他施工中，常有物体坠落、抛出或铁钉等尖锐物体散落于地面，可砸伤足趾或刺伤足底。

2. 高低温伤害

在冶炼、铸造、金属加工、化工等行业的作业场所，强辐射热会灼烤足部，灼热的物料可落到脚上引起烧伤或烫伤。在高寒地区，特别是冬季户外施工时，足部可能因低温发生冻伤。

3. 化学性伤害

化工、造纸、纺织、印染等接触化学品（特别是酸碱）的行业，有可能发生足部被化学品灼伤、冻伤的事故。

4. 触电伤害与静电伤害

作业人员未穿电绝缘鞋，可能导致触电事故。由于作业人员鞋底材质不适，在行走时可能与地面摩擦而产生静电危害。

图 2-26　足部防护安全标志

5. 强迫体位

在低矮的巷道作业或膝盖着地爬行，可能造成膝关节滑囊炎。

根据美国 Bureau of Labor 的统计显示，足与腿的防护：66%腿足受伤的工人没有穿安全鞋、防护鞋，33%是穿一般的休闲鞋，受伤工人中85%是因为物品击中未保护的鞋靴部分。要保护足与腿免于受到物品掉落、滚压、尖物、熔融的金属、热表面、湿滑表面的伤害，工人必须使用适当的足部防护用品，如安全鞋或靴。

足部防护安全标志如图 2-26 所示。

二、制定足部防护措施

1. 认识安全鞋

（1）安全鞋的分类　根据防护性能主要分为 10 种：

① 保护足趾安全鞋（靴）——防御外来物体对足趾的打击挤压伤害。

② 胶面防砸安全靴——在有水或地面潮湿的环境中使用，防御外来物体对足趾的打击挤压伤害。

③ 防刺穿鞋——防御尖锐物对足底部的伤害。

④ 电绝缘鞋——能使足部与带电物体绝缘，防止电击。

⑤ 防静电鞋——能及时消除人体静电积聚，防止由静电引起的着火、爆炸等危害。

⑥ 导电鞋——能在短时间内消除人体静电积聚，防止由静电引起的着火、爆炸等危害。

⑦ 耐酸碱鞋（靴）——防御酸、碱等腐蚀性液体对足部、小腿部的伤害。

⑧ 高温防护鞋——防御热辐射、熔融金属、火花以及与灼热物体接触对足部的伤害。

⑨ 焊接防护鞋——防御焊接作业的火花、熔融金属、高温金属、高温辐射伤害足部，以及能使足部与带电物体绝缘，防止电击。

⑩ 防振鞋——具有衰减振动性能，防止振动对人体的损害。

（2）安全鞋结构　安全鞋结构见图 2-27。

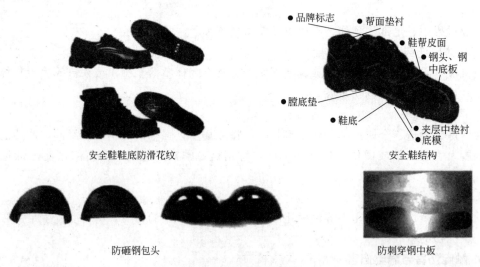

图 2-27　安全鞋的结构

2. 选择足部防护用品要考虑的因素

选择安全鞋或靴时，可以遵循以下5点：

① 防护鞋或靴除了须根据作业条件选择适合的类型外，还应合脚，穿起来使人感到舒适，这一点很重要，要仔细挑选合适的鞋号。

② 防护鞋要有防滑的设计，不仅要保护人的脚免遭伤害，而且要防止操作人员滑倒所引起的事故。

③ 各种不同性能的防护鞋，要达到各自防护性能的技术指标，如脚趾不被砸伤、脚底不被刺伤、绝缘导电等要求。但安全鞋不是万能的。

④ 使用防护鞋前要认真检查或测试，在电气和酸碱作业中，破损和有裂纹的防护鞋都是有危险的。

⑤ 防护鞋用后要妥善保管，橡胶鞋用后要用清水或消毒剂冲洗并晾干，以延长使用寿命。

3. 使用足部防护用品的技术关键点

（1）正确选用方法　安全鞋不同于日用鞋，它的前端有一块保护足趾的钢包头或者是塑胶头。选用的标准是：

① 脚伸进鞋内，脚跟处应该至少可以容纳1根手指；

② 系好鞋带，上下左右活动脚趾，不应该感到脚趾受到摩擦或挤压；

③ 走动几步，不应该感到脚背受到挤压；

④ 如果感觉受到挤压，建议更换大一码安全鞋；

⑤ 建议最好在下午测量脚的尺寸，因为脚在下午会略微膨胀，此时所确定的尺码穿起来会最舒服；

⑥ 鞋的重量最好不要超过1kg；

⑦ 当穿着太重及太紧的安全鞋时，易导致脚部疾病如霉菌滋生等。

（2）需穿安全鞋的工作环境　以下工作环境要穿着安全鞋，见图2-28。

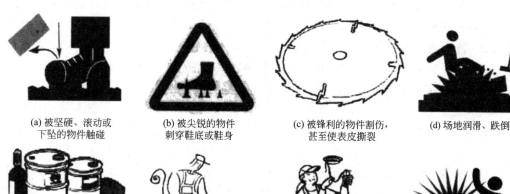

(e) 接触化学品　　(f) 熔化的金属、高温及低温的表面　　(g) 接触电力装置　　(h) 易燃易爆的场所

图2-28　穿着安全鞋的工作环境

(3) 安全鞋的报废

① 外观缺陷检查安全鞋外观存在以下缺陷之一者，应予报废。

a. 有明显的或深的裂痕，达到帮面厚度的一半；

b. 帮面严重磨损，尤其是包头显露出来；

c. 帮面变形、烧焦、熔化、发泡或腿部部分开裂；

d. 鞋底裂痕大于10mm，深大于3mm；

e. Ⅰ类鞋帮面和底面分开距离长大于15mm，宽（深）大于5mm，Ⅱ类鞋出现穿透；

f. 曲绕部位的防滑花纹高度低于1.5mm；

g. 鞋的内底有明显的变形。

② 性能检查。防静电鞋、电绝缘鞋等电性能类鞋，应首先检查是否有明显的外观缺陷，同时，每6个月对电绝缘鞋进行一次绝缘性能的预防性检验和不超过200h对防静电鞋进行一次电阻值的测试，以确保鞋是安全的，若不符合要求，则不应再当作电性能类鞋继续使用。

任务实施

活动　正确选择和使用足部防护用品

活动描述：学会正确选择和使用手部防护用品之后，接着学习如何正确选择和使用足部防护用品。

活动场地：现代化工实训中心危化品安全生产作业检修操作实训室。

活动方式：直观演示、独立练习。

活动流程：

一、认识常见的安全鞋

(1) **防静电安全鞋**　能消除人体静电积聚，适用于易燃作业场所，如加油站操作工、液化气灌装工等。注意事项：禁止当绝缘鞋使用，穿防静电鞋不应同时穿绝缘的毛料厚袜或使用绝缘鞋垫；防静电鞋应同时与防静电服配套使用，防静电鞋一般不超过200h应进行鞋电阻值测试一次，如果电阻不在规定的范围内，则不能作为防静电鞋使用。

(2) **保护足趾安全鞋**　内包头安全性能为AN1级，适用于冶金、矿山、林业、港口、装卸、采石、机械、建筑、石油、化工行业等。

(3) **耐酸碱安全鞋**　适用于电镀工、酸洗工、电解工、配液工等。注意事项：耐酸碱皮鞋只能适用于一般浓度较低的酸碱作业场所，应避免接触高温、锐器损伤鞋面或鞋底渗漏；穿用后应用清水冲洗鞋上的酸碱液体，然后晾干，避免日光直接照射或烘干。

(4) **防砸安全鞋**　抗刺穿强度为1级，适用于矿山、消防、建筑、林业、冷作工、机械行业等。

(5) **电绝缘鞋**　适用于电工、电子操作工、电缆安装工、变电安装工等。注意事项：适合工频电压1kV以下的作业环境，工作环境应能保持鞋面干燥。避免接触锐器、高温和腐蚀性物质，帮底不能有腐蚀破损、漏气的现象。

二、安全鞋使用保养说明

(1) 将鞋存放于通风、干燥、防霉、防蛀虫的场所　堆放地方应离开地面、墙壁0.2m以上，离开一切发热体1m以外。避免与油、酸碱类或其他腐蚀性物品接触。

（2）建议两双鞋交替穿着使用，以延长其使用寿命　穿用后用软毛刷子或微湿的抹布除去鞋上的灰尘和其他工作环境中的污物，尽量避免用水直接冲洗或用洗衣粉等化学洗涤剂进行清洗，然后置于通风干燥处自然晾干，避免日光直接照射。经常给鞋面上油，以防止皮料干裂。

（3）关于穿用防静电安全鞋的说明　可通过消散静电荷来使静电积累减至最小，从而避免诸如易燃物质和蒸气的火花引燃危险，同时，如果来自任何电器或带电部件的电击危险尚未完全消除，则必须穿防静电鞋。

由于防静电鞋仅仅是在脚和地面之间加入一个电阻，不能保证对电击有足够的防护。如果电击的危险尚未完全消除，避免这种危险的附加措施是必要的。这类措施与下面提到的附加测试一样应成为工作场所事故预防程序的例行部分。

经验表明，对于防静电用途，在鞋的整个使用期限内的任何时间，通过产品的放电路径通常应有小于 $1000 M\Omega$ 的电阻。在电压达到 250V 操作时，万一出现任何电器故障，为确保对电击或引燃危险提供一些有限的保护，新鞋的电阻限值规定为 $100 k\Omega$。

在某些情况下，使用者应知道可能保护不充分的地方且应始终采取附加措施以保护自己。

① 防静电鞋的电阻会由于屈挠、污染或潮湿而发生显著变化。如果在潮湿条件下穿用，鞋将不能实现其预定的功能。因而必须确保产品在整个使用期限内能实现其消散静电荷的设计功能并同时提供一些保护。建议使用者建立一个内部电阻测试并定期经常使用它。

② 如果延长穿用周期，Ⅰ类鞋能吸潮并在潮湿条件下导电。

③ 如果在鞋底材料被污染的场所穿用，穿着者每次进入危险区域前应经常检查鞋的电阻值，避免鞋底被污染或沾上绝缘性物质。

④ 在使用防静电鞋的场所，地面电阻不应使鞋提供的防护无效。

⑤ 在使用中，除了一般的袜子，鞋内底与穿着者的脚之间不得有绝缘部件。如果内底和脚之间有鞋垫，则应检查鞋/鞋垫组合体的电阻值。

⑥ 防静电鞋通过消散静电荷使静电累积减至最小，从而避免诸如人体静电积聚放电而导致的引燃危险和对电子装置的损坏，所以必须在产品的整个使用期限内保证防静电鞋的规定电阻值。

⑦ 不得穿用绝缘性强的厚袜子以及绝缘性鞋垫，务必使用鞋内配置的防静电鞋垫，如防静电鞋垫上的导电线因使用周期过长而磨耗，请及时更换。

⑧ 使用防静电鞋的场所应是防静电地面。

⑨ 穿用过程中，一般不超过 200 工作小时或一个（日历）月（以先到为准）应进行电阻测试一次。测试方式和参照标准见相应国家标准。

⑩ 自生产日起计算，超过 18 个月的产品应按照标准进行检验。符合规定要求方可销售和使用。测试方式和参照标准见相应国家标准。

（4）关于穿用电绝缘安全鞋时的说明

① 有电击危险的场合应穿用电绝缘鞋，例如有损坏的带电仪器的场合。

② 使用期间防护水平可能受刻痕、切割、磨损或化学污染的影响，定期检查是必须的，损坏的鞋（靴）不能穿用。

③ 如果在污染鞋底材料的场所穿用，例如放有化学药品的场所，进入这类危险区域时应警告该区域会影响鞋的电性能。

④ 电绝缘鞋不能保证100%防护电击，且避免这种危险的附加测试是必需的。这类测试与下面提到的附加测试一样，应成为日常危险评价程序的一部分。

⑤ 电绝缘鞋（靴）使用期限一般为24个月（自生产日期起计算），超过24个月的产品须逐只进行电性能预防性检验，经预防性检验的鞋应符合安全规定要求方可销售和使用。每次预防性检验结果有效期不超过6个月。因此，穿用电绝缘鞋时应参照相关国家标准至少每6个月进行一次预防性检验。

⑥ 耐电压15kV以下的电绝缘鞋适用于工频电压1kV以下。使用时必须严格遵守电业安全工作规程（DL408和DL409）的规定。

⑦ 穿用电绝缘鞋时，其工作环境应能保持鞋面干燥。

⑧ 穿用电绝缘鞋时，应避免接触锐器、高温和腐蚀性物质，防止鞋受到损伤，影响电性能。凡帮底有腐蚀、破损之处，不能再以电绝缘鞋穿用。

（5）禁止在水中长期穿用。

三、练习在不同的工作环境下选择和使用安全鞋

两种不同的工作情景：①法兰垫片处发生乙酸乙酯泄漏事故；②法兰垫片处发生氰化钠溶液泄漏事故。

① 根据以上两种工作场景，选择合适的安全鞋。

② 在教师的指导下练习使用安全鞋。

任务六　正确选择和使用躯体防护用品

任务引入

某化工厂有三个储存硝酸罐体，装有浓度为97%的硝酸，工人操作不当导致阀门失灵，硝酸泄漏，现场黄色烟雾缭绕，气味刺鼻，有毒气体迅速蔓延。消防指挥中心接到报警后立刻启动重点单位危险化学品应急预案。身着防护服、头戴防护面具的消防队员靠近罐体，首先对泄漏点进行堵漏；同时另一路消防员利用沙子混合氢氧化钠扬洒在地面上，对外泄残留的硝酸进行中和，并在水枪的配合下，对挥发的有毒气体进行稀释。最后险情被成功处置，事故没有造成人员伤亡。

该事故没有造成重大后果的原因是紧急启动了应急预案以及正确选择和使用了防护用品。其中，躯体防护用品在化工生产中扮演着重要的角色，因此，我们要了解躯体防护用品的种类和防护原理，掌握躯体防护用品主要功能，会根据实际情况正确选择和使用躯体防护用品。

任务分析

像类似的化工厂的泄漏事件、化学物质运输过程中发生的意外事件，在处理时都需要在穿戴防护服和防护装备的条件下进行。化学防护服能够有效地阻隔无机酸、碱、溶剂等有害化学物质，使之不能与皮肤接触。这样就可以最大限度地保护操作人员的人身安全，将工伤事故降到最低。

必备知识

一、认识躯体防护用品

1. 躯体防护用品分类

按照结构、功能,躯体防护用品分为两大类:防护服和防护围裙,见表 2-6。

化学防护服是指用于防护化学物质对人体伤害的服装。在选择化学防护服时应当进行相关的危险性分析,如工作人员将暴露在何种危险品(种类)之中,这些危险品对健康有何种危害,它们的浓度如何,以何种形态出现(气态、固态、液态),操作人员可能以何种方式与此类危险品接触(持续、偶然),根据以上分析确定防护服的种类、防护级别并正确着装。

表 2-6 常见躯体防护用品的种类

名称	分类	
防护服	一般劳动防护服	
	特种劳动防护服	阻燃防护服
		防静电服
		防酸服
		抗油拒水服
		防水服
		森林防火服
		劳保羽绒服
		防 X 射线防护服
		防中子辐射防护服
		防带电作业屏蔽服
		防尘服
		防刺背心
防护围裙	—	

2. 常见的防护服

常见的防护服如图 2-29 所示。

(a) 阻燃防护服

(b) 防静电服

(c) 焊工服

图 2-29

(d) 封闭式耐酸服　　　　　　(e) 隔热服　　　　　　(f) 化学防护服

图 2-29　常见的防护服

二、正确穿着躯体防护服

1. 躯体防护服选用原则

躯体防护服应做到安全、适用、美观、大方，应符合以下原则：

① 有利于人体正常生理要求和健康。

② 款式应针对防护需要进行设计。

③ 适应作业时肢体活动，便于穿脱。

④ 在作业中不易引起钩、挂、绞、碾。

⑤ 有利于防止粉尘、污物沾污身体。

⑥ 针对防护服功能需要选用与之相适应的面料。

⑦ 便于洗涤与修补。

⑧ 防护服颜色应与作业场所背景色有所区别，不得影响各色光信号的正确判断。凡需要有安全标志时，标志应醒目、牢固。

2. 穿着躯体防护服的注意事项

(1) 防静电工作服

① 防静电工作服必须与 GB 21148—2020 规定的防静电鞋配套穿用。

② 禁止在防静电服上附加或佩戴任何金属物件。需随身携带的工具应具有防静电、防电火花功能。金属类工具应置于防静电工作服衣袋内，禁止金属件外露。

③ 禁止在易燃易爆场所穿脱防静电工作服。

④ 在强电磁环境或附近有高压裸线的区域内，不能穿防静电工作服。

(2) 防酸工作服

① 防酸工作服只能在规定的酸作业环境中作为辅助安全用品使用。在持续接触以液体形态出现的重度酸污染工作场所，应从防护要求出发，穿用防护性好的不透气型防酸工作服，适当配以面罩、呼吸器等其他防护用品。

② 穿用前仔细检查是否有潮湿、透光、破损、开断线、开胶、霉变、龟裂、溶胀、脆变、涂覆层脱落等现象，发现异常停止使用。

③ 穿用时应避免接触锐器，防止机械损伤，破损后不能自行修补。

④ 使用防酸服首先要考虑人体所能承受的温度范围。

⑤ 在酸危害程度较高的场合，应配套穿戴防酸工作服与防酸鞋（靴）、防酸手套、防酸帽、防酸眼镜（面罩）、空气呼吸器等劳动防护用品。

⑥ 作业中一旦防酸工作服发生渗漏，应立即脱去被污染的服装，用大量清水冲洗皮肤至少 15min。此外，如眼部接触到酸液应立即提起眼睑，用大量清水或生理盐水彻底冲洗至少 15min。如不慎吸入酸雾应迅速脱离现场至空气新鲜处，保持呼吸道通畅，呼吸困难者应予输氧；如不慎食入则应立即用水漱口，给饮牛奶或蛋清。重者立即送医院就医。

任务实施

活动　正确选择和使用躯体防护用品

活动描述：危险化学品安全生产作业检修作业时，除了要穿戴防护手套和安全鞋之外，还要穿着躯体防护用品。学会正确选择和使用足部用品后，接着学习在检修作业中正确选择和使用躯体防护用品。

活动场地：现代化工实训中心危化品安全生产作业检修操作实训室。

活动方式：直观演示、独立练习。

活动流程：

一、认识防静电服和轻型防化服

1. 防静电服

防静电服是以防静电织物为面料，按规定的款式和结构制成的以减少服装上静电积聚为目的的工作服。具有防静电、耐洗涤，不受环境温度、湿度影响等特点，与防静电鞋、防静电袜、防静电帽、防静电手套配套使用。如图 2-30（a）所示。

2. 轻型防化服

轻型防化服又称半封闭防化服，利用特殊研制的纤维制造，既可以防护各种化学物质，又能提供阻燃性，足以维持甚至改善热防护服的效用。通常应用于炼钢厂、石油化工厂、航空、紧急医疗部门等场所。如图 2-30（b）所示。

(a) 防静电服　　　　(b) 轻型防化服

图 2-30　防静电服和轻型防化服

二、认识防静电服和轻型防化服的穿戴步骤

1. 防静电服的穿戴步骤

① 从包装箱中取出防静电服。
② 小心卸下包装，展开防火服，检查其是否完好无损。
③ 拉开防火服背部的拉链。
④ 先将腿伸进连体防静电服，然后伸进手臂，最后戴上头罩。
⑤ 拉上拉链，并将按扣按好。
⑥ 穿上安全靴，并按照自己的需要调节好鞋带。
⑦ 必须确认裤腿完全覆盖住安全靴的靴筒。
⑧ 最后戴上手套和安全帽。
⑨ 依照相反的顺序脱下防静电服。

2. 轻型防化服的穿戴步骤

（1）使用之前检查是否可以正常使用　使用者在使用之前一定要检查它的完好性，查看外面的部分是否遭受过污染，缝线的部分是否存在开裂，衣服有没有破损的地方，穿戴之前的检查是至关重要的，只有保证它处于正常使用的状态下，才能保证使用者的人身安全。如果服装的大小不适合使用者，那有可能会在穿戴的时候造成服装的破坏，所以在穿戴之前，一定要确保服装的大小适合使用者。穿戴的场所也有一定的要求，需要在相对污染小的场所中进行穿戴。

（2）穿戴的顺序　在穿戴这种特殊服装的时候，必须按照正确的穿戴顺序，避免因为穿戴顺序错误而造成轻型防化服在工作的过程中不能正常发挥作用，一般的顺序是先把裤腿穿在腿上，两个胳膊穿在袖子里面，戴上面罩和帽子，把拉链拉好，再穿上靴子，戴上手套。为了保证它的密封性，穿戴好以后可以在袖口等地方用胶带密封好，在穿戴的时候避免服装受到其他物质的污染。

（3）工作的过程中　在使用的过程中，如果防化服被化学物质污染，应该在规定的时间段内将其更换掉，如果在使用的过程中发现有破损的地方，也应该立即更换，避免不能正常发挥作用。

（4）使用以后进行清洗和消毒　每次使用以后，建议对其进行清洗和消毒，清洗干净以后要放在干燥通风的地方进行风干，避免在强光下进行暴晒而减短它的使用寿命或者影响再次使用的效果。

（5）穿法

① 将防化服展开（头罩对向自己，开口向上）。
② 撑开防化服的颈口、胸襟，两腿先后伸进裤内，穿好上衣，系好腰带。
③ 戴上防毒面具后，戴上防毒衣头罩，扎好胸襟、系好颈扣带。
④ 戴上手套放下外袖并系紧。

（6）脱法

① 自下而上解开各系带。
② 脱下头罩，拉开胸襟至肩下，脱手套时，两手缩进袖口内并抓住内袖，两手背于身后脱下手套和上衣。
③ 再将两手插进裤腰往外翻，脱下裤子。

三、练习在不同的工作环境下选择和使用躯体防护用品

两种不同的工作情景：①法兰垫片处发生乙酸乙酯泄漏事故；②法兰垫片处发生氰化钠

溶液泄漏事故。

① 根据以上两种工作场景，选择合适的防护服。

② 在教师的指导下练习穿戴和脱卸防护服。

任务七　正确选择和使用听觉器官防护用品

任务引入

某具有 40 年历史的石化企业，炼油综合配套能力 800 万 t/a，在册职工 1900 余人。主要生产装置 23 套，主要生产汽油、柴油、航煤、石脑油等产品。近年来，该企业职业健康监护结果表明，员工听力异常人数有逐年上升的趋势。据统计，我国有 1000 多万工人在高噪声环境下工作，其中有 10%左右的人有不同程度的听力损失。据 1034 个工厂噪声调查，噪声污染 85dB（A）以上的占 40%，职业噪声暴露者高频听力损失发生率高达 71.1%，语频听力损失发生率为 15.5%。

噪声在化工企业中或许不可避免，长期在噪声大的环境下工作，员工的身心承受着巨大的痛苦。因此，正确选择和使用听觉器官防护用品是一项重要的学习任务。

任务分析

化工企业生产工艺的复杂性使得噪声源广泛，如原油泵、粉碎机、机械性传送带、压缩空气、高压蒸汽放空、加热炉、催化"三机"室等。接触人员多，损害后果不可逆，且现有工艺技术条件无法从根本上消除，要对员工进行职业危害告知及职业卫生教育。作业现场醒目位置设置警示标志。操控人员需佩戴防噪声的个体防护用品。

必备知识

一、噪声及噪声的分类

噪声是对人体有害的、不需要的声音。

按照噪声的来源，可以分为生产噪声、交通噪声和生活噪声三大类。

在生产劳动过程中对听力的损害因素主要是生产噪声，根据其产生的原因及方式不同，生产噪声可分为下列几种。

① 机械性噪声：指由于机械的撞击、摩擦、固体振动及转动产生的噪声，如纺织机、球磨机、电锯、机床、碎石机等运转时发出的声音。

② 空气动力性噪声：指由于空气振动产生的声音，如通风机、空气压缩机、喷射器、汽笛、锅炉排气放空等发出的声音。

③ 电磁性噪声：指电机中交变力相互作用而产生的噪声，如发电机、变压器等发出的声音。

我国职业卫生标准对噪声的规定，每天 8h 噪声等效 A 声级暴露大于等于 85dB（A）为超标。由于噪声危害和暴露的时间长短有关，GBZ 1—2010《工业企业设计卫生标准》对不同时间允许接触噪声水平作了规定，通常以每天 8h 工作时间计算，若接触噪声时间减半，允许噪声暴露水平增加 3dB（A），依此类推，但任何时间不得超过 115dB（A）。详见表 2-7。

除听力损伤以外，噪声对健康的损害还包括高血压、心率改变、失眠、食欲减退、胃溃疡和对生殖系统不良影响等，有些患心血管系统疾病的人，接触噪声会加重病情。一般来讲，当听力受到保护后，噪声对身体的其他影响就可以预防。

表 2-7　工作场所噪声声级的卫生限值

日接触噪声时间/h	卫生限值/dB（A）	日接触噪声时间/h	卫生限值/dB（A）
8	85	1/2	97
4	88	1/4	100
2	91	1/8	103
1	94		

注：最高不得超过 115dB（A）

二、常用的听觉器官防护用品

听觉器官防护用品主要有耳塞、耳罩和防噪声头盔三大类，如图 2-31 所示。

(a)耳塞

(b)耳罩

(c)防噪声头盔

图 2-31　常用的听觉器官防护用品

任务实施

活动　正确使用耳塞

活动描述：教师演示使用耳塞，并介绍注意事项。之后，每位同学在教师的指导下，完成使用耳塞的练习和成果展示。

活动场地：合成气制液化天然气半实物仿真工厂外操室。

活动方式：直观演示、练习法。

活动流程：

一、认识使用耳塞的操作规范及要求

1. 操作规范

① 把手洗干净，用一只手绕过头后，将耳廓往后上拉（将外耳道拉直），然后用另一只

手将耳塞推进去，尽可能地使耳塞体与耳道相贴合。但不要用劲过猛、过急或插得太深，自我感觉合适为止。

② 发泡棉式的耳塞应先搓压至细长条状，慢慢塞入外耳道，待它膨胀封住耳道。

③ 佩戴硅橡胶成形的耳塞，应分清左右塞，不能弄错；插入外耳道时，要稍作转动放正位置，使之紧贴耳道内。

④ 耳塞分多次使用式及一次性使用式两种，前者应定期或按需要清洁，保持卫生，后者只能使用一次。

⑤ 戴后感到隔声不良时，可将耳塞缓慢转动，调整到效果最佳位置为止。如果经反复使用效果仍然不佳时，应考虑改用其他型号、规格的耳塞。

⑥ 多次使用的耳塞会慢慢硬化失去弹性，影响减声功效，因此，应作定期检查并更换。

⑦ 无论戴耳塞与耳罩，均应在进入有噪声工作场所前戴好，工作中不得随意摘下，以免伤害鼓膜。休息时或离开工作场所后，到安静处才能摘掉耳塞或耳罩，让听觉逐渐恢复。

2. 佩戴耳塞的要求

① 不能水洗的防噪声耳塞，脏污、破损时应废弃，更换新的。

② 不能水洗、可重复使用的耳塞，破损或变形时应换。

③ 防噪声耳塞清洗后，应放置在通风处自然晾干，不可暴晒。

二、练习使用耳塞

根据使用听觉器官防护用品的操作规范及要求，独立练习使用耳塞。

任务八　正确选择和使用坠落防护用品

任务引入

某厂脱硝改造工作中，作业人员王某和周某站在空气预热器上部钢结构上进行起重挂钩作业，2人在挂钩时因失去平衡同时跌落。周某安全带挂在安全绳上，坠落后被悬挂在半空；王某未将安全带挂在安全绳上，从标高24m坠落至5m的吹灰管道上，抢救无效死亡。

在上述事件中，周某因正确使用坠落防护用品（安全带、安全绳），发生意外后没有受到伤害，而王某却因错误使用坠落防护用品（未将安全带挂在安全绳上），高处坠落后失去了生命。由此可见，高处作业时一定要正确使用坠落防护用品。那么如何正确选择和使用坠落防护用品呢？

任务分析

据统计，化工企业在生产装置检修工作中发生高处坠落事故，占检修总事故的17%。

由于高处作业难度高，危险性大，稍不注意就会发生坠落事故。因此必须正确使用坠落防护用品。

必备知识

一、认识坠落防护

坠落防护是保护高空作业者不受到高空坠落威胁或在发生坠落后保护高空作业者不受到

进一步的伤害。

坠落防护用品有：防止高空作业人员发生坠落或发生坠落后将作业人员安全悬挂的个体防护安全带；在高空作业员发生坠落时吸收下坠时所产生的力量，以避免高空作业员在下坠停止后受到伤害的吸震绳；以固定速降自锁装置、吸震绳等设备的支持点的锚点；可以让高空作业者垂直或水平地在高空工作或者自由通行的生命线系统。

高空坠落防护系统包括三部分：挂点及挂点连接件；中间连接件；全身式安全带。

二、认识安全带

安全带是运用在设备上的安全件，乘坐飞机等飞行器或在高空作业时，为保障安全所用的带子。主要原料是涤纶、丙纶、尼龙。安全带不单指织带，除了织带，安全带还有其他零件。

1. 安全带的种类

根据操作、穿戴类型的不同，可以分为全身式安全带及半身式安全带。

（1）全身式安全带　即安全带包裹全身，配备了腰、胸、背多个悬挂点。它一般可以拆卸为一个半身安全带及一个胸式安全带。全身安全带最大的应用是能够使救援人员采取"头朝下"的方式作业而无需考虑安全带滑脱。比如在深井类救援中，需要救援人员"头朝下"深入井靠近被困人员。如图2-32（a）所示。

（2）半身式安全带　即安全带仅包裹半身（一般是下半身，但也有胸式安全带，用于上半身的保护）。它的使用范围相对全身式安全带而言较窄，一般用于"坐席悬垂"。如图2-32（b）所示。

(a) 全身式安全带

(b) 半身式安全带

图 2-32　安全带的类型

2. 安全带的结构

（1）肩带和腿带　以高强涤纶织带编织而成，宽44mm，经抗UV处理不易褪色。

（2）腿带　可调整，配备金属子母扣环。

（3）背部D环　连接30cm长延伸带，可黏扣于胸前。

（4）坐带　独特设计，坠落可成坐姿，减轻四肢压迫。

3. 安全带的防护作用

当坠落事故发生时，安全带首先能够防止作业人员坠落，利用安全带、安全绳、金属配件的联合作用将作业人员拉住，使之不坠落掉下。由于人体自身的质量和坠落高度会产生冲击力，人体质量越大、坠落距离越大，作用在人体上的冲击力就越大。安全带的重要功能是,通过安全绳、安全带、缓冲器等装置吸收冲击力,将超过人体承受冲击力极限部分的冲击力通过安全带、安全绳的拉伸变形,以及缓冲器内部构件的变形、摩擦、破坏等形式吸收,使最终作用在人体上的冲击力在安全界限以下,从而起到保护作业人员不坠落、减小冲击伤害的作用。

三、正确选择系挂安全带挂点

系挂安全带挂点正确选择如图 2-33 所示,系挂安全带挂点错误选择如图 2-34 所示。

  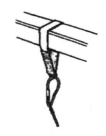

图 2-33　系挂安全带挂点正确选择

  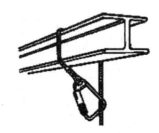

图 2-34　系挂安全带挂点错误选择

任务实施

活动　佩戴全身式安全带

活动描述: 在外操室学习佩戴全身式安全带。
活动场地: 合成气制液化天然气半实物仿真工厂外操室。
活动方式: 直观演示、练习法。
活动流程:

1. 认识全身式安全带的佩戴流程

① 第一步:检查安全带。

握住安全带背部衬垫的 D 型环扣,保证织带没有缠绕在一起。

② 第二步:开始穿戴安全带。

将安全带滑过手臂至双肩。保证所有织带没有缠结,自由悬挂。肩带必须保持垂直,不要靠近身体中心。

③ 第三步:腿部织带。

抓住腿带,将它们与臀部两边的织带上的搭扣连接。将多余长度的织带穿入调整环中。

④ 第四步：胸部织带。

将胸带通过穿套式搭扣连接在一起。胸带必须在肩部以下 15cm 的地方。多余长度的织带穿入调整环中。

⑤ 第五步：调整安全带。

肩部：从肩部开始调整全身的织带，确保腿部织带的高度正好位于臀部的下方，背部 D 型环位于两肩胛骨之间。

腿部：然后对腿部织带进行调整，试着做单腿前伸和半蹲，调整使用的两侧腿部织带长度相同。

胸部：胸部织带要交叉在胸部中间位置，并且大约离开胸骨底部 3 个手指宽的距离。

适当穿戴和调整的全身式安全带可以有效地将撞击力分解到全身，并提供一定的悬浮支撑和坠落救援。

2. 练习佩戴全身式安全带

根据以上步骤，练习佩戴全身式安全带。

项目三　　　　　　　　　防止现场中毒伤害

【学习目标】

知识目标

① 总结危险化学品的分类和特性，分析影响危险化学品危险性的主要因素。
② 描述危险化学品储存的安全要求及运输安全注意事项。
③ 陈述工业毒物的分类及工业毒物的危害。
④ 制定综合防毒措施。

技能目标

① 能根据危险化学品储运的安全要求，正确储存、运输危险化学品。
② 能使用个人防护用品进行工业毒物防护。
③ 当发生急性中毒时能熟练采取措施防止毒物继续侵入人体。
④ 能采用正确措施对急性中毒人员进行急救。

素质目标

① 具有规避危化品和工业毒物中毒的安全意愿。
② 树立安全第一的生产理念，并影响周围的人。
③ 具有较强的沟通能力、小组协作能力。
④ 遵规守纪、服从管理。

 任务一　认识危险化学品

任务引入

2015 年 8 月 12 日 22 时 51 分 46 秒，位于天津市滨海新区天津港的某公司危险品仓库发生火灾爆炸事故，本次事故中爆炸总能量约为 450 吨 TNT 当量。事故造成 165 人遇难（其中参与救援处置的公安现役消防人员 24 人、天津港消防人员 75 人、公安民警 11 人，事故企业、周边企业员工和居民 55 人），8 人失踪（其中天津消防人员 5 人，周边企业员工、天津港消防人员家属3人），798人受伤（伤情重及较重的伤员58人、轻伤员740人），304幢建筑物、12428辆商品汽车、7533个集装箱受损，直接经济损失68.66亿元。

事故发生的主要原因是该公司危险品仓库运抵区南侧集装箱内硝化棉由于湿润剂散失出现局部干燥，在高温（天气）等因素的作用下加速分解放热，积热自燃，引起相邻集装箱内的硝化棉和其他危险化学品长时间大面积燃烧，导致堆放于运抵区的硝酸铵等危险化学品发生爆炸。

硝化棉是典型的危险化学品，除了硝化棉还有哪些危险化学品呢？危险化学品有哪些特性？以及我们如何做到安全储运危险化学品呢？

任务分析

这起特别重大安全事故发生的根本原因是公司严重违反有关法律法规，违规储存危险货物，无视安全隐患，致使硝化棉自燃。学习危化品的分类、主要特性、储运安全对杜绝危化品安全事故至关重要。

必备知识

一、危险化学品及其分类

1. 危险化学品的定义

化学品是指各种元素组成的纯净物和混合物，无论是天然的还是人造的，都属于化学品。全世界已有的化学品多达700万种，其中经常使用的有7万多种，每年全世界新出现化学品有1000多种。

原国家安全监管总局制定的《危险化学品目录（2015版）》中把具有毒害、腐蚀、爆炸、燃烧、助燃等性质，对人体、设施、环境具有危害的剧毒化学品和其他化学品称为危险化学品。其中，剧毒化学品指具有剧烈急性毒性危害的化学品，包括人工合成的化学品及其混合物和天然毒素，还包括具有急性毒性易造成公共安全危害的化学品。危险化学品如图3-1所示。

图 3-1　危险化学品

2. 危险化学品的分类

危险化学品根据危险和危害种类分为理化危险、健康危险和环境危险三大类。

（1）理化危险　分爆炸物、易燃气体、易燃气溶胶、氧化性气体、压力下气体、易燃液体、易燃固体、自反应物质或混合物、自燃液体、自燃固体、自热物质和混合物、遇水放出易燃气体的物质或混合物、氧化性液体、氧化性固体、有机过氧化物、金属腐蚀剂等十六种危险化学品。

（2）健康危险　分急性毒性、皮肤腐蚀/刺激、严重眼损伤/眼刺激、呼吸或皮肤过敏、生殖细胞致突变性、致癌性、生殖毒性、特异性靶器官系统毒性-一次接触、特异性靶器官系统毒性-反复接触、吸入危险十类。

（3）环境危险　在《化学品分类和危险性公示　通则》（GB 13690—2009）中，环境危险从危害水生环境方面阐述，分急性水生毒性和慢性水生毒性两类。

3. 危险化学品造成化学事故的主要特性

（1）易燃性、易爆性和氧化性　物质本身能否燃烧或燃烧的难易程度和氧化能力的强弱，是决定火灾危险性大小的最基本的条件。化学物质越易燃，其氧化性越强，火灾的危险性越大。

物质所处的状态不同，其燃烧、爆炸的难易程度不同。气体的分子间力小，化学键容易断裂，无需溶解、溶化和分解，所以气体比液体、固体易燃易爆，燃速更快。由简单成分组成的气体比复杂成分组成的气体易燃、易爆。

物质的组分不同，其燃烧、爆炸的难易程度不同。分子越小、分子量越低的物质化学性质越活泼，越容易引起燃烧爆炸。含有不饱和键的化合物比含有饱和键的化合物易燃、易爆。

物质的特性不同，其燃烧、爆炸的难易程度不同。燃点较低的危险品易燃性强，如黄磷在常温下遇空气即发生燃烧。有些遇湿易燃的化学物质在受潮或遇水后会放出氧气引燃，如电石、五氧化二磷等。有些化学物质相互间不能接触，否则将发生爆炸，如硝酸与苯、高锰酸钾与甘油等。有些易燃易爆气体或液体含有较多的杂质，当它们从破损的容器或管道口处高速喷出时，由于摩擦产生静电，变成了极危险的点火源。

（2）毒害性、腐蚀性和放射性　许多危险化学品进入肌体内，累积到一定量时，能与体液和器官发生生物化学变化或生物物理变化，扰乱或破坏肌体的正常生理功能，引起暂时性或持久性的病理改变，甚至危及生命。这是危险化学品的毒害性。

腐蚀性指化学品与其他物质接触时会破坏其他物质的特性。不同的化学品可以腐蚀不同的物质。但是，从安全角度来说，人们更加关注危险化学品对生物组织的腐蚀伤害。

一些化学品具有自然地向外界放出射线、辐射能量的特性。人体在无保护情况下暴露在大剂量辐射环境中，会受到伤害直至死亡。放射性损害具有滞后性，一些身体受损症状往往需要 20 年以上才会表现出来。放射性也能损伤遗传物质，主要是引起基因突变，使一代甚至几代受害。

（3）突发性、扩散性和多样性　化学事故大多不受地形、季节、气候等条件的影响而突然爆发，事故的时间和地点难以预测。一般的火灾要经过起火、蔓延扩大到猛烈燃烧几个阶段，需经历几分钟到几十分钟，而化学危险物品一旦起火，往往是突然爆发，迅速蔓延，燃烧、爆炸交替发生，迅速产生巨大的危害。

化学事故中化学物质溢出，可以向周围扩散，比空气轻的可燃气体可在空气中迅速扩散，与空气形成混合物，随风飘荡。比空气重的物质飘落在地表各处，引发火灾和环境污染。

大多数危险化学品具有危险的多样性，如硝酸既有强烈的腐蚀性，又有很强的氧化性。硝酸铀既有放射性，又有易燃性。当化学物质具有易燃性的同时，还具有毒害性、放射性、腐蚀性等特性时，一旦发生火灾，其危害性更大。

4. 影响危险化学品危险性的主要因素

化学物质的物理性质、中毒危害性和其他性质是影响危险化学品危险性的主要因素。

（1）物理性质　危险化学品的物理性质主要有沸点、熔点、液体相对密度、饱和蒸气压、蒸气相对密度、闪点、自燃温度、爆炸极限、临界温度和临界压力等因素。

① 沸点。沸腾是在一定温度下液体内部和表面同时发生的剧烈汽化现象。液体沸腾时候的温度被称为沸点。沸点越低的物质汽化越快，可以让事故现场的危险气体浓度快速升高，产生爆炸的危险。

② 熔点。熔点是物质由固态转变为液态的温度。熔点的高低不仅关系到危险化学品的生产、储存、运输安全，还涉及事故现场处理的方式、方法等许多问题。

③ 液体相对密度。液体的相对密度是指在20℃时，液体与水的密度比值。如果液体相对密度小于1的物质发生火灾，采用水灭火，会使燃烧的物质漂浮在水面，随着消防用水到处流动而加重火势。

④ 饱和蒸气压。蒸气压指的是在液体（或者固体）的表面存在着该物质的蒸气，这些蒸气对液体表面产生的压强就是该液体的蒸气压。饱和蒸气压指密闭条件下物质的气相与液相达到平衡即饱和状态下的蒸气压力。

饱和蒸气压是物质的一个重要性质，它的大小取决于物质的本身性质和温度。饱和蒸气压越大，表示该物质越容易挥发，而挥发出可燃气体是火灾发生的重要条件。

⑤ 蒸气相对密度。化学物质的蒸气密度与比较物质（空气）密度的比值是蒸气相对密度。当蒸气相对密度值小于1时，表示该蒸气比空气轻，其值大于1时，表示重于空气。

（2）中毒危害性　危险化学品的毒性是引发人体损害的主要原因。在化学品事故或保护不当的生产、运输作业中，有毒物质引起人员的伤害，这种伤害可能是立即的，也可能是长期的，甚至是终身不可逆的伤害。

（3）其他性质　物质的溶解度、挥发性、固体颗粒度、潮湿程度、含杂质量、聚合等特性也是影响化学品危害的特性。

毒害品在水中的溶解度越大，挥发速度越快，越容易引起中毒。固体毒物的颗粒越细，越易中毒。某些杂质可起到催化剂的作用，加大物质的危害。聚合通常是放热反应，发生聚合反应会使物质温度急剧升高，着火、爆炸的危险性大大提高。

二、危险化学品的储运安全

1. 危险化学品储存的安全要求

（1）储存企业要求　危险化学品储存是指对爆炸品、压缩气体和液化气体、易燃液体、易燃固体、自燃物品和遇湿易燃物品、氧化剂和有机过氧化物、有毒品和腐蚀品等危险化学品的储存行为。化学性质相抵或灭火方式不同的物料称为禁忌物料。危险化学品储存应重点关注禁忌物料的储存。

危险化学品生产、储存企业必须具备以下条件：

① 有符合国家标准的生产工艺、设备或者储存方式、设施；

② 工厂、仓库的周边防护距离符合国家标准或者国家有关规定；

③ 有符合生产或者储存需要的管理人员和技术人员；

④ 有健全的安全管理制度；

⑤ 符合法律、法规规定和满足国家标准要求的其他条件。

（2）储存方式　由于各种危险化学品的性质和类别不同，储存方式也不相同。根据危险化学品的危险特性，一般分为隔离储存、隔开储存和分离储存三种储存方式。

隔离储存是在同一房间或同一区域内，不同的物料分开一定距离，非禁忌物料间用通道保持空间距离的储存方式，这种方式只适用于储存非禁忌物料，如图 3-2 所示；隔开储存是在同一建筑或同一区域，用隔板或墙体将禁忌物料分开储存的方式，如图 3-3 所示；分离储存是在不同的建筑物内或远离所有建筑的外部区域内的储存方式，如图 3-4 所示。

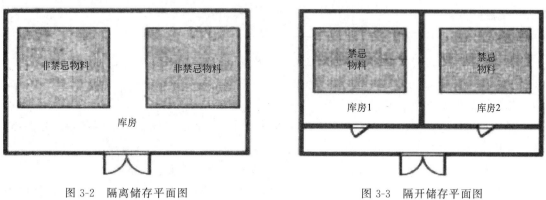

图 3-2　隔离储存平面图　　　　　　　　图 3-3　隔开储存平面图

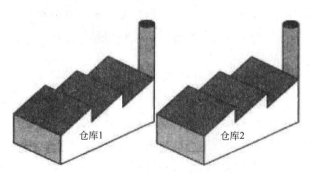

图 3-4　分离储存示意图

危险化学品的储存应严格遵照表 3-1 的储存原则。

表 3-1　危险化学品储存原则

危险物质组别		储存原则	附注
爆炸性物质		不准与任何其他种类的物质共同储存，必须单独储存	
易燃和可燃气液体		不准与其他种类的物质共同储存	如数量很少，允许与固体易燃物质隔开后共存
压缩气体和液化气体	可燃气体	除不燃气体外，不准与其他种类的物质共同储存	
	不燃气体	除可燃气体、助燃气体、氧化剂和有毒物质外，不准与其他种类的物质共同储存	
	助燃气体	除不燃气体和有毒物质外，不准与其他种类的物质共同储存	氯兼有毒性

项目三　防止现场中毒伤害

续表

危险物质组别	储存原则	附注
遇水或空气能自燃的物质	不准与其他种类的物质共同储存	钾、钠须浸入石油中,黄磷须浸入水中
易燃固体	不准与其他种类的物质共同储存	硝酸纤维素塑料(赛璐珞)须单独储存
氧化剂	除惰性气体外,不准与其他种类的物质共同储存	过氧化氢有分解爆炸的危险,应单独储存。过氧化氢应储存在阴凉处
有毒物质	除不燃和助燃气体外,不准与其他种类的物质共同储存	

(3) 储存发生事故因素分析　在危险化学品储存过程中突遇如汽车排气管火星、烟头、烟囱飞火等明火或发生内部管理不善,如露天阳光暴晒,野蛮装卸,承受的化学能、机械能超标等均可能发生事故。

保管人员缺乏知识,化学品入库管理不健全或因为企业缺少储存场地而任意临时混存,当禁忌化学品因包装发生渗漏时可能发生火灾。

危险化学品包装损坏,或者包装不符合安全要求,均可能会引发事故。

储存场地条件差,不符合物品储存技术要求。如没有隔热措施使物品受热,仓库漏雨进水使物品受潮均可能会发生着火或爆炸事故。

危险化学品长期不用又不及时处理,往往因产品变质引发事故。

搬运化学品时没有轻拿轻放;或者堆垛过高不稳而发生倒垛;或在库内拆包,使用明火等违反生产操作规程造成事故。

2. 危险化学品运输安全事项

(1) 危险化学品安全运输的定义及原则　危险化学品运输是特种运输的一种,是指专门组织对非常规物品使用特殊方式进行的运输。一般只有经过国家相关职能部门严格审核,并且拥有能保证安全运输危险货物的相应设施设备,才能有资格进行危险品运输。

危险化学品运输组织管理要做到:三定,即定人、定车和定点;三落实,即发货、装卸货物和提货工作要落实。

(2) 运输方式　危险化学品的运输方式主要有水路运输和陆路运输两种方式,陆路运输包括公路运输和铁路运输,如图 3-5 所示。

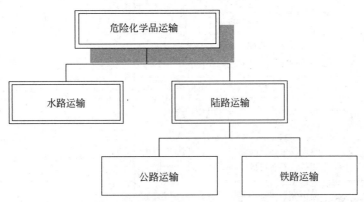

图 3-5　危险化学品运输方式

公路运输：汽车装运不仅可以运输固体物料，还可以运输液体和气体物质。运输过程不仅运动中容易发生事故，而且装卸也非常危险。公路运输是化学品运输中出现事故最多的一种运输方式。

铁路运输：铁路是运输化工原料和产品的主要工具，通常对易燃、可燃液体采用槽车运输，装运其他危险货物使用专用危险品货车。

水路运输：水路运输是化学品运输的一种重要途径。目前，已知的经过水路运输的危险化学品达3000余种。水路危险化学品的运输形式一般分为包装危险化学品运输，固体散装危险化学品运输和使用散装液态化学品船、散装液化气体船及油轮等专用船舶运输。因为水路运输的特殊性，对安全的要求更高。

(3) 运输安全要求　危险化学品的发货、中转和到货，都应在远离市区的指定专用车站或码头装卸货物，要根据危险物品的类别和性质合理选用车、船等。车、船、装卸工具，必须符合防火防爆规定，并装设相应的设施。

装运危险化学品应遵守危险货物配装规定。性质相抵触的物品不能一同混装。装卸危险化学品，必须轻拿轻放，防止碰击、摩擦和倾斜，不得损坏包装容器。包装外的标志要保持完好。

危险化学品的装卸和运输工作应选派责任心强、经过安全防护技能培训的人员承担并应按规定穿戴相应的劳动保护用品。运送爆炸、剧毒和放射性物品时应按照公安部门规定指派押运人员。

(4) 运输事故因素分析　危险化学品运输设施、设备条件差，缺乏消防设施。有些城市对从事危险化学品的码头、车站和库房缺乏通盘考虑，布局凌乱。在危险化学品消防方面，公共消防力量薄弱，特别是水上消防能力差，不能有效应对特大恶性事故的发生。

有些运输企业和管理部门不重视员工培训工作。从业人员素质低，对危险化学品性质、特点不了解，一旦发生危险，不能采取正确措施应对，导致各种危险货物泄漏、污染、燃烧、爆炸等事故频频发生。

3. 危险化学品的包装及标志

(1) 包装作用及要求　危险化学品包装的作用，首先是防止包装物因接触雨、雾、阳光、潮湿空气和物品变质或发生剧烈的化学反应而导致事故；其次是减少物品撞击、摩擦和挤压等外部作用，使其在包装保护下处于相对稳定和完好状态；再次是防止挥发以及性质相抵触的物品直接接触发生火灾、爆炸事故；最后是便于装卸、搬运和储存管理。

危险化学品包装应严格遵守技术要求，根据危险化学品的特性选择包装容器的材质，选择适用的封口的密封方式和密封材料。包装容器的机械强度、材质应能保证在运输装卸过程中承受正常的摩擦、撞击、振动、挤压及受热。

(2) 包装的分类　危险化学品包装按照包装的结构强度、防护性能和内装物的危险程度分三类。

Ⅰ类包装货物具有大的危险性，包装强度高。如中、低闪点的液体等采用Ⅰ类包装。

Ⅱ类包装货物具有中度危险性，包装强度要求较高。如易燃气体、有毒气体、自反应物质等采用Ⅱ类包装。

Ⅲ类包装货物具有小的危险性，包装强度要求一般。如不燃气体、高闪点液体等采用Ⅲ类包装。

(3) 包装标志　为了便于管理，提高警戒意识，危险化学品包装容器外应有清晰、牢固的专用标志。标志的类别、名称、尺寸、颜色等应符合国家标准的规定，常见的危险化学品标志如图 3-6 所示。

图 3-6　常见的危险化学品标志

> 任务实施

活动　认识危险化学品

活动描述：在危险化学品储藏室里面放着几种常见的危险化学品，如硫酸、苯酚、过氧化氢、重铬酸钾等，通过查阅资料，观察物品的外观，总结上述四种危险化学品的特性，能描述危化品标签的含义。

活动场地：基础化学实验室。

活动方式：团队合作、小组讨论。

活动流程：

1. 认识四种危险化学品

（1）硫酸　硫酸是一种无机化合物，化学式是 H_2SO_4，是硫的最重要的含氧酸。纯净的硫酸为无色油状液体，10.36℃时结晶，通常使用的是它的各种不同浓度的水溶液，用塔式法和接触法制取。前者所得为粗制稀硫酸，质量分数一般在75%左右；后者可得质量分数98.3%的浓硫酸，沸点338℃，相对密度1.84。

硫酸是一种最活泼的二元无机强酸，能和绝大多数金属发生反应。高浓度的硫酸有强烈吸水性，可用作脱水剂，碳化木材、纸张、棉麻织物及生物皮肉等含碳水化合物的物质。与水混合时，亦会放出大量热能。其具有强烈的腐蚀性和氧化性，故需谨慎使用。硫酸是一种重要的工业原料，可用于制造肥料、药物、炸药、颜料、洗涤剂、蓄电池等，也广泛应用于石油、金属冶炼以及染料等工业中。

（2）苯酚　苯酚是一种有机化合物，化学式为 C_6H_5OH，是具有特殊气味的无色针状晶体，有毒，是生产某些树脂、杀菌剂、防腐剂以及药物（如阿司匹林）的重要原料。也可用于消毒外科器械和排泄物的处理、皮肤杀菌、止痒及治疗中耳炎。熔点43℃，常温下微溶于水，易溶于有机溶剂；当温度高于65℃时，能跟水以任意比例互溶。苯酚有腐蚀性，接触后会使局部蛋白质变性，其溶液沾到皮肤上可用酒精洗涤。小部分苯酚暴露在空气中被氧气氧化为醌而呈粉红色。遇三价铁离子变紫，通常用此方法来检验苯酚。

2017年10月27日，世界卫生组织国际癌症研究机构公布的致癌物清单初步整理参考，苯酚在3类致癌物清单中。

（3）过氧化氢　过氧化氢是一种无机化合物，化学式为 H_2O_2。纯过氧化氢是淡蓝色的黏稠液体，可以任意比例与水混溶，是一种强氧化剂，水溶液俗称双氧水，为无色透明液体。其水溶液适用于医用伤口消毒及环境消毒和食品消毒。在一般情况下会缓慢分解成水和氧气，但分解速度极其慢，加快其反应速度的办法是加入催化剂——二氧化锰等或用短波射线照射。

过氧化氢在不同情况下有氧化作用和还原作用，可用于照相除污剂、彩色正片蓝色减薄、软片超比例减薄等。极易分解，不易久存。

2017年10月27日，世界卫生组织国际癌症研究机构公布的致癌物清单初步整理参考，过氧化氢在3类致癌物清单中。

（4）重铬酸钾　重铬酸钾分子式为 $K_2Cr_2O_7$，室温下为橙红色三斜晶体或针状晶体，溶于水，不溶于乙醇，别名红矾钾。重铬酸钾是一种有毒且有致癌性的强氧化剂，它被国际癌症研究机构划归为第一类致癌物质，而且是强氧化剂，在实验室和工业中

项目三　防止现场中毒伤害

都有很广泛的应用。重铬酸钾用于制铬矾、火柴、铬颜料,并供鞣革、电镀、有机合成等应用。

通过阅读以上材料,观察实验室中的实物,以小组为单位总结硫酸、苯酚、过氧化氢、重铬酸钾的概念和特性。

2. 认识危化品标签

图 3-7 为苯酚的标签,同学们找出硫酸、过氧化氢、重铬酸钾三种危险化学品的标签,并指出标签内容的含义。

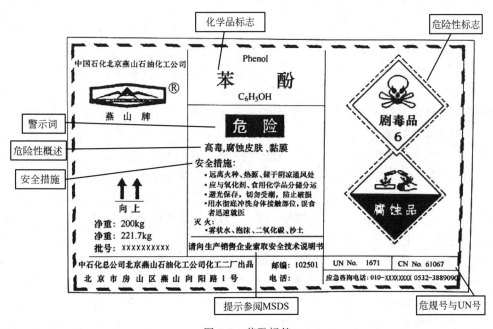

图 3-7 苯酚标签

任务二 辨识工业毒物

任务引入

某灯泡厂点焊工,女,39 岁,接触汞蒸气 9 年。工作车间为一地下室,有排风扇 6 个。个人防护差,仅有工作服、纱布口罩。每日工作 10h,每班安装日光灯 3000～4000 个。生产工艺中改管、封口、退镀、点焊均接触汞蒸气。

工作一段时间后,患者开始头晕、头痛、乏力,伴失眠、多梦、记忆力减退。几年后症状逐渐加重,有情感改变,易怒爱哭,刷牙时牙龈易出血,口腔有异味。1989 年 7 月住院治疗,经市职业病诊断小组诊断为职业性慢性轻度汞中毒,于 1990 年 2 月好转出院。出院后患者神经精神症状加重,出现多疑、易怒、易激惹、情绪抑郁,生活懒散,对生活失去信心,想寻死,常常无端大哭大闹,对家庭和社会漠不关心,曾多次被家人送到精神病医院治疗。诊断为慢性汞中毒后精神障碍,后经反复治疗,患者好转。

任务分析

工业毒物通常存在于工业生产中的原料、半成品、成品、副产品或废弃物中，少量入人体后，就能与人体发生化学或物理化学作用，破坏人体正常生理功能，引起功能障碍、疾病甚至死亡。毒物在生产过程中以多种形式出现，同一种化学物质在不同生产过程中呈现的形式也不同。通过本节内容的学习大家要学会辨识工业毒物，这也是预防职业危害和工业中毒的第一步和最关键的一步。

必备知识

一、工业毒物的毒性

1. 工业毒物定义及其分类

（1）工业毒物定义 有些物质进入机体并累积到一定程度后，就会与机体组织和体液发生生物化学作用或生物物理作用，扰乱或破坏机体的正常生理功能，引起暂时性或持久性的病变，甚至危及生命，称该物质为毒物。在工业生产中使用的毒物称为工业毒物。在工业生产中由于接触工业毒物引起的中毒称为职业中毒。

（2）工业毒物分类

① 按物理形态分类

a. 粉尘是指较长时间飘浮于空气中的固体悬浮物。粉尘按颗粒直径可以分为降尘、飘尘和总悬浮颗粒，具体见表3-2。

表3-2 按颗粒直径粉尘分类表

名称	粒径/mm	特征
降尘	>10且<100	重力作用下，它可在较短的时间内沉降到地面不扩散
飘尘	≤10	能较长时间飘浮在空气中，不易扩散，也叫可吸入颗粒物，英文缩写PM
总悬浮颗粒	<100	大气中固体微粒的总称

近年来，$PM_{2.5}$成为人们关注的热点。$PM_{2.5}$又称细颗粒、细粒，是可入肺颗粒物。$PM_{2.5}$指环境空气中直径小于等于2.5mm的颗粒物，与较粗的大气颗粒物相比，粒径小、面积大、活性强，易附带有毒、有害物质，且在大气中的停留时间长、输送距离远，因而对人体健康和大气环境质量的影响更大。其在空气中浓度越高，空气污染越严重。PM与其他粉尘的关系如图3-8所示。

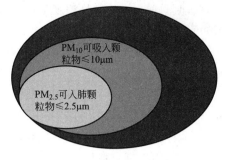

图3-8 大气中悬浮物关系

b. 烟尘又叫烟雾或烟气，是指悬浮在空气中的烟状固体微粒，直径小于0.1mm。如铅块加热熔融时在空气中形成的氧化铅烟，有机物加热或燃烧时产生的烟等。

c. 雾是指悬浮于空气中的微小液滴。

d. 蒸气是指由液体蒸发或固体升华而形成的气体。前者如苯蒸气、汞蒸气等，后者如熔磷形成的磷蒸气等。

e. 常温常压下呈气态的物质,如氯、一氧化碳、硫化氢等。

② 按化学性质和用途相结合的方法分类这是目前较常用的一种分类方法。

a. 金属、类金属及其化合物,这是最多的一类,如铅、汞、磷等。

b. 卤族及其无机化合物,如氟、氯、溴、碘等。

c. 强酸和碱性物质,如硫酸、硝酸、盐酸、氢氧化钠、氢氧化钾等。

d. 氧、氮、碳的无机化合物,如臭氧、氮氧化物、一氧化碳、光气等。

e. 窒息性惰性气体,如氩等。

f. 有机毒物,按化学结构又分为脂肪烃类、芳香烃类、脂肪环烷类、卤代烷类、氨基及硝基化合物、醇类、醛类、酚类、酮类、酰类、酸类、杂环类等。

g. 农药类,包括有机磷、有机氯、有机汞、有机硫等。

h. 染料及中间体、合成树脂、橡胶、纤维等。

③ 其他分类方法。

按毒物的化学成分分为无机毒物和有机毒物。

按毒物的来源分为原料类、成品类、废料类。

按生物作用性质可分为刺激性毒物,如酸的蒸气、氯气、氨气等;窒息性毒物,如氮气、氢气、二氧化碳等;麻醉性毒物,如乙醚、苯胺等;溶血性毒物,如苯、二硝基苯等;腐蚀性毒物,如硝酸、硫酸等;致敏性毒物,如钾盐、苯二胺等;致癌性毒物,如 3,4-苯并芘;致畸性毒物,如甲基苯、多氯联苯等;致突变性毒物,如砷等。

按损害器官分为神经毒性、血液毒性、肝脏毒性、肾脏毒性、呼吸系统毒性、全身毒性等。有的毒物具有一种作用,有的有多种甚至全身性作用。

2. 工作场所空气中有害因素职业接触限值及其应用

(1) 职业接触限值定义　指劳动者在职业活动过程中长期反复接触,不会引起绝大多数接触者不良健康效应的容许接触水平,是职业性有害因素的接触限制量值。

(2) 空气中化学有害因素职业接触限值衡量指标　分为时间加权平均容许浓度、短时间接触容许浓度和最高容许浓度。

① 时间加权平均容许浓度(PC-TWA),以时间为权数规定的 8h 工作日的平均容许接触浓度。

② 短时间接触容许浓度(PC-STEL),在时间加权平均允许浓度前提下容许短时间(15min)接触的浓度。

③ 最高容许浓度(MAC),工作地点在一个工作日内,任何时间有毒化学物质均不应超过的浓度。

(3) 限值标准　国家标准 GBZ 2.1—2019《工作场所有害因素职业接触限值 第 1 部分:化学有害因素》把化学因素有害限值归纳为三方面的内容。它们是"工作场所空气中化学物质容许浓度""工作场所空气中粉尘容许浓度""工作场所空气中生物因素容许浓度"。表 3-3 列出了几种常见化学物质在工作场所空气中的允许浓度。

表 3-3　常见化学物质在工作场所空气中的允许浓度

中文名	MAC/(mg/m³)	PC-TWA/(mg/m³)	PC-STEL/(mg/m³)
氨	—	20	30
苯	—	6	10

续表

中文名	MAC/(mg/m³)	PC-TWA/(mg/m³)	PC-STEL/(mg/m³)
苯胺	—	3	—
丙醇	—	200	300
丙酸	—	30	—
丙酮	—	300	450
二硫化碳	—	5	10
二氧化氮	—	5	10
二氧化硫	—	5	10
二氧化碳	—	9000	18000
汞-金属汞（蒸气）	—	0.02	0.04
甲醇	—	25	50
硫化氢	10	—	—

（4）职业接触限值的应用 工作场所空气中有害因素职业接触限值是监测工作场所环境污染情况、评价工作场所卫生状况和劳动条件以及劳动者接触化学因素程度的重要技术依据，也可用于评估生产装置泄漏情况、评价防护措施效果等。工作场所有害因素职业接触限值也是职业卫生监督管理部门实施职业卫生监督检查、职业卫生技术服务机构开展职业病危害评价的重要依据。

PC-TWA 是评价工作场所环境卫生状况和劳动者接触化学因素程度的主要指标。职业病危害控制效果评价，如建设项目竣工验收、定期危害评价、系统接触评估，因生产工艺、原材料、设备等发生改变需要对工作环境影响重新进行评价时，尤应着重进行这方面的评价。

PC-STEL 是与 PC-TWA 相配套的短时间接触限值，可视为对 PC-TWA 的补充。只适用于短时间接触较高浓度可导致刺激、窒息、中枢神经抑制等急性作用及慢性不可逆性组织损伤的化学物质。

MAC 主要是针对具有明显刺激、窒息或中枢神经系统抑制作用，可导致严重急性损害的化学物质而制定的不应超过的最高容许接触限值，即任何情况都不容许超过的限值。最高浓度的检测应在了解生产工艺过程的基础上，根据不同工种和操作地点采集能够代表最高瞬间浓度的空气样品进行检测。

二、工业毒物的危害

1. 工业毒物进入人体的途径

工业毒物进入人体的途径如图 3-9 所示，主要有呼吸道、皮肤和消化道三种。在生产过程中，毒物进入人体最主要的途径是呼吸道，其次是皮肤，经过消化道进入人体的较少。在生活中，毒物进入人体以消化道进入为主。

（1）经呼吸道进入 人的呼吸系统中从鼻腔到肺泡，各部分结构不同，对毒物的吸收也不同，越深入吸收量越大。肺泡的吸收能力最强。空气在肺泡内缓慢流动使得气态、蒸气态或

图 3-9 毒物进入人体的途径

气溶胶状态的毒物随时伴随呼吸过程进入人体,并随血液分布全身。

肺泡内的二氧化碳对增加某些毒物的溶解起到一定作用,从而促进毒物的吸收。另外,由呼吸道进入人体的毒物不经肝脏解毒而直接进入血液循环系统,分布全身,毒害较为严重。

此外对于固体毒物,吸收量与其颗粒粒度、溶解度有关,对于气体有毒物质,与呼吸深度、呼吸速度、循环速度有关,这些因素与劳动强度、环境温度、环境湿度、接触条件等密切相关。

所以,毒物经呼吸道进入人体成为最主要、最危险、最常见的人体中毒途径。在全部职业中毒者中,大约有95%是经呼吸道吸入引起的。

(2) 经皮肤进入　毒物经皮肤进入人体的途径主要是通过表皮毛囊,少数是通过汗腺导管进入的。皮肤本身是人体具有保护作用的屏障,如水溶性物质不能通过无损的皮肤进入人体内。但是当水溶性物质与脂溶性物质共存时,就有可能通过屏障进入人体。

毒物经皮肤进入人体的数量和速度除了与毒物的脂溶性、水溶性、浓度和皮肤接触面积有关外,还与环境中气体的温度、湿度等条件有关。

(3) 经消化道进入　毒物从消化道进入人体,主要是由于误服毒物,或发生事故时毒物喷入口腔等所致。毒物从消化道进入后经小肠吸收,经肝脏解毒,未被解毒的物质进入血液循环,只要不是一次性进入大量毒物,后果一般不严重。

2. 职业中毒的类型

(1) 急性中毒　急性中毒是大量毒物短时间内经皮肤、黏膜、呼吸道、消化道等途径进入人体,使机体受损并发生功能障碍,称之为急性中毒。急性中毒病情急骤,变化迅速,多数是由生产事故或工人违反安全操作规程所引起的。

(2) 慢性中毒　在毒物分布较集中的器官和组织中,即使停止接触,仍有该毒物存在,如继续接触,则该毒物在此器官或组织中的量会继续增加,这就是毒物的蓄积作用。当蓄积超过一定量时,会表现出慢性中毒的症状。

慢性中毒是指长时间内有低浓度毒物不断进入人体,逐渐引起的病变。慢性中毒绝大部分是毒物的蓄积引起的,往往从事该毒物作业数月、数年或更长时间才出现症状。

(3) 亚急性中毒　亚急性中毒是介于急性与慢性中毒之间,病变较急性的时间长、发病症状较急性缓和的中毒。

3. 职业中毒对人体系统及器官的损害

毒物进入人体通过血液循环进入全身各个器官或组织,破坏人的生理机能,导致中毒。由于毒物不同,作用于人体的不同系统,对各系统的危害也不相同。

(1) 对神经系统的危害

① 神经衰弱综合征。绝大多数慢性中毒的早期症状是神经衰弱综合征及植物神经紊乱。患者出现全身无力,头痛、头昏、倦怠、失眠、心悸等症状。

② 神经症状。二硫化碳、汞、四乙基铅、汽油、有机磷等"亲神经性毒物"作用于人体,可出现中毒性脑病,表现为神经系统症状,如狂躁、忧郁、消沉、健谈或寡言等症状。有的患者还会出现自主神经系统失调,如脉搏减慢、血压和体温降低、多汗等。

③ 中毒性周围神经炎。周围神经炎主要损害周围神经,如二硫化碳、有机溶剂等的慢性中毒引发手指、脚趾触觉减退,严重者会造成下肢运动神经元瘫痪和营养障碍。

(2) 对呼吸系统的危害

① 窒息。氨气、氯气等急性中毒引起喉部痉挛和水肿,当病情进一步发展会发生呼吸

道机械性阻塞而窒息死亡。另外，高浓度刺激性气体能迅速引起反射性呼吸抑制。麻醉性毒物可直接抑制呼吸中枢。

② 中毒性水肿。吸入水溶性刺激性气体后，改变了肺泡毛细血管的通透性而发生肺水肿，如氯气、氨气、光气、硫酸二甲酯等。

③ 呼吸道炎症。某些气体可作用于气管、肺泡引起炎症。长期接触刺激性气体，能引起黏膜和间质的慢性炎症，甚至发生支气管哮喘。

④ 肺纤维化。某些微粒滞留在肺部可导致肺受到化学和物理的伤害，会导致肺纤维化。肺纤维化患者呼吸困难、干咳、乏力、丧失劳动能力。

(3) 对血液系统的危害

① 血细胞数量变化。引起血液中白细胞、红细胞及血小板数量的减少，严重则形成再生障碍性贫血。如慢性苯中毒、放射病等。

② 血红蛋白变性。毒物引起的血红蛋白变性常见高铁血红蛋白症。由于血红蛋白变性，带氧功能下降，患者常出现头昏、乏力、胸闷等症状。同时红细胞可能发生退行性病变、溶血异常等现象。

③ 溶血性贫血。硫化氢、苯胺、硝基苯等中毒会由于红细胞迅速减少，导致缺氧，患者头昏、气急、心跳过速等，严重可引起休克和急性肾功能衰竭。

(4) 对消化系统的危害 有毒物质对消化系统损害较大，经消化系统进入人体的毒物可直接刺激、腐蚀胃黏膜产生绞痛、恶心、呕吐、腹泻等症状。有些毒物主要引起肝脏损害，造成急性或慢性中毒性肝炎。这些毒物常见的有磷、四氯化碳、三硝基甲苯等"亲肝性毒物"。

(5) 对泌尿系统的危害 泌尿系统各部位都可能受到有毒物质损害，如慢性铍中毒常伴有尿路结石，杀虫剂中毒可出现出血性膀胱炎等，乙二醇、铅、铀等可引起中毒性肾病。

(6) 对皮肤的危害 在化工生产中，人员皮肤接触毒物的机会最多，由于直接刺激可发生皮肤痛痒、刺痛、潮红、斑丘疹等各种皮炎和湿疹。一些毒物还会引起皮肤附属器官和口腔黏膜的病变，如毛发脱落、甲沟炎、口腔黏膜溃疡等。有些毒物经口鼻吸入也会引起皮肤病变。

(7) 对眼部的危害 生产性毒物引起的眼损害分为接触性和中毒性两类。前者是毒物直接作用于眼部所致；后者则是全身中毒在眼部的改变。接触性眼损害主要为气体、液体、烟尘、粉尘或碎末的化学物质直接进入眼部，引起刺激性炎症、腐蚀性烧伤、色素沉着、过敏反应等。

毒物侵入人体引起中毒性眼病，最典型的毒物为甲醇和三硝基甲苯。

(8) 工业毒物的致癌 有些化学物质可使人体产生肿瘤。现在发现的致癌物较多，如硫酸盐、亚硝酸盐、石棉、亚硝胺、芥子气、氯甲酰等。

我国规定，在职业生产中接触致癌物质引起的肿瘤称为职业性肿瘤。如焦炉工人肺癌和铬酸盐制造业工人肺癌等为法定的职业性肿瘤。

任务实施

活动 辨识实验室危险化学品

活动描述：本次活动以小组形式进行，每组成员分别对无机化学实验室、分析化学实验室、有机化学实验室药剂清单中的危化品进行辨识并分类。课后查阅相关资料列出所辨识危化品的危害途径和中毒症状。

活动场地：基础化学实验室。

活动方式：小组讨论、团队协作。

活动流程：

① 基础实验室危险化学品清单详见表 3-4。

② 查阅相关资料，将表 3-4 中的危险化学品进行毒性分级。

表 3-4　基础实验室危险化学品清单

化学品名称	别名
高氯酸（浓度＞72%）	
2,4,6-三硝基苯酚（干的或含水＜30%）	苦味酸
氢（压缩的）	氢气
乙炔（溶于介质的）	电石气
氧（压缩的）	
氮（压缩的）	
氩（压缩的）	
六氟化硫	
氯（液化的）	液氯
氨（液化的，含氨＞50%）	液氨
丙酮	二甲（基）酮
石油醚	石油精
甲醇	
乙醇（无水）	无水酒精
含一级易燃溶剂的合成树脂（醇酸树脂、酚醛树脂、有机硅树脂、环氧树脂）	
正丁醇	
镁或镁合金（片、带或条状，含镁＞50%）	
镁粉或镁合金粉（铈镁合金粉、镁铝粉）	
铝粉（未涂层的）	铝银粉
过氧化氢（含量 20%～60%）	双氧水
高氯酸（浓度 50%～72%）	过氯酸
高锰酸钾（等高锰酸盐）	过锰酸钾；灰锰氧
硝酸钠（等硝酸盐）	
过硫酸铵	过二硫酸铵
三氧化铬（无水）	铬（酸）酐
重铬酸钾（等重铬酸盐）	红矾钾
硝酸铁	硝酸高铁
亚硝酸钠（等亚硝酸盐）	
铍/汞/铅/砷/硒/磷化合物、氰化物	
氟化钾（等无机氟化合物）	

续表

化学品名称	别名
硫酸铜	蓝矾；胆矾；五水硫酸铜
石棉	
硝酸	
硫酸	
盐酸	氢氯酸
氢氟酸	氟化氢溶液
高氯酸（浓度≤50%）	过氯酸
氟硼酸	
铬酸溶液	
磷酸	正磷酸
三氯化铁	氯化铁
乙酸溶液（含量10%~80%）	冰醋酸；醋酸
氢氧化钠（氢氧化钾）	烧碱；苛性钠（苛性钾）
氟化氢铵	酸性氟化铵
氯化铜	

任务三　中毒的预防与救护

任务引入

① 2010年9月10日16时50分，大庆市肇源县某工业园的一名工作人员发现沉化池发生堵塞，没有穿戴防护服和防护面具就到池中维修，结果造成中毒。随后，另外7名工作人员自发对其进行施救，却接连中毒。其中5人抢救无效死亡，另外3人经抢救脱离了生命危险。

② 2021年4月21日，黑龙江安达市的某科技有限公司4名工人在停产检修苄草丹生产车间制气釜时先后中毒身亡，另有6人在实施救援时也相继中毒，后经抢救脱离生命危险。

任务分析

凡在生产中接触毒物的工人，都可能发生工业中毒，工业中毒是最常发生的安全生产事故之一。急性工业中毒发生时，群众性的自救互救，是现场防毒救护工作极为重要的一环。通过本节课的学习，大家要学会及时、正确地使用个人防护器材；预防或减少中毒事故的发生；及时切断毒源，消除中毒。

必备知识

一、急性中毒的现场救护程序

1. 救护者的个人防护

作业人员进行事故处理、抢救、检修及正常生产工作中，为保证安全与健康，防止意外事故的发生，要采取个人防护措施。个人防护分为皮肤防护和呼吸防护。

皮肤防护主要依靠个人防护用品，如穿防护服、工作鞋，戴工作帽、防护手套、防护眼镜等，这些防护用品可以避免有毒物质与人体皮肤的接触。对于外露的皮肤，则需涂上皮肤防护油膏。常见的皮肤防护油膏有单纯的防水用软膏、防水溶性刺激物的油膏、防油溶性刺激物的软膏、防光感性软膏等。

保护呼吸器官用防毒的呼吸器材，可分为过滤式和隔离式两类。

2. 切断毒物来源

生产和检修现场发生的急性中毒，多是由设备损坏或泄漏致使大量毒物外逸所造成的。若能及时、正确地抢救，对于挽救中毒者生命、减轻中毒程度、防治中毒综合征具有重要意义。

救护人员进入现场后在对中毒者进行抢救的同时，应迅速查明毒物源，采取果断措施切断毒物源，避免毒物进一步外泄。对于已经扩散的有害气体、蒸气应立即启动通风设备和开启门窗以及采取中和等措施，降低空气中有害物含量。

3. 采取有效措施防止毒物继续侵入人体

（1）迅速脱离毒源　救护人员进入现场后，应该争分夺秒地对中毒者开始施救。应使中毒者迅速脱离毒源，将中毒者转移至有新鲜空气处。搬运患者时，要使患者侧卧或仰卧，保持头低位，并注意保温。

（2）清洗皮肤、黏膜　清除毒物防止其沾染皮肤和黏膜。迅速脱掉中毒者被污染的衣服、鞋帽、手套等，并立即用大量清水或中和液彻底清洗被污染皮肤、毛发甚至指甲缝。对于遇水能反应的物质，应先用干布或者其他能吸收液体的东西抹去污染物，再用水冲洗。

较大面积的冲洗，要注意防止着凉，必要时可将冲洗液保持接近体温的温度。

（3）冲洗眼睛　毒物进入眼睛时，应用大量流水缓慢冲洗眼睛 15min 以上，冲洗时把眼睑撑开，让伤员的眼睛向各个方向缓慢移动。

4. 促进生命器官功能恢复

中毒者转移至安全地后应解开中毒者的颈、胸部纽扣及腰带，将头侧偏以保持呼吸通畅。对中毒者要注意保暖和保持安静，严密注意中毒者神志、呼吸状态和循环系统的功能。

如果中毒者神志清醒，可以送医院医治。但是心跳、呼吸骤停和意识丧失等意外情况发生时，必须立即进行心肺复苏术救治，也就是给予迅速而有效的人工呼吸与心脏按压使呼吸循环重建并积极保护大脑。简单地说，通过胸外按压、口对口吹气使中毒者恢复心跳、呼吸。一般来说，徒手心肺复苏术的操作流程分为以下四步。

第一步是评估意识。轻拍患者双肩、在双耳边呼唤（禁止摇动患者头部，防止损伤颈椎）。如果清醒（对呼唤有反应、对痛刺激有反应），要继续观察，如果没有反应则为昏迷，进行下一个流程。

第二步是胸外心脏按压。松开衣领和裤带。心脏按压部位是胸骨下半部，胸部正中央，两乳头连线中点。双肩前倾在患者胸部正上方，腰挺直，以臀部为轴，用整个上半身的重量垂直下压，双手掌根重叠，手指互扣翘起，以掌根按压，手臂要挺直，胳膊肘不能打弯，如图 3-10 所示，按压 30 次，每分钟至少 100 次，按压深度 5cm。

第三步是检查及畅通呼吸道。取出口内异物，清除分泌物。用手推前额使患者头部尽量后仰，同时另一手将下颌向上方抬起。注意，不要压到喉部及颌下软组织。

第四步是人工呼吸。判断是否有呼吸，靠一看二听三感觉（维持呼吸道打开的姿势，将耳部放在病人口鼻处）。一看是看患者胸部有无起伏，二听是听有无呼吸声音，三感觉是用脸颊接近患者口鼻,感觉有无呼出气流。如果无呼吸,应立即给予人工呼吸,保持压额抬颌手法,用压住额头的手的拇指、食指捏住患者鼻孔,张口罩紧患者口唇吹气,同时用眼角注视患者的胸廓,胸廓膨起为有效。待胸廓下降,吹第二口气,如图3-11所示;硫化物、硫化氢、有机磷农药中毒的患者,应给予单纯胸外按压的心肺复苏,不宜做口对口的人工呼吸。

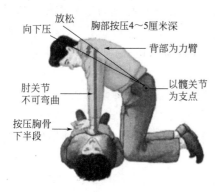

图3-10 胸外心脏按压图

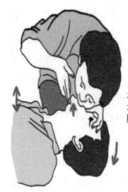

图3-11 人工呼吸

一般来说,心脏按压与人工呼吸交替进行,比例为30∶2。

除中毒症状外,还应检查有无外伤、骨折、内出血等证候,以便对症处置。

5. 及时解毒和促进毒物排出

发生急性中毒,应及时采取各种有效措施,降低或消除毒物对机体的作用。如采用各种金属配位剂与毒物的金属离子配合成稳定的有机化合物,随尿液排出体外。采用中和毒物及其分解产物的措施,降低毒物的危害。采用利尿、换血疗法以及腹膜透析等方法,促进毒物尽快排泄。如是非腐蚀性毒物经口腔进入人体,可以采用催吐、洗胃、导泻等方法。

二、综合防毒措施

1. 防毒技术措施

防毒技术措施包括预防措施和净化回收措施两部分。

(1) 预防措施

① 改变生产工艺,使生产中少产生乃至不产生有毒物质,这是生产防毒的努力目标。另外,生产中的原料和辅助材料尽量采用无毒和低毒物质,以低毒、无毒的物料代替高毒、有毒的物料,是解决工业毒物对人造成危害的最好措施。

② 生产过程的密闭化,防止有毒物质从生产过程散发、外逸。主要应保证装置密封,投料、出料实现机械投料,真空投料,高位槽和管道密封和密封出料。对填料密封、机械密封、磁密封等保证达到要求。设备加强维护,避免跑、冒、滴、漏现象的发生。

③ 生产过程机械化,用机械化代替笨重的手工劳动,不仅可以减轻工人的劳动强度,而且可以减少工人与毒物的接触,从而减少毒物对人体的危害。

④ 隔离操作,把工人操作的地点与生产设备隔离开来。可以把化工设备布置在室外,利用室外较高的风速稀释有毒气体浓度,也可以把生产设备放在隔离室内,并使隔离室保持负压状态。把工人的操作地点放在隔离室内,采用向隔离室内输送新鲜空气的方法使隔离室内处于正压状态也是一种防毒措施。

⑤ 自动化控制也是预防中毒的有效措施。自动化控制就是对工艺设备采用仪表或微机控制，使监视、操作地点离开生产设备，从而确保操作人员安全。

(2) 净化回收措施　生产中采用一系列防毒技术预防措施后，仍然会有有毒物质散逸，因此必须对作业环境进行治理，以达到国家卫生标准。治理措施就是将作业环境中的有毒物质收集起来，然后采取净化回收的措施。

① 通风排毒。通风排毒是使空气中的毒物浓度不超过国家规定标准的一种重要防毒措施。通风排毒可分为局部排风和全面通风两种。

局部排风是把有毒物质从发生源直接抽出去，然后净化回收。局部排风效率高，动力消耗低，比较经济合理。通风排毒应首选局部排风。

全面通风又叫稀释通风，是对整个房间进行通风换气。其基本原理是用清洁空气稀释（冲淡）室内空气中的有害物浓度，同时不断地把污染空气排至室外，保证室内空气环境达到卫生标准。全面通风一般只适合用于污染源不固定和局部排风不能将污染物排出的场合。全面通风换气可作为局部排风的辅助措施。

对于可能突然释放高浓度有毒物质或燃烧爆炸物质的场所，应设置事故通风装置，以满足临时性大风量送风的要求。

② 净化回收。排出的有毒气体加以净化或回收利用。气体净化的基本方法有洗涤吸收法、吸附法、催化氧化法、热力燃烧法和冷凝法等。

2. 防毒管理措施

(1) 组织管理　企业及其主管部门在组织生产的同时要高度重视防毒工作的领导和管理，要有人分管该项工作。要认真贯彻落实"安全第一，预防为主"的安全工作方针，做到对新建、改建和扩建的项目，防毒技术措施同时设计、同时施工、同时投产（三同时原则）。执行生产工作和安全工作同时计划、同时布置、同时检查、同时总结、同时评比（五同时工作）。加强防毒知识的宣传，建立健全有关防毒的管理规章制度。

(2) 作业管理　在化工生产中，劳动者个人的操作方法不当、技术不熟练、身体过负荷等，都是构成毒物散逸甚至造成急性中毒的原因。对有毒作业进行管理的方法是加强劳动技能培训和安全意识的培养，使劳动者学会正确的作业方法。在操作中必须按生产要求严格控制工艺参数的数值，改变不适当的操作姿势和动作，同时学会正确地使用个人防护用品。

(3) 健康管理　这是从医学卫生方面直接保护从事有害作业人员的健康。

① 个人卫生。注意饭前洗脸洗手，车间内禁止吃饭、饮水和吸烟，班后沐浴，工作衣帽与便服隔开存放和定期清洗等。

② 保健食品。按照国家规定供给从事有毒作业人员保健食品，以增加营养，增强体质。保健食品的发放范围应当是有显著职业性毒害并对营养有特殊需要的工种。

③ 定期健康检查。由卫生部门对从事有毒作业人员进行定期健康检查，以便对职业中毒能够早期发现，早期治疗。同时，实行就业前健康检查，发现患有禁忌症的，不要分配相应的有毒作业，在定期检查中发现患有禁忌症时，也应及时调离相应的有毒作业岗位。

例如，苯主要损害血液系统，中毒病人容易出血或出血不止，严重者还可以罹患白血病，因此，血相检查结果低于接苯标准参考值的人就不宜从事有苯系物作业。患有活动性肺结核、慢性呼吸系统疾病的人接触粉尘时，容易导致原有肺部疾病加重，吸入的粉尘也难以排出，容易罹患尘肺病，所以患有这些疾病的人不宜从事粉尘作业。

④ 中毒急救及急救培训。对于有可能发生急性中毒的企业，其企业医务人员应定期培训，掌握中毒急救的知识，工厂医务室要随时准备有关急救的医药器材，准备必要时抢救中毒人员。

⑤ 其他。对一些新的有毒作业和新的化学物质，应当请职业病防治单位或卫生、科研部门协助进行卫生调查，做动物试验。弄清致毒物质、毒害程度、毒害机理等情况，研究防毒对策，以便采取有关的防毒措施。

任务实施

活动1 聚氯乙烯工艺生产装置泄漏中毒事故应急演练

活动描述：聚合釜在生产过程中造成反应的化学介质泄漏，并有一名人员中毒。以小组形式进行，每组三名成员，分别担任内操（I）、外操（P）、班长（M）的角色。根据聚氯乙烯工艺生产装置泄漏中毒事故应急预案，各小组分角色演练。

活动场地：现代化工实训中心聚氯乙烯工艺生产装置实训室。

活动方式：小组讨论、角色扮演、现场演练。

活动流程：

1. 认识聚氯乙烯工艺

氯乙烯是一种无毒、无臭的白色粉末。它的化学稳定性很高，具有良好的可塑性。根据氯乙烯单体的聚合方法，聚氯乙烯的获得又有悬浮法、乳液法、本体法和溶液法之分。悬浮法生产过程简单，便于控制及大规模生产，产品适宜性强，是PVC的主要生产方式，从世界范围内讲，悬浮法PVC的生产量约占总量的80%。

悬浮聚合的过程是先将去离子水用泵打入聚合釜中，启动搅拌器，依次将分散剂溶液、引发剂及其他助剂加入聚合釜内。然后，向聚合釜夹套内通入蒸汽和热水，当聚合釜内温度升高至聚合温度（50~58℃）后，改通冷却水，控制聚合温度不超过规定温度的±0.5℃。当转化率达60%~70%，有自加速现象发生，反应加快，放热现象激烈，应加大冷却水量。待釜内压力为0.687~0.981MPa时，可泄压出料，使聚合物膨胀。因为聚氯乙烯粒的疏松程度与泄压膨胀的压力有关，所以要根据不同要求控制泄压压力。未聚合的氯乙烯单体经泡沫捕集器排入氯乙烯气柜，循环使用。浆料进入汽提塔进一步脱除氯乙烯单体后去干燥。

2. 应急预案

聚氯乙烯工艺生产装置中毒事故应急预案，详见表3-5。

表3-5 聚氯乙烯工艺生产装置中毒事故应急预案

涉及的主要化学介质：氯乙烯单体、聚氯乙烯	
事故描述：由于聚合釜在生产过程中造成反应的化学介质泄漏，并有一名人员中毒	
过程描述：参赛选手根据规程进行处置，要坚持先救人后救物，先重点后一般，先控制后消灭的总原则灵活果断处置，防止事故扩大。 班长-M、外操-P、内操-I	
事故现象	1. 现场报警器报警
	2. 上位机反应釜超温超压报警
	3. 聚合釜现场安全阀底部法兰泄漏，有烟雾
	4. 现场有人员呼喊"救命"

续表

序号	考试项目	步骤	考试内容
1	事故预警	1.1	[I]-汇报班长上位机报警器报警（报警器报警）
2	事故确认	2.1	[M]-班长通知外操去现场查看（现场查看）
3	事故汇报	3.1	[P]-汇报出事工段（聚合工段）
		3.2	[P]-汇报事故设备（聚合釜）
		3.3	[P]-汇报泄漏的位置（安全阀）
		3.4	[P]-汇报人员受伤情况（中毒）
		3.5	[P]-现场状况是否可控（可控）
4	启动预案及事故判断	4.1	[M]-启动聚合釜泄漏应急预案
		4.2	[M]-立即启动聚合工段人员中毒应急预案
		4.3	[M]-汇报调度室相关情况
		4.4	[I]-软件选择事故
5	事故处理	5.1	[I]-将热媒出口控制阀 TV1102 调至手动并关闭
		5.2	[I]-关闭热媒进口控制阀 HV1102
		5.3	[I]-将冷媒出口控制阀 TV1101 调至手动，满开
		5.4	[I]-开启冷媒进口控制阀 HV1101
		5.5	[I]-开启终止剂加入程序
		5.6	[I]-开启 HV1103
		5.7	[I]-开启 HV1104
		5.8	[I]-密切关注终止剂加入，完成加入操作关闭终止剂加入程序（初始为40%，加入终止点为20%左右）
		5.9	[I]-关闭 HV1103
		5.10	[I]-关闭 HV1104
		5.11	[I]-开启 HV1105，泄压
		5.12	[I]-当 P1101 降至 0.1MPa 以下后关闭 HV1105
		5.13	[M/P]-防化服/自给式呼吸器
		5.14	[M/P]-担架的正确使用
		5.15	[M/P]-将中毒人员转移至通风点
		5.16	[P]-现场拉警戒线/设警戒标志
		5.17	[P]-开启聚合釜泄压阀门 XV2007
		5.18	[P]-当温度稳定58℃左右及釜内压力 PI2001 降至 0.1 以下时，关闭阀门 XV2007
6	事故分析	6.1	[I]-完成事故分析报告
7	延伸考核	7.1	[M]-心肺复苏考核内容
8	汇报及恢复	8.1	[M/P/I]-事故处理完成向调度室汇报，并恢复现场

3. 小组演练

按聚氯乙烯工艺生产装置泄漏中毒事故应急预案，分小组演练。

活动2 训练单人徒手心肺复苏

活动描述：活动1中，由于聚合釜在生产过程中出现化学介质泄漏，有一名人员中毒。将中毒人员抬至安全区域，要立即实施救援，首选的救援方法是单人徒手心肺复苏法。每位同学借助模拟假人的道具练习单人心肺复苏法。

活动场地：现代化工实训中心聚氯乙烯工艺生产装置实训室。

活动方式：小组讨论、角色扮演、现场演练。

活动流程：

1. 认识单人心肺复苏

单人心肺复苏是指一个人熟练地完成一系列抢救的方法。

心肺复苏是为挽救心跳、呼吸骤停的伤病员所采取的一项急救技术，其目的是通过急救人员的努力，使伤病员的心、肺功能恢复正常，挽救病员的生命，并力求不留下任何影响患者生活质量的后遗症。

心肺复苏根据抢救人员构成、抢救场所及是否使用抢救仪器分为现场心肺复苏和院内心肺复苏。现场心肺复苏又称为初级生命支持或基础生命支持，初级生命支持（现场心肺复苏）是指由非医务人员在发病现场进行的徒手抢救。医院内由医务人员进行的心肺复苏又称为高级生命支持或进一步生命支持。初级生命支持与高级生命支持具有同样重要的作用，缺一不可。

2. 了解单人徒手心肺复苏法的方法和要求

（1）判断有无意识丧失　首先判断昏倒伤病员的意识情况（轻拍或呼唤），如昏倒伤病员呼之不应，说明意识丧失，应立即呼救，请附近的其他人员协助抢救并给急救中心打电话，自己不要离开患者去找人或打电话。

（2）保持呼吸道畅通　在呼救的同时，迅速将患者摆放于仰卧位，并放在地上或硬板上，解开衣服；打开气道（仰头举颏、仰头抬颈、仰头拉颌），在抢救的全过程中，自始至终都要保持呼吸道的畅通。

（3）判断有无呼吸　判断患者有无呼吸（看、听、感觉），如自主呼吸存在，虽然微弱，亦不必吹气，但要注意观察呼吸情况的变化；如无呼吸，立即口对口吹气两口两次；如不成功则调整头部位置，再做尝试，如仍吹不进气，则应怀疑有呼吸道异物，要首先采取措施清除呼吸道异物再进行人工呼吸。

（4）判断有无心跳　经口对口人工呼吸患者仍未清醒，则在保持气道开放位置的情况下，用另一手检查颈动脉有无搏动；如能触及颈动脉搏动，表明心脏尚未停止跳动，可仅做人工呼吸，每分钟10～12次。

（5）胸外心脏按压　在如颈动脉无搏动，说明心脏已停止跳动，应立即在正确定位下做胸外心脏按压。按压位置：胸骨下段；按压幅度：胸骨下陷至少5cm；按压速率：至少为100次/分，且保证每次按压后胸部回弹。按压与通气比例为30∶2，即先给予人工呼吸2次，连续胸外按压30次。如此重复5次。若呼吸及脉搏未恢复，继续重复上述操作，等待协助者到来。在急救过程中，若必须暂停按压，也不应超过10s。

（6）检查及心肺复苏　抢救一分钟后，检查一次颈动脉搏动，如无搏动则继续作心脏按压和人工呼吸，以后每隔4～5min检查一次，检查时间不要超过5s；如救护车赶到，在转运患者的途中不要停止心肺复苏。

（7）单人心肺复苏的时间要求　经抢救如患者的自主心跳和呼吸恢复，则将患者摆成恢复体位维持气道通畅，严密监测呼吸、心跳变化。单人徒手心肺复苏评分标准见表3-6，各项操作要求时间如下：

①判断意识0～5s；

②呼救，同时摆好体位5～10s；

③开放气道，判断呼吸10～15s；

④人工呼吸2次15～20s；

⑤判断脉搏（心跳）20～30s。

表3-6 单人徒手心肺复苏法评分标准

序号	考核项目	分项	考核内容	评分标准	配分
1	判断意识	1.1	拍患者肩部，大声呼叫患者	有一项不做扣0.1分	0.2
2	呼救	2.1	环顾四周，请人协助，解衣扣，摆体位	未解衣扣扣0.1分，未摆体位或体位不正确扣0.1分	0.2
3	判断颈动脉搏	3.1	手法正确（单侧触摸，时间不少于5s）	单侧触摸，时间不少于5s，时间不足扣0.2分	0.2
4	定位	4.1	胸骨下1/3处，一手掌根部放于按压部位，另一手平行重叠于该手手背上，手指并拢，以掌根部接触按压部位，双臂位于患者胸骨的正上方，双肘关节伸直，利用上身重量垂直下压	以心肺复苏模拟假人装置自动评分系统的打印结果为计算标准	9
5	胸外按压	5.1	按压速率每分钟至少100次，按压幅度至少5cm（每个循环按压30次，时间15～18s）		
6	打开气道	6.1	下颌角与耳垂的连线与地面垂直，如有异物应先清除异物		
7	吹气	7.1	吹气时看到胸廓起伏，吹气完毕，立即离开口部，松开鼻腔，视患者胸廓下降后，再次吹气（每个循环吹气2次）		
8	判断	8.1	完成5次循环后判断有无自主呼吸、心跳		
9	整体质量判定	9.1	有效吹气10次，有效按压150次，并判定效果（从开始考核到最后一次吹气，总时间不超过150s）		
10	整理	10.1	安置患者，整理服装，摆好体位，整理用物	一项不合格扣0.1分	0.4

3. 练习单人心肺复苏

在单人徒手心肺复苏训练装置上，独立练习单人心肺复苏。

项目四　防止燃烧爆炸伤害

【学习目标】

知识目标
① 能陈述燃烧和爆炸的基本原理。
② 能说明点火源的主要类型以及常见点火源的控制方法。
③ 能说明火灾爆炸危险物质的主要处理方法。
④ 能列举出常见的灭火剂和灭火器。

技能目标
① 初步具备点火源现场管理与控制的能力。
② 具有正确选择和使用防火防爆装置的能力。
③ 初步具有初起火灾扑救的能力；

素质目标
① 具有防火防爆的安全意愿。
② 树立安全第一的生产理念。
③ 具有小组合作能力。
④ 具有较强的沟通能力。

 任务一　认识燃烧和爆炸

任务引入

2019年3月21日14时48分许，江苏省盐城市响水县陈家港镇化工园区内某公司化学储罐发生爆炸事故，并波及周边16家企业。事故共造成78人死亡、76人重伤、640人住院治疗，直接经济损失19.86亿元。

经调查，事故的直接原因是该公司旧固废库内长期违法贮存的硝化废料持续积热升温导致自燃，燃烧引发爆炸。事故调查组认定，该公司无视国家环境保护和安全生产法律法规，刻意瞒报、违法贮存、违法处置硝化废料,安全环保管理混乱,日常检查弄虚作假,固废仓库等工程未批先建。

无独有偶, 2019年7月19日17时45分左右,河南省三门峡市某集团义马气化厂C套空气分离装置发生爆炸事故,造成15人死亡、16人重伤。事实上,我国化工企业近几年频繁发生火灾爆炸事故。这跟化工行业的特点有关,同时也跟企业的管理和一线员工防火防爆的意识和技术有关。

火灾是无情的,造成的损失是巨大的,化工企业如何避免发生火灾呢?首先应该正确认识火灾和爆炸。

任务分析

化工企业火灾爆炸事故不仅全国各地都有发生,而且一个工厂各个车间都有可能发生。从工艺操作、设备管道、生产维修到设计制造,存在违章指挥、违章作业、管理漏洞等现象。造成这种状况的原因有:化工企业原料多变,生产条件变化大,工艺复杂,操作控制点多且相互影响,设备种类多,数量大,开停车频繁,检修量大,自动化程度低、安全联锁装置不齐;相当数量的工人、企业负责人文化水平低,安全技术素质低,安全意识不强,防范事故能力不高,执行操作规程、检修规程的严肃性较差。作为化工从业人员,认识燃烧和爆炸的基本知识,清楚其特点是防止发生燃烧爆炸事故的基本措施。

必备知识

一、燃烧

1. 基本概念

燃烧是一种激烈的氧化反应,同时伴随着发光、发热现象和生成新的物质。

图4-1 燃烧的基本条件

可燃物质不只和氧发生反应才叫燃烧,像钠在氯气中燃烧,炽热的铁在氯气中燃烧也发生激烈的氧化反应,有发光、发热现象;生成了新的物质,所以也叫燃烧。但是铜和稀硝酸反应,虽属氧化反应,但没有发光、发热现象;白炽灯泡中的灯丝通电后虽然发光、发热但不是氧化反应,所以不能叫燃烧。燃烧的发生必须同时具备三个条件,如图4-1所示。

(1) 有可燃物的存在 可燃物是能与氧气或其他氧化剂发生剧烈氧化反应的物质。可燃物包括可燃固体,如木材、煤、纸张、棉花等。可燃液体,如石油、乙醇、甲醇等;可燃气体,如甲烷、氢气、一氧化碳等。

(2) 有助燃物的存在 助燃物是能与可燃物发生化学反应,协助和维持燃烧的物质。常见的有氯气、氧气和氟等氧化剂。

(3) 有点火源的存在 点火源是能引起可燃物质燃烧的热能源。如撞击、摩擦、明火、高温表面、电火花、光和射线、化学反应热等。

可燃物、助燃物和点火源是构成燃烧的三个要素。缺少其中任何一个燃烧便不能发生。有时,即使三要素都存在,但是可燃物没有达到一定的浓度、助燃物数量不足、点火源没有足够的温度，燃烧也不会发生。

当物质已经燃烧起来，若消除燃烧三要素中的任何一个要素，燃烧便会终止，这是灭火的基本原理。

2. 燃烧的分类

（1）按是否有火焰分类　燃烧时有火焰产生叫火焰型燃烧。没有火焰的燃烧叫均热燃烧或表面燃烧。

（2）按燃烧的起因和剧烈程度分类　燃烧分闪燃、着火和自燃三种。

各种可燃液体的表面由于温度的影响，都有一定的蒸气存在，这些蒸气与空气混合后，一旦遇到点火源就会出现瞬间火苗或闪光，这种现象称为闪燃。

有足够的可燃物质和助燃物质在遇到明火而引起持续燃烧的现象称为着火。

自燃是可燃物质自行燃烧的现象。可燃物质在没有外界火源的直接作用下，常温下自行发热，或由于物质内部的物理、化学或生物反应过程所提供的热量聚积起来，使其达到自燃温度而自行燃烧。

（3）闪点、着火点和自燃点

① 闪点。液体发生闪燃时的最低温度称为闪点。在闪点时，液体的蒸发速度还不足以维持持续燃烧，所以一闪便灭。但是闪燃是将要起火的先兆。

除了可燃液体以外，像石蜡、樟脑等能蒸发出蒸气的固体，表面上产生的蒸气达到一定的浓度，与空气混合而成为可燃的气体混合物，若与明火接触，也能出现闪燃现象。

根据各种液体闪点的高低，可以衡量其危险性，闪点越低，火灾的危险性越大。通常把闪点低于45℃的液体叫易燃液体，把闪点高于45℃的液体叫可燃液体。显然易燃液体比可燃液体的火灾危险性要高。某些液体的闪点如表4-1所示。

表4-1　某些液体的闪点

物质名称	闪点/℃	物质名称	闪点/℃	物质名称	闪点/℃
戊烷	-40	丙酮	-19	乙酸甲酯	-10
己烷	-21.7	乙醚	-45	乙酸乙酯	-4.4
庚烷	-4	苯	-11.1	氯苯	28
甲醇	11	甲苯	4.4	二氯苯	66
乙醇	11.1	二甲苯	30	二硫化碳	-30
丙醇	15	乙酸	40	氰化氢	-17.8
丁醇	29	乙酸酐	49	汽油	-42.8
乙酸丁酯	22	甲酸甲酯	-20		

② 着火点。着火点也叫燃点或火焰点。可燃物被加热到超过闪点温度时，其蒸气与空气的混合气与火源接触即着火，并能持续燃烧五秒钟以上时的最低温度，称为该物质的燃点。

一般来说，燃点比闪点高出5～20℃，但闪点在100℃以下时，二者往往相同。易燃液体的燃点与闪点很接近，仅差1～5℃。可燃液体，特别是闪点在100℃以上时，两者相差30℃以上。

③ 自燃点。可燃物质在没有外界火花或火焰的直接作用下能自行燃烧的最低温度称为该物质的自燃点。自燃点是衡量可燃性物质火灾危险性的又一个重要参数，自燃点越低，火

灾危险性越大。

自燃又分为受热自燃和自热自燃。受热自燃是可燃物质在外界热源作用下，温度升高，当达到其自燃点时着火燃烧的现象。自热自燃是可燃物由于本身产生的氧化热、分解热、聚合热、发酵热等，使物质温度升高，达到自燃点而燃烧的现象。

影响可燃物质自燃点的因素有很多。如压力越高，自燃点越低；固体越碎，自燃点越低等。

二、火灾

1. 火灾的概念

在时间和空间上都失去控制的燃烧称为火灾。火灾分为一般火灾、较大火灾、重大火灾和特别重大火灾。

（1）特别重大火灾　是指造成30人以上死亡，或者100人以上重伤，或者1亿元以上直接经济损失的火灾；

（2）重大火灾　是指造成10人以上30人以下死亡，或者50人以上100人以下重伤，或者5000万元以上1亿元以下直接经济损失的火灾；

（3）较大火灾　是指造成3人以上10人以下死亡，或者10人以上50人以下重伤，或者1000万元以上5000万元以下直接经济损失的火灾；

（4）一般火灾　是指造成3人以下死亡，或者10人以下重伤，或者1000万元以下直接经济损失的火灾。

2. 火灾的分类

根据国家标准GB/T 4968—2008《火灾分类》，将火灾分为六类。

（1）A类火灾　指固体物质火灾。这种物质通常具有有机物质性质，一般在燃烧时能产生灼热的余烬。如木材、干草、煤炭、棉、毛、麻、纸张等火灾。

（2）B类火灾　指液体或可熔化的固体物质火灾。如煤油、柴油、原油、甲醇、乙醇、沥青、石蜡、塑料等火灾。

（3）C类火灾　指气体火灾。如煤气、天然气、甲烷、乙烷、丙烷、氢气等火灾。

（4）D类火灾　指金属火灾。如钾、钠、镁、钛、锆、锂、铝镁合金等火灾。

（5）E类火灾　指带电火灾。物体带电燃烧的火灾。

（6）F类火灾　指烹饪器具内的烹饪物（如动植物油脂）火灾。

三、爆炸

爆炸是物质在瞬间以机械功的形式释放出大量气体和能量的现象。由于物质状态的急剧变化，爆炸发生时会使压力猛烈升高并产生巨大的声响。其主要特征是压力的急剧升高。在化工生产中，一旦发生爆炸，就会酿成工伤事故，造成人身和财产的巨大损失，使生产受到严重影响。

1. 爆炸的分类

（1）按照爆炸能量来源的不同分类

① 物理性爆炸。是由物理因素（如温度、体积、压力等）变化而引起的爆炸现象。在物理性爆炸的前后，爆炸物质的化学成分不改变。

锅炉的爆炸就是典型的物理性爆炸，其原因是过热的水迅速蒸发出大量蒸汽，使蒸气压力不断提高，当气压超过锅炉的极限强度时，就会发生爆炸。又如氧气钢瓶受热升温，引起气体压力升高，当气压超过钢瓶的极限强度时即发生爆炸。发生物理性爆炸时，气体或蒸汽等介质潜藏的能量在瞬间释放出来，会造成巨大的破坏和伤害。

② 化学性爆炸。是物质在短时间内完成化学反应，同时产生大量气体和能量而引起的爆炸现象。化学性爆炸前后，物质的性质和化学成分均发生了根本的变化。

例如用来制造炸药的硝化棉在爆炸时放出大量热量，同时生成大量气体（CO、CO_2、H_2 和水蒸气等），爆炸时的体积会突然增大 47 万倍，燃烧在万分之一秒内完成。因而会对周围物体产生毁灭性的破坏作用。

(2) 按照爆炸的瞬时燃烧速度分类

① 轻爆。物质爆炸时的燃烧速度为每秒数米，爆炸时无多大破坏力，声响也不大。如无烟火药在空气中的快速燃烧，可燃气体混合物在接近爆炸浓度上限或下限时的爆炸即属于此类。

② 爆炸。物质爆炸时的燃烧速度为每秒十几米至数百米，爆炸时能在爆炸点引起压力激增，有较大的破坏力，有震耳的声响。可燃气体混合物在多数情况下的爆炸，以及被压火药遇火源引起的爆炸即属于此类。

③ 爆轰。物质爆炸的燃烧速度为每秒 1000～7000m。爆轰时的特点是突然引起极高压力，并产生超音速的"冲击波"。由于极短时间内发生的燃烧产物急剧膨胀，像活塞一样挤压其周围气体，反应所产生的能量有一部分传给被压缩的气体层，于是形成的冲击波由它本身的能量所支持，迅速传播并能远离爆轰的发源地而独立存在，同时可引起该处的其他爆炸性气体混合物发生爆炸，从而发生一种"殉爆"现象。

2. 爆炸极限

(1) 爆炸极限　可燃性气体、蒸气或粉尘与空气组成的混合物，并不是在任何浓度下都会发生燃烧或爆炸，而是必须在一定的浓度比例范围内才能发生燃烧和爆炸。而且混合的比例不同，其爆炸的危险程度亦不同。可燃性混合物有一个发生燃烧和爆炸的含量范围，即有一个最低含量和最高含量。混合物中的可燃物只有在这两个含量之间，才会有燃爆危险。通常将最低含量称为爆炸下限，最高含量称为爆炸上限。混合物含量低于爆炸下限时，由于混合物含量不够及过量空气的冷却作用，阻止了火焰的蔓延；混合物含量高于爆炸上限时，则由于氧气不足，使火焰不能蔓延。可燃性混合物的爆炸下限越低、爆炸极限范围越宽，其爆炸的危险性越大。必须指出，含量在爆炸上限以上的混合物绝不能认为是安全的，因为一旦补充进空气就具有危险性了。一些气体和液体蒸气的爆炸极限见表 4-2。

表 4-2　一些气体和液体蒸气的爆炸极限

物质名称	爆炸极限（体积分数）/%		物质名称	爆炸极限（体积分数）/%	
	下限	上限		下限	上限
天然气	4.5	13.5	丙醇	1.7	48.0
城市煤气	5.3	32	丁醇	1.4	10.0
氢气	4.0	75.6	甲烷	5.0	15.0
氨	15.0	28.0	乙烷	3.0	15.5
一氧化碳	12.5	74.0	丙烷	2.1	9.5
二硫化碳	1.0	60.0	丁烷	1.5	8.5

续表

物质名称	爆炸极限（体积分数）/%		物质名称	爆炸极限（体积分数）/%	
	下限	上限		下限	上限
乙炔	1.5	82.0	甲醛	7.0	73.0
氰化氢	5.6	41.0	乙醚	1.7	48.0
乙烯	2.7	34.0	丙酮	2.5	13.0
苯	1.2	8.0	汽油	1.4	7.6
甲苯	1.2	7.0	煤油	0.7	5.0
邻二甲苯	1.0	7.6	乙酸	4.0	17.0
氯苯	1.3	11.0	乙酸乙酯	2.1	11.5
甲醇	5.5	36.0	乙酸丁酯	1.2	7.6
乙醇	3.5	19.0	硫化氢	4.3	45.0

（2）可燃气体、蒸气爆炸极限的影响因素　爆炸极限受许多因素的影响，表4-2给出的爆炸极限数值对应的条件是常温常压。当温度、压力及其他因素发生变化时，爆炸极限也会发生变化。

① 温度。一般情况下爆炸性混合物的原始温度越高，爆炸极限范围也越大。因此，温度升高会使爆炸的危险性增大。

② 压力。一般情况下压力越高，爆炸极限范围越大，尤其是爆炸上限显著提高。因此，减压操作有利于减小爆炸的危险性。

③ 惰性介质及杂质。一般情况下惰性介质的加入可以缩小爆炸极限范围，当其浓度高到一定数值时可使混合物不发生爆炸。杂质的存在对爆炸极限的影响较为复杂，如少量硫化氢的存在会降低水煤气在空气混合物中的燃点，使其更易爆炸。

④ 容器。容器直径越小，火焰在其中越难于蔓延，混合物的爆炸极限范围则越小。当容器直径或火焰通道小到一定数值时，火焰不能蔓延，可消除爆炸危险，这个直径称为临界直径或最大灭火间距。如甲烷的临界直径为0.4~0.5mm，氢和乙烷为0.1~0.2mm。

⑤ 点火源。点火源的能量、热表面的面积、点火源与混合物的作用时间等均对爆炸极限有影响。

各种爆炸性混合物都有一个最低引爆能量，即点火能量。它是混合物爆炸危险性的一项重要参数。爆炸性混合物的点火能量越小，其燃爆危险性就越大。

任务实施

活动　探究燃烧发生需要的条件

活动描述：在教师的指导下，以小组为单位，通过实验，探究燃烧发生需要的条件。
活动场地：无机化学实验室。
实验器材：水、乙醇、蜡烛、烧杯、纸棒、铁棒。
活动方式：小组讨论、团队协作。
活动流程：

1. 实验过程

① 桌子上有两杯分别盛有水和乙醇的容器，分别点燃它们，观察现象。

②有一根蜡烛，先点燃它，然后用烧杯把它罩起来，观察现象。
③桌子上放了一根纸棒和一根铁棒，分别点燃它们观察现象。
2. 成果呈现
小组展示成果。
3. 总结实验结果
实验完成后，每一小组选出代表，描述本次实验的现象及得出的实验结果。

任务二　认识和正确选择灭火剂

任务引入

2012年6月6日，B炼油厂油罐区的2号汽油罐发生火灾爆炸事故，造成1人死亡、3人轻伤，直接经济损失420万元。该油罐为拱顶罐，容量200m³。油罐进油管从罐顶接入罐内，但未伸到罐底。罐内原有液位计，因失灵已拆除。2012年5月20日，油罐完成了清罐检修。6月6日8时，开始给油罐输油，汽油从罐顶输油时，进油管内流速为2.3~2.5m/s，导致汽油在罐内发生了剧烈喷溅，随即着火爆炸。爆炸把整个罐顶抛离油罐。现场人员灭火时发现泡沫发生器不出泡沫，匆忙中用水枪灭火，导致火势扩大。消防队到达后，用泡沫扑灭了火灾。该厂针对此次事故暴露出的问题，加强了员工安全培训，在现场增设了自动监控系统，完善了现场设备、设施的标志和标识，制定了安全生产应急救援预案。

事故发生后，在事故调查分析时发现，操作人员应该用泡沫灭火系统灭火，却错用水枪灭火，导致火势扩大。另外泡沫灭火系统正常，泡沫发生器不出泡沫的原因是现场人员操作不当，开错了阀门。

灭火剂是灭火的关键物质，那么你知道灭火剂的种类有哪些吗？它们是如何灭火的？

任务分析

在火灾扑救中，正确选择和使用灭火剂，对减少损失具有十分重要的意义。不同类型的灭火剂，适用于扑救不同类型的火灾，如果选用不当，不仅不能迅速灭火，甚至还容易造成扑救失利，加重火灾损失。近几年来，因灭火剂使用不当而使灭火失利的现象常有发生。灭火剂的品种繁多，了解其性质，掌握其使用条件，对预防和处理火灾意义重大。

必备知识

一、认识灭火方法

灭火方法主要包括窒息灭火法、冷却灭火法、隔离灭火法和化学抑制灭火法。

1. 窒息灭火法

窒息灭火法即阻止空气进入燃烧区或用惰性气体稀释空气，使燃烧因得不到足够的氧气而熄灭的灭火方法。

运用窒息法灭火时，可考虑选择以下措施。

① 用石棉布、浸湿的棉被、帆布、沙土等不燃或难燃材料覆盖燃烧物或封闭孔洞；
② 把水蒸气、惰性气体通入燃烧区域内；
③ 利用建筑物上原来的门、窗以及生产、贮运设备上的盖、阀门等，封闭燃烧区；
④ 在万不得已且条件许可的条件下，采取用水淹没（灌注）的方法灭火。

采用窒息灭火法，必须注意以下几个问题。
① 此法适用于燃烧部位空间较小、容易堵塞封闭的房间，生产及贮运设备内发生的火灾，而且燃烧区域内应没有氧化剂存在。
② 在采用水淹方法灭火时，必须考虑到水与可燃物质接触后是否会产生不良后果，如有则不能采用。
③ 采用此法时，必须在确认火已熄灭后，方可打开孔洞进行检查。严防因过早打开封闭的房间或设备，导致"死灰复燃"。

2. 冷却灭火法

冷却灭火法即将灭火剂直接喷洒在燃烧着的物体上，将可燃物质的温度降到燃点以下，终止燃烧的灭火方法。也可将灭火剂喷洒在火场附近未燃的易燃物上起冷却作用，防止其受辐射热作用而起火。冷却灭火法是一种常用的灭火方法。

3. 隔离灭火法

隔离灭火法即将燃烧物质与附近未燃的可燃物质隔离或疏散开，使燃烧因缺少可燃物质而停止。隔离灭火法也是一种常用的灭火方法。这种灭火方法适用于扑救各种固体、液体和气体火灾。

隔离灭火法常用的具体措施有：
① 将可燃、易燃、易爆物质和氧化剂从燃烧区移出至安全地点；
② 关闭阀门，阻止可燃气体、液体流入燃烧区；
③ 用泡沫覆盖已燃烧的易燃液体表面，把燃烧区与液面隔开，阻止可燃蒸气进入燃烧区；
④ 拆除与燃烧物相连的易燃、可燃建筑物；
⑤ 用水流或用爆炸等方法封闭井口，扑救油气井喷火灾。

4. 化学抑制灭火法

化学抑制灭火法是使灭火剂参与到燃烧反应中去，起到抑制反应的作用。具体而言就是使燃烧反应中产生的自由基与灭火剂中的卤素离子相结合，形成稳定分子或低活性的自由基，从而切断了氢自由基与氧自由基的连锁反应链，使燃烧停止。

需要指出的是，窒息、冷却、隔离灭火法，在灭火过程中，灭火剂不参与燃烧反应，因而属于物理灭火方法。而化学抑制灭火法则属于化学灭火方法。

还需指出：上述四种灭火方法所对应的具体灭火措施是多种多样的；在灭火过程中，应根据可燃物的性质、燃烧特点、火灾大小、火场的具体条件以及消防技术装备的性能等实际情况，选择一种或几种灭火方法。一般情况下，综合运用几种灭火法效果较好。

二、认识灭火剂

灭火剂是能够有效地破坏燃烧条件，终止燃烧的物质。选择灭火剂的基本要求是灭火效能高、使用方便、来源丰富、成本低廉、对人和物基本无害。灭火剂的种类很多，下面介绍常见的几种。

1. 水（及水蒸气）

水的来源丰富，取用方便，价格便宜，是最常用的天然灭火剂。它可以单独使用，也可与不同的化学剂组成混合液使用。

（1）水的灭火原理　主要包括冷却作用、窒息作用和隔离作用。

① 冷却作用。水的比热容较大，它的蒸发潜热达 2258.9J/（g·℃）。当常温水与炽热的燃烧物接触时，在被加热和汽化过程中，就会大量吸收燃烧物的热量，使燃烧物的温度降低而灭火。

② 窒息作用。在密闭的房间或设备中，此作用比较明显。水汽化成水蒸气，体积能扩大 1700 倍，可稀释燃烧区中的可燃气与氧气，使它们的浓度下降，从而使可燃物因"缺氧"而停止燃烧。

③ 隔离作用。在密集水流的机械冲击作用下，将可燃物与火源分隔开而灭火。此外水对水溶性的可燃气体（蒸气）还有吸收作用，这对灭火也有意义。

（2）灭火用水的几种形式

① 普通无压力水用容器盛装，人工浇到燃烧物上。

② 加压的密集水流用专用设备喷射，灭火效果比普通无压力水好。

③ 雾化水用专用设备喷射，因水呈雾滴状，吸热量大，灭火效果更好。

（3）水灭火剂的优缺点

优点：①与其他灭火剂相比，水的比热容及汽化潜热较大，冷却作用明显；②价格便宜；③易于远距离输送；④水在化学上呈中性，对人无毒、无害。

缺点：①水在零摄氏度下会结冰，当泵暂时停止供水时会在管道中形成冰冻造成堵塞；②水对很多物品如档案、图书、珍贵物品等，有破坏作用；③用水扑救橡胶粉、煤粉等火灾时，由于水不能或很难浸透燃烧介质，因而灭火效率很低。必须向水中添加润湿剂才能弥补以上不足。

（4）水灭火剂的适用范围　除以下情况外，都可以考虑用水灭火。

① 忌水性物质，如轻金属、电石等不能用水扑救。因为它们能与水发生化学反应，生成可燃性气体并放热，扩大火势甚至导致爆炸。

② 不溶于水，且密度比水小的易燃液体。如汽油、煤油等着火时不能用水扑救。但原油、重油等可用雾状水扑救。

③ 密集水流不能扑救带电设备火灾，也不能扑救可燃性粉尘聚集处的火灾。

④ 不能用密集水流扑救贮存大量浓硫酸、浓硝酸场所的火灾，因为水流能引起酸的飞溅、流散，遇可燃物质后，又有引起燃烧的危险。

⑤ 高温设备着火不宜用水扑救，因为这会使金属机械强度受到影响。

⑥ 精密仪器设备、贵重文物、档案、图书着火，不宜用水扑救。

2. 泡沫灭火剂

凡能与水相溶，并可通过化学反应或机械方法产生灭火泡沫的灭火药剂称为泡沫灭火剂。

（1）泡沫灭火剂分类　根据泡沫生成机理，泡沫灭火剂可以分为化学泡沫灭火剂和空气泡沫灭火剂。

① 化学泡沫是由酸性或碱性物质及泡沫稳定剂相互作用而生成的膜状气泡群，气泡内主要是二氧化碳。化学泡沫虽然具有良好的灭火性能，但由于化学泡沫设备较为复杂、投资

大、维护费用高，近年来多采用灭火简单、操作方便的空气（机械）泡沫。

② 空气泡沫又称机械泡沫，是由一定比例的泡沫液、水和空气在泡沫生成器中进行机械混合搅拌而生成的膜状气泡群，泡内一般为空气。

空气泡沫灭火剂按泡沫的发泡倍数，又可分为低倍数泡沫（发泡倍数小于20倍）、中倍数泡沫（发泡倍数在20～200倍）和高倍数泡沫（发泡倍数在200～1000倍）三类。

(2) 泡沫灭火原理

① 由于泡沫中充填大量气体，相对密度小（0.001～0.5），可漂浮于液体的表面或附着于一般可燃固体表面，形成一个泡沫覆盖层，使燃烧物表面与空气隔绝，同时阻断了火焰的热辐射，阻止燃烧物本身或附近可燃物质的蒸发，起到隔离和窒息作用。

② 泡沫析出的水和其他液体有冷却作用。

③ 泡沫受热蒸发产生的水蒸气可降低燃烧物附近的氧浓度。

(3) 泡沫灭火剂适用范围　泡沫灭火剂主要用于扑救不溶于水的可燃、易燃液体，如石油产品等的火灾；也可用于扑救木材、纤维、橡胶等固体的火灾；高倍数泡沫可有特殊用途，如消除放射性污染等；由于泡沫灭火剂中含有一定量的水，所以不能用来扑救带电设备及忌水性物质引起的火灾。

3. 二氧化碳灭火剂

(1) 灭火原理　二氧化碳灭火剂在消防工作中有较广泛的应用。二氧化碳是以液态形式加压充装于钢瓶中。当它从灭火器中喷出时，由于突然减压，一部分二氧化碳绝热膨胀、汽化，吸收大量的热量，另一部分二氧化碳迅速冷却成雪花状固体（即"干冰"）。"干冰"的温度为－78.5℃，喷向着火处时，立即汽化，起到稀释氧浓度的作用，同时又起到冷却作用，而且大量二氧化碳气笼罩在燃烧区域周围，还能起到隔离燃烧物与空气的作用。因此，二氧化碳的灭火效率也较高，当二氧化碳占空气浓度的30%～35%时，燃烧就会停止。

(2) 二氧化碳灭火剂的优点及适用范围

① 不导电、不含水，可用于扑救电气设备和部分忌水性物质的火灾；

② 灭火后不留痕迹，可用于扑救精密仪器、机械设备、图书、档案等的火灾；

③ 价格低廉。

(3) 二氧化碳灭火剂的缺点

① 冷却作用较差，不能扑救阴燃火灾，且灭火后火焰有复燃的可能；

② 二氧化碳与碱金属（钾、钠）和碱土金属（镁）在高温下会起化学反应，引起爆炸；

$$2Mg + CO_2 \longrightarrow 2MgO + C$$

③ 二氧化碳膨胀时，能产生静电，可能成为点火源；

④ 二氧化碳能导致救火人员窒息。

除二氧化碳外，其他惰性气体如氮气、水蒸气，也可用作灭火剂。

4. 卤代烷灭火剂

卤代烷及碳氢化合物中的氢原子完全或部分被卤族元素取代而生成的化合物，目前被广泛地用作灭火剂。碳氢化合物多为甲烷、乙烷，卤族元素多为氟、氯、溴。国内常用的卤代烷灭火剂有1211（二氟一氯一溴甲烷）、1202（二氟二溴甲烷）、1301（三氟一溴甲烷）、2402（四氟二溴乙烷）。

卤代烷灭火剂的编号原则：第一个数字代表分子中的碳原子数目；第二个数字代表氟原子数目；第三个数字代表氯原子数目；第四个数字代表溴原子数目；第五个数字代表碘原子

数目。

(1) 灭火原理　主要包括化学抑制作用和冷却作用。

① 化学抑制作用。卤代烷灭火剂的主要灭火原理，即卤代烷分子参与燃烧反应。卤素原子能与燃烧反应中的自由基结合生成较为稳定的化合物，从而使燃烧反应因缺少自由基而终止。

② 冷却作用。卤代烷灭火剂通常经加压液化贮于钢瓶中，使用时因减压汽化而吸热，所以对燃烧物有冷却作用。

(2) 卤代烷灭火剂的优点及适用范围

① 主要用来扑救各种易燃液体火灾；

② 因其绝缘性能好，也可用来扑救带电电气设备火灾；

③ 因其灭火后全部汽化而不留痕迹，也可用来扑救档案文件、图片资料、珍贵物品等的火灾。

(3) 卤代烷灭火剂的缺点

① 卤代烷灭火剂的主要缺点是毒性较高。实验证明，短暂地接触（1min 以内）时，如 1211 体积含量在 4% 以上、1301 含量在 7% 以上，人就有中毒反应。因此在狭窄的、密闭的、通风条件不好的场所，如地下室等，最好是用无毒灭火剂（如泡沫、干粉等）灭火。

② 卤代烷灭火剂不能用来扑救阴燃火灾，因为此时会形成有毒的热分解产物。

③ 卤代烷灭火剂也不能扑救轻金属如镁、氯、钠等的火灾，因为它们能与这些轻金属起化学反应，发生爆炸。

由于卤代烷灭火剂的较高毒性及会破坏遮挡阳光中有害紫外线的臭氧层，因此应严格控制使用。

5. 干粉灭火剂

干粉灭火剂是一种干燥的、易于流动的微细固体粉末，由能灭火的基料和防潮剂、流动促进剂、结块防止剂等添加剂组成。在救火中，干粉在气体压力的作用下从容器中喷出，以粉雾的形式灭火。

(1) 分类　干粉灭火剂根据适用范围，主要分为普通和多用两大类。

普通干粉灭火剂主要适用于扑救可燃液体、可燃气体及带电设备的火灾。目前，它的品种最多，生产、使用量最大。共包括：

① 以碳酸氢钠为基料的小苏打干粉（钠盐干粉）；

② 以碳酸氢钠为基料，又添加增效基料的改性钠盐干粉；

③ 以碳酸氢钾为基料的钾盐干粉；

④ 以硫酸钾为基料的钾盐干粉；

⑤ 以氯化钾为基料的钾盐干粉；

⑥ 以尿素和碳酸氢钾或碳酸氢钠的反应产物为基料的氨基干粉。

多用类型的干粉灭火剂不仅适用于扑救可燃液体、可燃气体及带电设备的火灾，还适用于扑救一般固体火灾。它包括：

① 以磷酸盐为基料的干粉；

② 以硫酸铵与磷酸铵盐的混合物为基料的干粉；

③ 以聚磷酸铵为基料的干粉。

（2）干粉灭火原理　主要包括化学抑制作用、隔离作用、冷却与窒息作用。

①化学抑制作用。当粉粒与火焰中产生的自由基接触时，自由基被瞬时吸附在粉粒表面，并发生如下反应：

$$M（粉粒）+OH\cdot \longrightarrow MOH$$
$$MOH+H \longrightarrow M+H_2O$$

由反应式可以看出，借助粉粒的作用，消耗了燃烧反应中的自由基（$OH\cdot$ 和 $H\cdot$），使自由基的数量急剧减少而导致燃烧反应中断，使火焰熄灭。

②隔离作用。喷出的粉末覆盖在燃烧物表面上，能构成阻碍燃烧的隔离层。

③冷却与窒息作用。粉末在高温下，将放出结晶水或发生分解，这些都属于吸热反应，而分解生成的不活泼气体又可稀释燃烧区内的氧气，起到冷却与窒息作用。

（3）干粉灭火的优缺点与适用范围

①优点

a. 干粉灭火剂综合了泡沫、二氧化碳、卤代烷等灭火剂的特点，灭火效率高；

b. 化学干粉的物理化学性质稳定，无毒性，不腐蚀、不导电，易于长期贮存；

c. 干粉适用温度范围广，能在-50~60℃温度条件下贮存与使用；

d. 干粉雾能防止热辐射，因而在大型火灾中，即使不穿隔热服也能进行灭火；

e. 干粉可用管道进行输送。

由于干粉具有上述优点，它除了适用于扑救易燃液体、忌水性物质火灾外，也适用于扑救油类、油漆、电气设备的火灾。

②缺点

a. 在密闭房间中，使用干粉时会形成强烈的粉雾，且灭火后留有残渣，因而不适于扑救精密仪器设备、旋转电机等的火灾。

b. 干粉的冷却作用较弱，不能扑救阴燃火灾，不能迅速降低燃烧物品的表面温度，容易发生复燃。因此，干粉若与泡沫或喷雾水配合使用，效果更佳。

6. 其他

用砂、土等作为覆盖物也可进行灭火，它们覆盖在燃烧物上，主要起到与空气隔离的作用，其次砂、土等也可从燃烧物吸收热量，起到一定的冷却作用。

任务实施

活动　探究灭火剂的灭火原理

活动描述：在教师的指导下，学生以小组为单位，通过实验，探究灭火剂的灭火原理。

活动场地：无机化学实验室。

化学试剂：水、二氧化碳灭火剂、干粉灭火剂（钠盐干粉）、化学泡沫灭火剂。

活动方式：小组讨论、合作完成。

活动流程：

1. 实验

（1）分别观察以上四种灭火剂的外观，总结归纳四种灭火剂的特点。

（2）总结归纳四种灭火剂适用的火灾类型。

（3）点燃一根蜡烛，用以上四种灭火剂模拟灭火动作，探究灭火剂的灭火原理。

2. 总结实验结果

实验完成后，每一小组选出代表，描述本次实验的现象及得出的实验结果。

任务三　正确选择和使用灭火器

任务引入

某制药厂皂素车间生产的是避孕药中间体皂素，它以 120# 工业汽油作溶剂，提取黄山药、川地龙两种植物中的皂素并浓缩加工。为了去掉植物废渣中含有的残留汽油，将药渣放入蒸发罐中进行加压、加温处理，两小时后，将药渣排放到空地上自然挥发 6~8 小时，使药渣中残留汽油基本除净。由于药渣是用汽油浸泡过的木质纤维，很容易燃烧。为此，当地农民每天将该厂排出的约 1.5 吨的药渣拉回家中做烧柴用。

5月18日7点30分，有14名农民随着上班的职工一起进入堆放废药渣处装运废渣。当班工人告诫农民，药渣刚从罐中排出，自然蒸发残留汽油时间太短，劝阻他们不要装运。但农民急于早装运完回家收麦子，就是不听劝阻，强行哄抢。在挖装药渣过程中，使现场空气中的汽油含量很快达到了爆炸极限。8点02分，一农民打火吸烟，当即引起爆炸和燃烧，导致火灾。职工迅速用水基型灭火器进行灭火作业，但很快火势更大，造成两名职工当场死亡。

任务分析

每种灭火器都有使用范围和注意事项，面对火灾时，能正确选择和使用灭火器是灭火的关键步骤。企业员工在增强安全意识的同时，应能迅速辨认灭火器并熟练使用灭火剂。

必备知识

一、认识灭火器

1. 灭火器种类

灭火器类型比较多，常用的分类方法有按充装的灭火剂、按驱动压力、按质量和移动方式分类。灭火器按充装的灭火剂不同将灭火器分为干粉灭火器、二氧化碳灭火器、泡沫灭火器、水基型灭火器、卤代烷型灭火器（俗称"1211"灭火器和"1301"灭火器），这是灭火器的主要分类方法。常见的三种灭火器如图 4-2 所示。

(a) 干粉灭火器

(b) 水基型灭火器

(c) 二氧化碳灭火器

图 4-2　常见的三种灭火器

按驱动压力不同将灭火器分为化学反应式灭火器（灭火剂由灭火器内化学反应产生的气体压力驱动的灭火器）、储气式灭火器（灭火剂由灭火器上的储气瓶释放的压缩气体或液化气体的压力驱动的灭火器）、储压式灭火器（灭火剂由灭火器同一容器内的压缩气体或灭火蒸气的压力驱动的灭火器）。

按质量和移动方式不同将灭火器分为手提式灭火器、背负式灭火器、推车式灭火器。不同型式的干粉灭火器如图 4-3 所示。

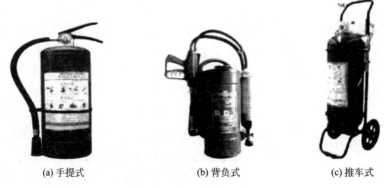

(a) 手提式　　　(b) 背负式　　　(c) 推车式

图 4-3　不同型式的干粉灭火器

2. 灭火器的结构

灭火器本体为一柱状球形头圆筒，由钢板卷筒焊接或拉伸成圆筒焊接而成。常见灭火器的基本结构如图 4-4 所示，由喷嘴、铅封保险销（栓）、压把、消防标识认证等部分组成。

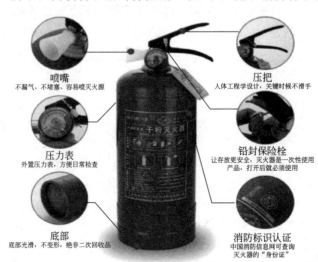

图 4-4　干粉灭火器的基本结构

灭火器的标识部分的内容有灭火器的名称、型号和灭火剂的种类；灭火器的生产日期和保质期；灭火器的适用范围和注意事项等。

二、正确选择和使用灭火器

1. 灭火器的选择

不同的灭火器适用不同的火灾类型。

(1) 干粉灭火器　适用于扑救石油及其产品、油漆等易燃可燃液体、可燃气体、电气设备的初起火灾（B类、C类火灾），工厂、仓库、机关、学校、商店、车辆、船舶、科研部门、图书馆、展览馆等单位可选用 ABC 干粉灭火器（ABC 干粉灭火器就是说可以扑灭 A 类、B类、C类火以及电器火的灭火器）。

(2) 泡沫灭火器　该灭火器的适用范围取决于充装的灭火剂。

① 充装蛋白泡沫剂、氟蛋白泡沫剂和轻水（水成膜）泡沫剂，可用于扑救一般固体物质和非水溶性易燃、可燃液体的火灾；

② 充装抗溶性泡沫剂，可以专用于扑救水溶性易燃可燃液体的火灾。

(3) 二氧化碳灭火器　适用于易燃可燃液体、可燃气体和低压电器设备、仪器仪表、图书档案、工艺品、陈列品等的初起火灾扑救。可放置在贵重物品仓库、展览馆、博物馆、图书馆、档案馆、实验室、配电室、发电机房等场所。扑救棉麻、纺织品火灾时，需注意防止复燃。不可用于轻金属火灾的扑救。

(4) 清水灭火器　清水灭火器可设置于工厂、企业、公共场所等，用以扑救竹、木、棉麻、稻草、纸张等 A 类物质火灾。不适用于扑救油脂、石油产品、电气设备和轻金属火灾。

(5) 1211 灭火器　1211 灭火器是以卤代烷二氟一氯一溴甲烷为灭火剂，以氮气作为驱动气体的灭火器，但由于卤代烷不利于环保（1211 灭火剂对臭氧层破坏力强），非必要场所一般不再配备；消防器材销售商未经许可，也不再销售。1211 灭火剂灭火效率高，电绝缘性好，对金属无腐蚀，灭火后不留痕迹，因此，1211 灭火器适用于油类、电气设备、仪表仪器、图书档案、工艺品等初起火灾的扑救。可设置在贵重物品仓库、实验室、精密仪器室等消防监督部门确定的必要场所。表 4-3 为不同的火灾场景选择的灭火器。

表 4-3　不同的火灾场景选择的灭火器

火灾类别	火灾举例	选择的灭火器
A 类火灾	含碳固体可燃物，如木材、棉毛、纸张等燃烧的火灾	水型、泡沫、ABC（磷酸铵盐）干粉、卤代烷型灭火器
B 类火灾	甲、乙、丙类液体如汽油、煤油、柴油、甲醇、丙酮等燃烧的火灾	干粉、泡沫、卤代烷、二氧化碳型灭火器
C 类火灾	可燃气体如煤气、天然气、甲烷、丙烷、乙炔、氢气等燃烧的火灾	干粉、泡沫、卤代烷、二氧化碳型灭火器
D 类火灾	可燃金属如钾、钠、镁、钛、锆、锂、铝镁合金等燃烧的火灾	该类灭火器材应由设计部门和当地公安消防机构协商解决
带电火灾	带电物体燃烧的火灾	卤代烷、二氧化碳、干粉型灭火器

2. 灭火器的使用方法和注意事项

(1) 总则　上风口 2m 处；"一摇、二拔、三压"。

(2) 细则　提起灭火器、上下颠倒摇动数次，站在火源上方向，在距燃烧处 2m 左右；拔下铅封，拉出保险销，展开胶管，对准火焰根部，压下压把，左右扫射。

(3) 灭火器压力表识别

① 红色区域：已经失效、表示压力太低，不能喷出，需要更换或者充装。

② 绿色区域：压力正常，可以正常使用。

③ 黄色区域：2.5MPa 范围内可使用，黄色区域表示压力过大，可以喷出干粉，但却有爆破、爆炸的危险。(黄色区域并不表示使用时无效)

（4）灭火器注意事项

① 手提式泡沫灭火器适宜扑灭油类及一般物质的初起火灾。

使用注意：

a. 不要将灭火器的盖与底对着人体，防止盖、底弹出伤人。

b. 不要与水同时喷射在一起，以免影响灭火效果。

c. 扑灭电器火灾时，尽量先切断电源，防止人员触电。

② 手提式二氧化碳灭火器适宜扑灭精密仪器、电子设备以及 600 伏以下的电器初起火灾。

③ 手提式二氧化碳灭火器有手轮式和鸭嘴式两种。

a. 手轮式：一手握住喷筒把手，另一手撕掉铅封，将手轮按逆时针方向旋转，打开开关，二氧化碳气体即会喷出。

b. 鸭嘴式：一手握住喷筒把手，另一手拔去保险销，将扶把上的鸭嘴压下，即可灭火。

使用注意：

a. 灭火时，人员应站在上风处。

b. 持喷筒的手应握在胶质喷管处，防止冻伤。

c. 室内使用后，应加强通风。

④ 手提式干粉灭火器适宜扑灭油类、可燃气体、电气设备等初起火灾。

使用注意：

a. 扑救液体火灾时，对准火焰根部喷射，并由近而远，左右扫射，快速推进，直至把火焰全部扑灭。

b. 扑救固体火灾时，应使灭火器嘴对准燃烧最猛烈处，左右扫射，并尽量使干粉灭火剂均匀地喷洒在燃烧物的外表，直至把火全部扑灭。

任务实施

活动1 在仿真系统上灭火

活动描述：个人在"灭火器的选择和正确适用综合考培系统"上练习使用灭火器。

活动场地：现代化工安全与生产技术实训中心。

活动方式：直观演示法、练习法。

活动流程：

1. 认识活动步骤

① 教师介绍系统的软件部分和硬件部分。

② 在系统上，演示灭火动作，突出动作要领。

③ 学习仿真系统灭火的操作规范。

④ 在教师的指导下，训练在仿真系统灭火。

2. 认识灭火器的选择和使用评分细则

灭火器的选择和使用评分细则见表 4-4。

表4-4 灭火器的选择和使用评分细则

序号	评分项	评分标准	分值
1	灭火器的选择	根据火灾类型选择正确的灭火器	20
2	风向判断	站在上风口进行灭火操作	20
3	对准火焰根部灭火	对准火焰根部（光标变绿）累计喷射时间＞10s	20
4	灭火距离	灭火距离在3.0～5.0m之内	10
5	火未熄灭不能停止操作	火焰没有熄灭不可以停止操作，直至喷射物耗尽	10
6	由远及近灭火	由近及远灭火（先灭近火，后灭远火）	10
7	灭火器放回原处	喷射物喷完或火焰熄灭30s后监测灭火器是否放回	10
	总分合计		100

3. 在仿真系统上练习使用灭火器灭火

个人在仿真系统上练习使用灭火器灭火，并在评分系统上拿到满分成绩。

活动2　在VR系统上灭火

活动背景：《国家教育事业发展"十三五"规划》中明确提出，要支持各级各类院校建设智慧校园，综合利用互联网、大数据、人工智能和虚拟现实技术探索未来教育教学新模式。作为一项尖端科技，虚拟现实技术（virtual reality，简称VR）是在20世纪末兴起的综合性信息技术。虚拟现实融合了数字图像处理、计算机图形学、多媒体技术、计算机仿真技术、传感器技术、显示技术等多个信息技术分支，是一种由计算机生成的高技术模拟系统。目前VR技术在诸多社会领域得到了广泛应用，尤其在职业教育教学领域中，VR技术所提供的直观性、沉浸性、互动式的教学体验，对学生职业技能提升和职业素质培养有很大的帮助。360全景典型化工厂虚拟漫游与应急演练系统，包括VR虚拟现实设备（主要由虚拟现实头盔、手控输入设备、显示器和电脑主机组成）及学习软件。利用VR技术提高学生的实训技能，强化实训效果。

活动描述：教师演示在VR系统上灭火的动作要领，学生认真观察并练习使用VR灭火系统。
活动场地：现代化工安全与生产技术实训中心化工VR系统体验中心。
活动方式：直观演示法、练习法。
活动流程：

① 教师介绍VR系统中的各部件（虚拟现实头盔、手控输入设备、显示器和电脑主机、软件部分），演示VR系统的使用方法；

②学生练习使用VR灭火系统；③学生操作时，教师巡回指导，发现错误及时纠正。

任务四　在化工装置上进行初期火灾的扑救

任务引入

2019年5月16日上午6时50分左右，南阳某公司丙烷装置空气冷却器发生泄漏着火事故。事故发生后，官庄工区和河南石油勘探局领导对事故的处置工作高度重视，带领相关部门第一时间赶赴事故现场，15分钟左右明火被扑灭，公司生产活动正常开展。经初步调查，事故原因为丙烷装置空气冷却器内盘管破裂，丙烷泄漏喷出，产生静电着火，过火面积50平方米，财产损失约2.2万元。当天上午9时，官庄工区召开安全生产紧急会议，通报事故情况，吸取教训，举一反三，全面组织安全隐患再排查、再整改工作，坚决杜绝此类事故再次发生。

任务分析

化工企业生产伴随着高温高压、易燃易爆的特点，化工装置区域泄漏着火事件时有发生。作为企业员工能够在火灾初期阶段进行火灾扑救，能赢得灭火的主动权，会显著减少事故损失，反之就会被动。

我们应该了解火灾的发展过程和特点，掌握灭火的基本原则，采取正确扑救方法，在灾难形成之前迅速将火扑灭。

必备知识

从小到大、由弱到强是大多数火灾的规律。在生产过程中，及时发现并扑救初起火灾，对保障生产安全及生命财产安全具有重大意义。因此，在化工生产中，训练有素的现场人员一旦发现火情，除了迅速报告火警之外，应果断地运用配备的灭火器材把火灾消灭在初起阶段，或使其得到有效的控制，为专业消防队赶到现场赢得时间。

一、生产装置初起火灾的扑救

当生产装置发生火灾爆炸事故时，在场人员应迅速采取如下措施：

① 迅速查清着火部位、着火物质的来源，及时准确地关闭阀门，切断物料来源及各种加热源；开启冷却水、消防蒸汽等，进行有效冷却或有效隔离；关闭通风装置，防止风助火势或沿通风管道蔓延。从而有效地控制火势以利于灭火。

② 带有压力的设备物料泄漏引起着火时，应切断进料并及时开启泄压阀门，进行紧急放空，同时将物料排入火炬系统或其他安全部位，以利于灭火。

③ 现场当班人员应迅速果断地做出是否停车的决定，并及时向厂调度室报告情况和向消防部门报警。

④ 装置发生火灾后，当班的班长应对装置采取准确的工艺措施，并充分利用现有的消防设施及灭火器材进行灭火。若火势一时难以扑灭，则要采取防止火势蔓延的措施，保护要害部位，转移危险物质。

⑤ 在专业消防人员到达火场时，生产装置的负责人应主动向消防指挥人员介绍情况，说明着火部位、物质情况、设备及工艺状况，以及已采取的措施等。

二、易燃、可燃液体贮罐初起火灾的扑救

① 易燃、可燃液体贮罐发生着火、爆炸，特别是罐区某一贮罐发生着火、爆炸是非常危险的。一旦发现火情，应迅速向消防部门报警，并向厂调度室报告。报警和报告中需说明罐区的位置、着火罐的位号及贮存物料的情况，以便消防部门迅速赶赴火场进行扑救。

② 若着火罐尚在进料，必须采取措施迅速切断进料。如无法关闭进料阀，可在消防水

枪的掩护下进行抢关，或通知送料单位停止送料。

③ 若着火罐区有固定泡沫发生站，则应立即启动该装置。开通着火罐的泡沫阀门，利用泡沫灭火。

④ 若着火罐为压力装置，应迅速打开水喷淋设施，对着火罐和邻近贮罐进行冷却保护，以防止升温、升压引起爆炸，打开紧急放空阀门进行安全泄压。

⑤ 火场指挥员应根据具体情况，组织人员采取有效措施防止物料流散，避免火势扩大，并注意对邻近贮罐的保护以及减少人员伤亡。

三、电气火灾的扑救

1. 电气火灾的特点

电气设备着火时，着火场所的很多电气设备可能是带电的。扑救带电电气设备火灾时，应注意现场周围可能存在着较高的接触电压和跨步电压。同时还有一些设备着火时是绝缘油在燃烧，如电力变压器、多油开关等设备内的绝缘油，受热后可能发生喷油和爆炸事故，进而使火灾事故扩大。

2. 扑救时的安全措施

扑救电气火灾时，应首先切断电源。切断电源时应严格按照规程要求操作。

① 火灾发生后，电气设备绝缘已经受损，应用绝缘良好的工具操作。

② 选好电源切断点。切断电源地点要选择适当。夜间切断要考虑临时照明问题。

③ 若需剪断电线时，应注意非同相电线应在不同部位剪断，以免造成短路。剪断电线部位应有支撑物支撑，避免电线落地造成短路或触电事故。

④ 切断电源时如需电力等部门配合，应迅速联系，报告情况，提出断电要求。

3. 带电扑救时的特殊安全措施

为了争取灭火时间，来不及切断电源或因生产需要不允许断电时，要注意以下几点：

① 带电体与人体保持必要的安全距离。一般室内应大于 4m，室外不应小于 8m。

② 选用不导电灭火剂对电气设备灭火。机体喷嘴与带电体的最小距离：10kV 及以上，大于 0.4m；35kV 及以上，大于 0.6m。

用水枪喷射灭火时，水枪喷嘴处应有接地措施。灭火人员应使用绝缘护具，如绝缘手套、绝缘靴等并采用均压措施。其喷嘴与带电体的最小距离：110kV 及以下，大于 3m；220kV 及以上，大于 5m。

③ 对架空线路及空中设备灭火时，人体位置与带电体之间的仰角不超过 45°，以防电线断落伤人。如遇带电导体断落地面时要划清警戒区，防止跨步电压伤人。

4. 充油设备的灭火

① 充油设备中，油的闪点多在 130~140℃ 之间，一旦着火，危险性较大。如果在设备外部着火，可用二氧化碳、1211、干粉等灭火器带电灭火。如油箱破坏，出现喷油燃烧，且火势很大时，除切断电源外，有事故油坑的，应设法将油导入油坑。油坑中及地面上的油火，可用泡沫灭火。要防止油火进入电缆沟。如油火顺沟蔓延，这时电缆沟内的火，只能用泡沫扑灭。

② 充油设备灭火时，应先喷射边缘，后喷射中心，以免油火蔓延扩大。

5. 人身着火的扑救

人身着火多数是由于工作场所发生火灾、爆炸事故或扑救火灾引起的。也有因用汽油、苯、乙醇、丙酮等易燃油品和溶剂擦洗机械或衣物，遇到明火或静电火花而引起的。当人身着火时，应采取如下措施：

① 若衣服着火又不能及时扑灭，则应迅速脱掉衣服，防止烧坏皮肤。若来不及或无法脱掉应就地打滚，用身体压灭火种。切记不可跑动，否则风助火势会造成严重后果。就地用水灭火效果会更好。

② 如果人身溅上油类而着火，其燃烧速度很快。人体的裸露部分，如手、脸和颈部最易烧伤。此时伤痛难忍，神经紧张，会本能地以跑动逃脱。在场的人应立即制止其跑动，将其搂倒，用石棉布、海草、棉衣、棉被等物覆盖，用水浸湿后覆盖效果更好。用灭火器扑救时，注意不要对着脸部喷射。

在现场抢救烧伤患者时，应特别注意保护烧伤部位，不要碰破皮肤，以防感染。大面积烧伤患者往往会因为伤势过重而休克，此时伤者的舌头易收缩而堵塞咽喉，发生窒息而死亡。在场人员将伤者的嘴撬开，将舌头拉出，保证呼吸畅通。同时用被褥将伤者轻轻裹起，送往医院治疗。

任务实施

活动1 聚乙烯实训一体化装置区域内着火应急演练

活动描述：在生产区模拟着火的场景，着火效果由烟雾装置及发光装置触发实现。参训人员按照紧急事故中着火应急预案进行处理，参训团队按照角色分配值班长、内操、外操、安全员、总厂调度等不同岗位各司其职，处理过程由仿真系统软硬件提供实时模拟处理效果。

活动场地：现代化工实训中心聚乙烯实训一体化装置。

活动方式：实操演练。

活动流程：

具体流程见表4-5。

表4-5 聚乙烯实训一体化装置区域内着火应急演练

着火应急演练	
演练时间	___年___月___日
演练地点	实训基地
模拟场景	打料泵出口阀法兰处泄漏着火
考查内容	应急反应； 火灾扑救； 指挥调度； 人员疏散
评分老师	
演练小组成员	1. 姓名：_____，班级：_____，学号：_____； 2. 姓名：_____，班级：_____，学号：_____； ……
实训道具	对讲机4台、正压式呼吸器2台、工作服4套、安全帽4个、灭火器3个、警戒隔离带1个、广播1套、心肺复苏模拟人1套

续表

角色分配	值班长 1 名 安全员 1 名 外操 1 名 内操 1 名
演练注意事项	选定区域附近必须将现场杂物清除干净； 人员疏散时不得打闹； 应急救援队员抢险时，人必须在安全区域内； 为保证演练的顺利进行，在演练过程中，严禁无关人员进入应急区域； 演练结束后由老师总结并宣布演练结束，任何人不得提前离开集合场地； 演练结束后要安排人员清理好现场
特殊情况下 终止演练程序	演练过程中，演练人员、观摩人员出现人身伤害事故； 演练时现场发生安全事故，需要转入真正的现场抢险救援； 特殊事件
演练流程	1. 准备工作 评分老师在教师操作台就位，启动"安全应急演练系统"，在"培训工艺"栏选择"安全应急演练软件"，在"培训项目"栏选择"着火事故演练"工况，启动项目。 点击右侧相应工段的按钮，进入控制界面，在左侧启动设备电源开关，为发雾机等特效设备预热，预热时间 5~8min。同时，评分老师在左侧设定当前风向。 演练小组成员穿戴好工作服、安全帽，值班长、内操在中控室学生操作台就位。外操到现场巡检，安全员在工具间就位待命。值班长、安全员、外操、内操各配备 1 台对讲机，并调至同一频道。 评分老师点击下发着火事故。 2. 应急演练过程 外操巡检时发现着火事故。外操立即向值班长报告"报告值班长，×××处发生着火事故，火势较小，暂无人员伤亡"。 值班长接到外操的火情报告后，首先用广播宣布，立即启动《着火应急预案》，同时命令内操用中控室岗位电话向调度室报警（电话号码：12345678，电话内容："打料泵出口阀法兰处发生着火事故，已启动着火应急预案"）。 值班长命令外操员返回中控室，穿戴正压式呼吸器，取灭火器灭火。 值班长命令安全员拉警戒线，隔离着火区域。安全员接到命令，拉警戒绳，隔离着火区域。 外操向值班长汇报"报告值班长，火已扑灭"。 值班长通知内操"请监视装置生产状况"。 值班长命令内操向调度汇报"事故处理完毕"。 内操接到班长命令，向调度室打电话汇报事故情况。 待所有操作完成后，全员撤离到安全区域。 值班长用广播宣布"解除事故应急预案"。 3. 演练结束 实训小组成员将实训装备归还原位。 组织所有人员到紧急集合地点点评，总结应急处置过程中的问题，并向评分老师汇报。 4. 老师评分 评分老师依据各小组成员的表现，在软件"着火评分界面"进行评分，最终成绩由"操作质量评分系统"自动给出，点击"事故复位"按钮，使系统复位

活动 2　精馏实训一体化装置区域内起火爆炸应急演练

活动描述：在生产区模拟着火并爆炸的场景，爆炸效果由烟雾装置、音响及发光装置触发实现。参训人员按照紧急事故中爆炸应急预案进行处理，参训团队按照角色分配值班长、内操、外操、安全员、消防员、总厂调度等不同岗位各司其职,处理过程由仿真系统软硬件提供实时模拟处理效果。

活动场地: 现代化工实训中心精馏实训一体化装置。

活动方式: 实操演练。

活动流程:

具体流程见表 4-6。

表 4-6 精馏实训一体化装置区域内起火爆炸应急演练

爆炸应急演练	
演练时间	___年___月___日
演练地点	实训基地
模拟场景	产品罐起火爆炸
考查内容	应急反应; 火灾扑救; 指挥调度; 人员疏散
评分老师	
演练小组成员	1. 姓名:_____,班级:_____,学号:_____; 2. 姓名:_____,班级:_____,学号:_____; ……
实训道具	对讲机 4 台、正压式呼吸器 2 台、防毒面具 3 个、工作服 8 套、安全帽 8 个、灭火器 3 个、警戒隔离带 1 个、广播 1 套、心肺复苏模拟人 1 套
角色分配	值班长 1 名, 安全员 1 名, 外操 1 名, 内操 1 名, 消防员 4 名
演练注意事项	选定区域附近必须将现场杂物清除干净; 人员疏散时不得打闹; 应急救援队员抢险时,人必须在安全区域内; 为保证演练的顺利进行,在演练过程中,严禁无关人员进入应急区域; 演练结束后由老师总结并宣布演练结束,任何人不得提前离开集合场地; 演练结束后要安排人员清理好现场
特殊情况下终止演练程序	演练过程中,演练人员、观摩人员出现人身伤害事故; 演练时现场发生安全事故,需要转入真正的现场抢险救援; 特殊事件
演练流程	1. 准备工作 评分老师在教师操作台就位,启动"安全应急演练系统",在"培训工艺"栏选择"安全应急演练软件",在"培训项目"栏选择"着火事故演练"工况,启动项目。 点击右侧相应工段的按钮,进入控制界面,在左侧启动设备电源开关,为发雾机等特效设备预热,预热时间 5~8min。同时,评分老师在左侧设定当前风向。 演练小组成员穿戴好工作服、安全帽,值班长、内操在中控室学生操作台就位。外操到现场巡检,安全员在工具间就位待命。值班长、安全员、外操、内操各配备 1 台对讲机,并调至同一频道。 评分老师点击下发着火事故。 2. 应急演练过程 外操巡检时发现着火事故。外操立即向值班长报告"报告值班长,×××处发生着火事

演练流程	故，火势较小，暂无人员伤亡"。 　　值班长接到外操的火情报告后，首先用广播宣布，立即启动《着火应急预案》，同时命令内操用中控室岗位电话向调度室报警（电话号码：12345678，电话内容："产品罐起火，已启动着火应急预案"）。 　　值班长命令外操员返回中控室，穿戴正压式呼吸器，取灭火器灭火。 　　值班长命令安全员拉警戒线，隔离着火区域。安全员接到命令，拉警戒绳，隔离着火区域。 　　外操尝试灭火，但火未熄灭，向汇报值班长"尝试灭火，但火没有灭掉"。 　　值班长命令内操"拨打消防队电话，请求支援"。 　　内操拨打消防队电话并汇报"×××处发生着火事故，火势无法控制，请求支援"。 　　值班长通知内操、外操紧急撤离。 　　值班长通知安全员"组织人员紧急疏散"。 　　安全员组织人员紧急疏散。 　　外操到紧急集合点，向值班长报告"已撤离到安全区域"。 　　内操到紧急集合点，向值班长报告"已撤离到安全区域"。 　　安全员及其他人员到紧急集合点，向值班长报告"已撤离到安全区域"，这时现场突然发生爆炸。 　　然后值班长清点人数，保持纪律，并安抚工人情绪。 　　待所有操作完成后，值班长用广播宣布"解除事故应急预案"。 3. 演练结束 组织所有人员到紧急集合地点点评，总结应急处置过程中的问题，并向评分老师汇报。 4. 老师评分 评分老师依据各小组成员的表现，在软件"爆炸事故评分"界面进行评分，最终成绩由"操作质量评分系统"自动给出，点击"事故复位"按钮，使系统复位

项目五　防止现场触电伤害

【学习目标】

知识目标
① 能陈述电流对人体的作用及危害。
② 能总结触电防范措施和触电后急救方法。
③ 能描述电气设备的安全技术措施。
④ 能陈述静电的特征及其危害。
⑤ 能说明静电防护的主要内容。
⑥ 能解释雷电的特征及其危害。
⑦ 能陈述防雷技术要点。

技能目标
① 能根据生产实际,能正确选择或初步制定电气设备安全防范技术措施。
② 能针对具体环境制定正确的防静电措施。
③ 能针对具体设施或装置制定正确的防雷电措施。
④ 能正确使用电气安全用具。
⑤ 能对触电伤者进行急救。

素质目标
① 具有规避触电的安全意愿。
② 树立安全第一的生产理念,并影响周围的人。
③ 较强的沟通能力、小组协作能力。
④ 遵规守纪、服从管理。

任务一　认识电气安全技术

任务引入

2002年05月17日，某电厂检修班职工刁某带领张某检修380V直流焊机。电焊机检修后进行通电试验良好，并将电焊机开关断开。刁某安排工作组成员张某拆除电焊机二次线，自己拆除电焊机一次线。刁某蹲着身子拆除电焊机电源线中间接头，在拆完一相后，拆除第二相的过程中意外触电，经抢救无效死亡。

在本次作业中刁某安全意识淡薄，工作前未进行安全风险分析，在拆除电焊机电源线中间接头时，未检查确认电焊机电源是否已断开，在电源线带电又无绝缘防护的情况下作业，导致触电。刁某违章作业是此次事故的直接原因，该公司安全管理不到位是此次事故的间接原因。

任务分析

化工生产是用电大户，生产中应用到各种电气（电器）设备（工具），化工物料多为易燃易爆、易导电及腐蚀性强的物质，正确选择电气设备，做好电气安全预防措施是保障安全生产的前提。

必备知识

一、电气安全基本知识

1. 电流对人体的伤害

当人体接触带电体时，电流会对人体造成程度不同的伤害，即发生触电事故。触电事故可分为电击和电伤两种类型。

（1）电击　电击是指电流通过人体时所造成的身体内部伤害，它会破坏人的心脏、呼吸及神经系统的正常工作，使人出现痉挛、窒息、心颤、心脏骤停等症状，甚至危及生命。

电击又可分为直接电击和间接电击。直接电击是指人体直接触及正常运行的带电体所发生的电击；间接电击则是指电气设备发生故障后，人体触及意外带电部位所发生的电击。故直接电击也称为正常情况下的电击，间接电击也称为故障情况下的电击。

直接电击多数发生在误触相线、闸刀或其他设备带电部分。间接电击大多发生在以下几种情况：大风刮断架空线或接户线后，搭落在金属物或广播线上；相线和电杆拉线搭连；电动机等用电设备的线圈绝缘损坏而引起外壳带电等情况。在触电事故中，直接电击和间接电击都占有相当比例，因此采取安全措施时要全面考虑。

（2）电伤　电伤是指由电流的热效应、化学效应或机械效应对人体造成的伤害。电伤可伤及人体内部，但多见于人体表面，且常会在人体上留下伤痕。电伤可分为以下几种情况。

① 电弧烧伤又称为电灼伤，是电伤中最常见也最严重的一种。具体症状是皮肤发红、起泡，甚至皮肉组织破坏或被烧焦。通常发生在：低压系统带负荷拉开裸露的闸刀开关时；线路发生短路或误操作引起短路时；开启式熔断器熔断产生炽热的金属微粒飞溅出来时；高

压系统因误操作产生强烈电弧时（可导致严重烧伤）；人体过分接近带电体（间距小于安全距离或放电距离）而产生强烈电弧时（可造成严重烧伤而致死）。

② 电烙印是指电流通过人体后，在接触部位留下的斑痕。斑痕处皮肤变硬，失去固有弹性和色泽，表层坏死，失去知觉。

③ 皮肤金属化是由于电流或电弧作用产生的金属微粒渗入了人体皮肤造成的，受伤部位变得粗糙、坚硬并呈特殊颜色（多为青黑色或褐红色）。需要说明的是，皮肤金属化多在弧光放电时发生，而且一般都伤在人体的裸露部位，与电弧烧伤相比，皮肤金属化并不是主要伤害。

④ 电光眼表现为角膜炎或结膜炎。在弧光放电时，紫外线、可见光、红外线均可能损伤眼睛。对于短暂的照射，紫外线是引起电光眼的主要原因。

2. 引起触电的几种情形

发生触电事故的情况是多种多样的，但归纳起来主要包括以下几种：单相触电、两相触电、其他触电。

（1）单相触电　在电力系统的电网中，有中性点直接接地的单相触电和中性点不接地的单相触电两种情况。

① 中性点直接接地。中性点直接接地电网中的单相触电如图 5-1 所示。当人体接触导线时，人体承受相电压。电流经人体、大地和中性点接地装置形成闭合回路。触电电流的大小取决于相电压和回路电阻。

② 中性点不接地。中性点不接地电网中的单相触电如图 5-2 所示。因为中性点不接地，所以有两个回路的电流通过人体。一个是从 W 相导线出发，经人体、大地、线路对地阻抗 Z 到 U 相导线，另一个是同样路径到 V 相导线。触电电流的数值取决于线电压、人体电阻和线路的对地阻抗。

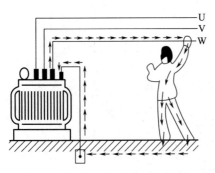

图 5-1　中性点直接接地的单相触电

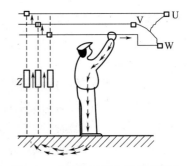

图 5-2　中性点不接地的单相触电

（2）两相触电　人体同时与两相导线接触时，电流就由一相导线经人体至另一相导线，这种触电方式称为两相触电，如图 5-3 所示。两相触电最危险，因施加于人体的电压为全部工作电压（即线电压），且此时电流将不经过大地，直接从 V 相经人体到 W 相，而构成了闭合回路。故不论中性点接地与否、人体对地是否绝缘，都会使人触电。

（3）其他触电

① 跨步电压触电。跨步电压触电如图 5-4 所示。此时由于电流通过人的两腿而较少通过心脏，故危险性较小。但若两脚发生抽筋而跌倒时，触电的危险性就会显著增大。此时应赶快将双脚并拢或单脚着地跳出危险区。

② 接触电压触电。导线断落地面后，不但会引起跨步电压触电，还容易产生接触电压触电，如图 5-5 所示。图中当一台电动机的绕组绝缘损坏并碰外壳接地时，因三台电动机的接地线连在一起，故它们的外壳都会带电且都为相电压，但地面电位分布却不同。左边人体承受的电压是电动机外壳与地面之间的电位差，即等于零。右边人体所承受的电压却大不相同，因为他站在离接地体较远的地方用手摸电动机的外壳，而该处地面电位几乎为零，故他所承受的电压实际上就是电动机外壳的对地电压即相电压，显然就会使人触电，这种触电称为接触电压触电，他对人体有相当严重的危害。所以，使用中每台电动机都要实行单独的保护接地。

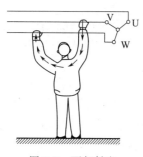

图 5-3 两相触电

图 5-4 跨步电压触电

图 5-5 接触电压触电

③ 雷击触电。雷电时发生的触电现象称为雷击触电。人和牲畜也有可能由于跨步电压或接触电压而导致触电。

3. 影响触电伤害程度的因素

触电所造成的各种伤害，都是由于电流对人体的作用而引起的。它是指电流通过人体内部时，对人体造成的种种有害作用。如电流通过人体时，会引起针刺感、压迫感、打击感、痉挛、疼痛、血压升高、心律不齐、昏迷甚至心室颤动等症状。

电流对人体的伤害程度，亦即影响触电后果的因素主要包括：通过人体的电流大小、电流通过人体的持续时间与具体途径、电流的种类与频率高低、人体的健康状况等。其中，以通过人体的电流大小和触电时间的长短最主要。

（1）伤害程度与电流大小的关系　通过人体的电流越大，人体的生理反应越明显，感觉越强烈，引起心室颤动所需的时间越短，致命的危险性就越大。对于常用的工频交流电，按照通过人体的电流大小，将会呈现出不同的人体生理反应，详见表 5-1。

表 5-1　工频电流所引起的人体生理反应

电流范围/mA	通电时间	人体生理反应
0~0.5	连续通电	没有感觉
>0.5~5	连续通电	开始有感觉，手指、腕等处有痛感，没有痉挛，可以摆脱带电体
>5~30	数分钟以内	痉挛，不能摆脱带电体，呼吸困难，血压升高，是可以忍受的极限
>30~50	数秒到数分	心脏跳动不规则，昏迷，血压升高，强烈痉挛，时间过长可引起心室颤动
>50~数百	低于心脏搏动周期	受强烈冲击，但未发生心室颤动
	超过心脏搏动周期	昏迷，心室颤动，接触部位留有电流通过的痕迹
超过数百	低于心脏搏动周期	在心脏搏动周期特定相位触电时，发生心室颤动，昏迷，接触部位留有电流通过的痕迹
	超过心脏搏动周期	心脏停止跳动，昏迷，可能致命的电灼伤

(2) 伤害程度与通电时间的关系　引起心室颤动的电流与通电时间的长短有关。显然，通电时间越长，便越容易引起心室颤动，触电的危险性也就越大。

(3) 伤害程度与电流途径的关系　人体受伤害程度主要取决于通过心脏、肺及中枢神经的电流大小。电流通过大脑是最危险的，会立即引起死亡，但这种触电事故极为罕见。绝大多数场合是由于电流刺激人体心脏引起心室纤维性颤动致死。因此大多数情况下，触电的危险程度是取决于通过心脏的电流大小。由试验得知，电流在通过人体的各种途径中，流经心脏的电流占人体总电流的比例见表5-2。

表 5-2　不同途径流经心脏电流的比例

电流通过人体的途径	通过心脏的电流占通过人体总电流的比例	电流通过人体的途径	通过心脏的电流占通过人体总电流的比例
从一只手到另一只手	3.3%	从右手到脚	6.7%
从左手到脚	3.7%	从一只脚到另一只脚	0.4%

可见，当电流从手到脚及从一只手到另一只手时，触电的伤害最为严重。电流纵向通过人体，比横向通过人体时更易发生心室颤动，故危险性更大；电流通过脊髓时，很可能使人截瘫；若通过中枢神经，会引起中枢神经系统强烈失调，造成窒息而导致死亡。

(4) 伤害程度与电流频率高低的关系　触电的伤害程度还与电流的频率高低有关。直流电由于不交变，其频率为零。而工频交流电则为50Hz。由实验得知，频率为30～300Hz的交流电最易引起人体心室颤动。工频交流电正处于这一频率范围，故触电时也最危险。在此范围之外，频率越高或越低，对人体的危害程度反而会相对小一些，但并不是说就没有危险性。

4. 人体电阻和人体允许电流

(1) 人体电阻　当电压一定时，人体电阻越小，通过人体的电流就越大，触电的危险性也就越大。电流通过人体的具体路径为：皮肤-血液-皮肤。

人体电阻包括内部组织电阻（简称体内电阻）和皮肤电阻两部分。体内电阻较稳定，一般不低于500Ω。皮肤电阻主要由角质层（厚0.05～0.2mm）决定。角质层越厚，电阻就越大。角质层电阻为1000～1500Ω。因此人体电阻一般为1500～2000Ω（保险起见，通常取800～1000Ω）。如果角质层有损坏，则人体电阻将大为降低。

(2) 人体允许电流　由实验得知，在摆脱电流范围内，人若被电击后一般多能自主地摆脱带电体，从而摆脱触电危险。因此，通常便把摆脱电流看作是人体允许电流，成年男性的允许电流约为16mA，成年女性的允许电流约为10mA。在线路及设备装有防止触电的电流速断保护装置时，人体允许电流可按30mA考虑；在空中、水面等可能因电击导致坠落、溺水的场合，则应按不引起痉挛的5mA考虑。

若发生人手接触带电导线而触电时，常会出现紧握导线丢不开的现象。这并不是因为电有吸力，而是由于电流的刺激作用，使该部分机体发生了痉挛、肌肉收缩，是电流通过人手时所产生的生理作用引起的。显然，这就增大了摆脱电源的困难，从而也就会加重触电的后果。

5. 电压对人体的影响和电压的选用

(1) 电压对人体安全的影响　通常确定对人体的安全条件并不采用安全电流而是用安全电压。因为影响电流变化的因素很多，而电力系统的电压却是较为固定的。

当人体接触电流后，随着电压的升高，人体电阻会有所降低；若接触了高压电，则因皮肤受损破裂而会使人体电阻下降，通过人体的电流也就会随之增大。实验证实，电压高低对人体的影响及允许接近的最小安全距离见表 5-3。

表 5-3 电压对人体的影响及允许接近的最小安全距离

接触时的情况		允许接近的距离	
电压/V	对人体的影响	电压/kV	设备不停电时的安全距离/m
10	全身在水中时跨步电压界限为 10V/m	10	0.7
20	为湿手的安全界限	20~35	1.0
30	为干燥手的安全界限	44	12
50	对人的生命没有危险的界限	60~110	1.5
100~200	危险性急剧增大	154	2.0
200 以上	危及人的生命	220	3.0
3000	被带电体吸引	330	4.0
10000 以上	有被弹开而脱离危险的可能	500	5.0

（2）不同场所使用电压的选用　不同类型的场所（建筑物），在电气设备或设施的安装、维护、使用以及检修等方面，也都有不同的要求。按照触电的危险程度，可将它们分成以下三类。

① 无高度触电危险的建筑物。它是指干燥（湿度不大于 75%）、温暖、无导电粉尘的建筑物。室内地板由干木板或沥青、瓷砖等非导电性材料制成，且室内金属性构件与制品不多，金属占有系数（金属制品所占面积与建筑物总面积之比）小于 20%。属于这类建筑物的有住宅、公共场所、实验室等。

② 有高度触电危险的建筑物。它是指地板、天花板和四周墙壁经常处于潮湿、室内炎热高温（气温高于 30℃）和有导电粉尘的建筑物。一般金属占有系数大于 20%。室内地坪由泥土、砖块、湿木板、水泥和金属等制成。属于这类的建筑物有金工车间、锻工车间、拉丝车间、电炉车间、泵房、变（配）电所、压缩机房等。

③ 有特别触电危险的建筑物。它是指特别潮湿、有腐蚀性液体及蒸汽、有煤气或游离性气体的建筑物。属于这类的建筑物有化工车间、铸造车间、锅炉房、酸洗车间、染料车间、漂洗间、电镀车间等。

不同场所里，各种携带型电气工具要选择不同的使用电压。具体是：无高度触电危险的场所，不应超过交流 220V；有高度触电危险的场所，不应超过交流 36V；有特制触电危险的场所，不应超过交流 12V。

6. 触电事故的规律及其发生原因

触电事故往往发生得很突然，且常常是在极短时间内就可能造成严重后果。但触电事故也有一定的规律，掌握这些规律并找出触电原因，对如何适时而恰当地实施相关的安全技术措施、防止触电事故的发生，以及安排正常生产等都具有重要意义。

根据对触电事故的分析，从触电事故的发生频率上看，可发现以下规律。

① 有明显的季节性。一般每年以二、三季度事故较多，其中 6~9 月最集中。主要是因为这段时间天气炎热、人体衣着单薄且易出汗，触电危险性较大；还因为这段时间多雨、潮湿，电气设备绝缘性能降低；操作人员常因气温高而不穿戴工作服和绝缘护具。

② 低压设备触电事故多。国内外统计资料均表明：低压触电事故远多于高压触电事故。主要是因为低压设备远多于高压设备，与人接触的机会多；对于低压设备思想麻痹，与之接触的人员缺乏电气安全知识。因此应把防止触电事故的重点放在低压用电方面。但对于专业电气操作人员往往有相反的情况，即高压触电事故多于低压触电事故。特别是在低压系统推广了漏电保护器之后，低压触电事故大为减少。

③ 携带式和移动式设备触电事故多。主要是这些设备因经常移动，工作条件较差，容易发生故障，而且经常在操作人员紧握之下工作。

④ 电气连接部位触电事故多。大量统计资料表明，电气事故点多数发生在分支线、接户线、地爬线、接线端、压线头、焊接头、电线接头、电缆头、灯座、插头、插座、控制器、开关、接触器、熔断器等处。主要是由于这些连接部位机械牢固性较差，电气可靠性也较低，容易出现故障。

⑤ 单相触电事故多。据统计，在各类触电方式中，单相触电占触电事故的70%以上。所以，防止触电的技术措施也应重点考虑单相触电的危险。

⑥ 事故多由两个以上因素引起。统计表明90%以上的事故是由于两个以上原因引起的。构成事故的四个主要因素是：缺乏电气安全知识；违反操作规程；设备不合格；维修不善。其中，仅一个原因的不到8%，两个原因的占35%，三个原因的占38%，四个原因的占20%。应当指出，由操作者本人过失所造成的触电事故是较多的。

⑦ 青年、中年以及非电工触电事故多。一方面这些人多数是主要操作者，且大都接触电气设备；另一方面这些人都已有几年工龄，不再如初学时那么小心谨慎，但经验还不足，电气安全知识尚欠缺。

二、电气安全技术

1. 隔离带电体的防护技术

有效隔离带电体是防止人体遭受直接电击事故的重要措施，通常采用以下几种方式。

（1）绝缘　绝缘是用绝缘物将带电体封闭起来的技术措施。良好的绝缘既是保证设备和线路正常运行的必要条件，也是防止人体触及带电体的基本措施。电气设备的绝缘只有在遭到破坏时才能除去。电工绝缘材料是指体积电阻率在 $10^9\Omega\cdot m$ 以上的材料。

电工绝缘材料的品种很多，通常分为以下几种。

① 气体绝缘材料。常用的有空气、氮气、二氧化碳等。

② 液体绝缘材料。常用的有变压器油、开关油、电容器油、电缆油、十二烷基苯、硅油、聚丁二烯等。

③ 固体绝缘材料。常用的有绝缘漆胶、漆布、漆管、绝缘云母制品、聚四氟乙烯、瓷和玻璃制品等。

电气设备的绝缘应符合其相应的电压等级、环境条件和使用条件。电气设备的绝缘应能长时间耐受电气、机械、化学、热力以及生物等有害因素的作用而不失效。

应当注意，电气设备的喷漆及其他类似涂层尽管可能具有很高的绝缘电阻，但一律不能单独当作防止电击的技术措施。

（2）屏护　屏护是采用屏护装置控制不安全因素的措施，即采用遮栏、护罩、护盖、箱（匣）等将带电体同外界隔绝开来的技术措施。

屏护装置既有永久性装置，如配电装置的遮栏、电气开关的罩盖等；也有临时性屏护装置，如检修工作中使用的临时性屏护装置。既有固定屏护装置，如母线的护网；也有移动屏护装置，如跟随起重机移动的滑触线的屏护装置。

对于高压设备，不论是否有绝缘，均应采取屏护措施或其他防止人体接近的措施。

在带电体附近作业时，可采用能移动的遮栏作为防止触电的重要措施。检修遮栏可用干燥的木材或其他绝缘材料制成，使用时置于过道、入口或工作人员与带电体之间，可保证检修工作的安全。

对于一般固定安装的屏护装置，因其不直接与带电体接触，对所用材料的电气性能没有严格要求，但屏护装置所用材料应有足够的机械强度和较好的耐火性能。

屏护措施是最简单也是很常见的安全装置。为了保证其有效性，屏护装置必须符合以下安全条件。

① 屏护装置应有足够的尺寸。遮栏高度不应低于1～7m，下部边缘离地面不应超过0.1m。对于低压设备，网眼遮栏与裸导体距离不宜小于0.15m；10kV设备不宜小于0.35m；20～30kV设备不宜小于0.6m。户内栅栏高度不应低于1.2m，户外不应低于1.5m。

② 保证足够的安装距离。对于低压设备，栅栏与裸导体距离不宜小于0.8m，栏条间距离不应超过0.2m。户外变电装置围墙高度一般不应低于2.5m。

③ 接地。凡用金属材料制成的屏护装置，为了防止屏护装置意外带电造成触电事故，必须将屏护装置接地（或接零）。

④ 标志。遮栏、栅栏等屏护装置上，应根据被屏护对象挂上"高压危险""禁止攀登，高压危险"等标示牌。

⑤ 信号或联锁装置。应配合采用信号装置和联锁装置。前者一般是用灯光或仪表显示有电；后者是采用专门装置，当人体越过屏护装置可能接近带电体时，被屏护的装置自动断电。屏护装置上锁的钥匙应有专人保管。

（3）间距　间距是将可能触及的带电体置于可能触及的范围之外的距离。为了防止人体及其他物品接触或过分接近带电体、防止火灾、防止过电压放电和各种短路事故及操作方便，在带电体与地面之间、带电体与其他设备设施之间、带电体与带电体之间均须保持一定的安全距离。如架空线路与地面、水面的距离，架空线路与有火灾爆炸危险厂房的距离等。安全距离的大小取决于电压的高低、设备的类型、安装的方式等因素。

2. 采用安全电压

安全电压值取决于人体允许电流和人体电阻的大小。我国规定工频安全电压的上限值，即在任何情况下，两导体间或导体与地之间均不得超过的工频有效值为50V。这一限制是根据人体允许电流30mA和人体电阻1700Ω的条件下确定的。国际电工委员会还规定了直流安全电压的上限值为120V。

我国规定工频有效值42V、36V、24V、12V、6V为安全电压的额定值。凡手提照明灯、特别危险环境的携带式电动工具，如无特殊安全结构或安全措施，应采用42V或36V安全电压；金属容器内、隧道内等工作地点狭窄、行动不便以及周围有大面积接地体的环境，应采用24V或12V安全电压。

3. 保护接地

保护接地就是把在正常情况下不带电、在故障情况下可能呈现危险的对地电压的金属部分同大地紧密地连接起来，把设备上的故障电压限制在安全范围内的安全措施（如图5-6所示)。保护接地常简称为接地。保护接地应用十分广泛,属于防止间接接触电击的安全技术措施。

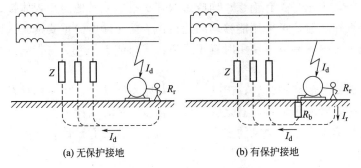

图 5-6　保护接地原理示意图

保护接地的作用原理是利用数值较小的接地装置电阻(低压系统一般应控制在 4Ω 以下)与人体电阻并联,将漏电设备的对地电压大幅度地降低至安全范围内。此外,因人体电阻远大于接地电阻,由于分流作用,通过人体的故障电流将远比流经接地装置的电流小得多,对人体的危害程度也就极大地减小了。

采用保护接地的电力系统不宜配置中性线,以简化过电流保护和便于寻找故障。

(1) 保护接地应用范围　保护接地适用于各种中性点不接地电网。在这类电网中,凡由于绝缘破坏或其他原因而可能呈现危险电压的金属部分,除另有规定外,均应接地。

此外,对所有高压电气设备,一般都是实行保护接地。

(2) 接地装置　接地装置是接地体和接地线的总称。运行中电气设备的接地装置应始终保持在良好状态。

① 接地体。接地体有自然接地体和人工接地体两种类型。

自然接地体是指用于其他目的但与土壤保持紧密接触的金属导体。如埋设在地下的金属管道(有可燃或爆炸介质的管道除外)、与大地有可靠连接的建(构)筑物的金属结构等自然导体均可用作自然接地体。利用自然接地体不但可以节约钢材、节省施工经费,还可以降低接地电阻。因此,如果有条件应当先考虑利用自然接地体。自然接地体至少应有两根导体自不同地点与接地网相连(线路杆塔除外)。

人工接地体可采用钢管、圆钢、角钢、扁钢或废钢铁制成。人工接地体宜垂直埋设,多岩石地区可水平埋设。

② 接地线。接地线即连接接地体与电气设备应接地部分的金属导体。有自然接地线与人工接地线之分,接地干线与接地支线之分。交流电气设备应优先利用自然导体作接地线。如建筑物的金属结构及设计规定的混凝土结构内部的钢筋、生产用的金属结构、配线的钢管等均可用作接地线。对于低压电气系统,还可以利用不流经可燃液体或气体的金属管道作接地线。在非爆炸危险场所,如自然接地线有足够的截面积,可不再另行敷设人工接地线。

如果生产现场电气设备较多,可以敷设接地干线。必须指出,各电气设备外壳应分别与接地干线连接(各设备的接地支线不能串联),接地干线应经两条连接线与接地体连接。

③ 接地装置的安装与连接。接地体宜避开人行道和建筑物出入口附近;如不能避开腐蚀性较强的地带,应采取防腐措施。为了提高接地的可靠性,电气设备的接地支线应单独与

接地干线或接地体相连，而不允许串联连接。接地干线应有两处与接地体相连接，以提高可靠性。除接地体外，接地体的引出线亦应作防腐处理。

接地体与建筑物的距离不应小于 1.5m，与独立避雷针的接地体之间的距离不应小于 3m。为了减小自然因素对接地电阻的影响，接地体上端的埋入深度一般不应小于 6m，并应在冻土层以下。

接地线位置应便于检查，并不应妨碍设备的拆卸和检修。

接地线的涂色和标志应符合国家标准。不经允许，接地线不得作其他电气回路使用。

必须保证电气设备至接地体之间导电的连续性，不得有虚接和脱落现象。接地体与接地线的连接应采用焊接，且不得有虚焊；接地线与管道的连接可采用螺丝连接，但必须防止锈蚀，在有震动的地方，应采取防松措施。

4. 保护接零

保护接零是将电气设备在正常情况下不带电的金属部分用导线与低压配电系统的零线相连接的技术防护措施，常简称为接零。与保护接地相比，该回路内不包含工作接地电阻与保护接地电阻，整个回路的阻抗就很小，因此故障电流必将很大，就足以能保证在最短的时间内使熔丝熔断、保护装置或自动开关跳闸，从而切断电源，保障了人身安全。

保护接零适用于中性点直接接地的 380/220V 三相四线制电网。

（1）采用保护接零的基本要求　在低压配电系统内采用接零保护方式时，应注意如下要求：

① 三相四线制低压电源的中性点必须接地良好。

② 采用接零保护方式时，必须装设足够数量的重复接地装置。

③ 统一低压电网中（指同一台配电变压器的供电范围内），在采用保护接零方式后，便不允许再采用保护接地方式。

如果同时采用了接地与接零两种保护方式，当实行保护接地的设备发生了碰壳故障时，则零线的对地电压将会升高到电源相电压的一半或更高。这时，实行保护接零的所有设备都会带有同样高的电位，使设备外壳等金属部分呈现较高的对地电压，从而危及操作人员的安全。

④ 零线上不准装设开关和熔断器。零线的敷设要求与相线的一样，以免出现零线断线故障。

⑤ 零线截面应保证在低压电网内任何一处短路时，能够承受大于熔断器额定电流 2.5~4 倍及自动开关额定电流 1.25~2.5 倍的短路电流。

⑥ 所有电气设备的保护接零线，应以并联方式连接到零干线上。

必须指出，在实行保护接零的低压配电系统中，电气设备的金属外壳在其正常情况下有时也会带电。产生这种情况的原因有以下三种。

① 三相负载不均衡时，在零线阻抗过大（线径过小）会产生一个有麻电感觉的接触电压。

② 保护接零系统中有部分设备采用了保护接地时，若接地设备发生了单相碰壳故障，则接零设备的外壳便会因零线电位的升高而产生接触电压。

③ 当零线断线又同时发生了零线断开点之后的电气设备单相碰壳，这时，零线断开点后的所有接零电气设备都会带有较高的接触电压。

（2）保护接地与保护接零的比较　保护接地与保护接零的比较见表 5-4。

表 5-4　保护接地与保护接零的比较

种类	保护接地	保护接零
含义	用电设备的外壳接地装置	用电设备的外壳接电网的零干线
适用范围	中性点不接地电网	中性点接地的三相四线制电网
目的	起安全保护作用	起安全保护作用
作用原理	平时保持零电位不起作用；当发生碰壳或短路故障时能降低对地电压，从而防止触电事故	平时保持零干线电位不起作用，且与相线绝缘；当发生碰壳或短路时能促使保护装置速动以切断电源
注意事项	必须克服接地线、零线并不重要的错误认识，而要树立零线、地线对于保证电气安全比相线更具重要意义的科学观念 确保接地可靠。在中性点接地系统，条件许可时要尽可能采用保护接零方式，在同一电源的低压配电网范围内，严禁混用接地与接零保护方式	禁止在零线上装设各种保护装置和开关等；采用保护接零时必须有重复接地才能保证人身安全，严禁出现零线断线的情况

5. 采用漏电保护器

漏电保护器主要用于防止单相触电事故，也可用于防止由漏电引起的火灾，有的漏电保护器还具有过载保护、过电压和欠电压保护、缺相保护等功能。主要应用于 1000V 以下的低压系统和移动电动设备的保护，也可用于高压系统的漏电检测。漏电保护器按动作原理可分为电流型和电压型两大类。目前以电流型漏电保护器的应用为主。

6. 正确使用电气安全用具

为了防止操作人员发生触电事故，必须正确使用相应的电气安全用具。常用电气安全用具主要有如下几种。

（1）绝缘杆　是一种主要的基本安全用具，又称绝缘棒或操作杆，其结构如图 5-7 所示。绝缘杆在变配电所里主要用于闭合或断开高压隔离开关、安装或拆除携带型接地线以及进行电气测量和试验等工作。在带电作业中，则是使用各种专用的绝缘杆。使用绝缘杆时应注意握手部分不能超出护环，且要戴上绝缘手套、穿绝缘靴（鞋）；绝缘杆每年要进行一次定期检验。

（2）绝缘夹钳　其结构如图 5-8 所示。绝缘夹钳只允许在 35kV 及以下的设备上使用。使用绝缘夹钳夹熔断器时，工作人员的头部不可超过握手部分，并应戴护目镜、绝缘手套，穿绝缘靴（鞋）或站在绝缘台（垫）上。绝缘夹钳的定期检验为每年一次。

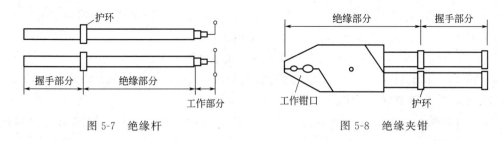

图 5-7　绝缘杆　　　　　图 5-8　绝缘夹钳

（3）绝缘手套　是在电气设备上进行实际操作时的辅助安全用具，也是在低压设备的带电部分上工作时的基本安全用具。绝缘手套一般分为 12kV 和 5kV 两种，这都是以试验电压值命名的。

（4）绝缘靴（鞋）　是在任何等级的电气设备上工作时，用来与地面保持绝缘的辅助安全用具，也是防跨步电压的基本安全用具。

(5) 绝缘垫 是在任何等级的电气设备上带电工作时,用来与地面保持绝缘的辅助安全用具。使用电压在 1000V 及以上时,可作为辅助安全用具,1000V 以下时可作为基本安全用具。绝缘垫的规格:厚度有 4mm、6mm、8mm、10mm、12mm 共 5 种,宽度为 1m,长度为 5m。

(6) 绝缘台 是在任何等级的电气设备上带电工作时的辅助安全用具。其台面用干燥的、漆过绝缘漆的木板或木条做成,四角用绝缘瓷瓶作台角,如图 5-9 所示。绝缘台面的最小尺寸为 800mm×800mm。为便于移动、清扫和检查,台面不宜做得太大,一般不超过 1500mm×1000mm。绝缘台必须放在干燥的地方,绝缘台的定期检验为每三年一次。

(7) 携带型接地线 可用来防止设备因突然来电如错误合闸送电而带电、消除临近感应电压或放尽已断开电源的电气设备上的剩余电荷。其结构如图 5-10 所示。短路软导线与接地软导线应采用多股裸软铜线,其截面不应小于 25mm²。

图 5-9 绝缘台

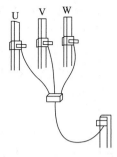

图 5-10 携带型接地线

(8) 验电笔 有高压验电笔和低压验电笔两类。它们都是用来检验设备是否带电的工具。当设备断开电源、装设携带型接地线之前,必须用验电笔验明设备是否确已无电。

三、触电急救技术

1. 触电急救的要点与原则

触电急救的要点是抢救迅速与救护得法。发现有人触电后,首先要尽快使其脱离电源;然后根据触电者的具体情况,迅速对症救护。现场常用的主要救护方法是心肺复苏法,它包括口对口人工呼吸和胸外心脏按压法。

人触电后会出现神经麻痹、呼吸中断、心脏停止跳动等症状,外表呈现昏迷不醒状态,即"假死状态",有触电者经过 4h 甚至更长时间的连续抢救而获得成功的先例。据资料统计,从触电后 1min 开始救治的约 90% 有良好效果;从触电后 6min 开始救治的约 10% 有良好效果;从触电后 12min 开始救治的,则救活的可能性就很小了。所以,抢救及时并坚持救护是非常重要的。

对触电人(除触电情况轻者外)都应进行现场救治。在医务人员接替救治前,切不能放弃现场抢救,更不能只根据触电人当时已没有呼吸或心跳,便擅自判定伤员为死亡,从而放弃抢救。

触电急救的基本原则是:在现场对症地采取积极措施保护触电者生命,并使其能减轻伤情、减少痛苦。具体而言就是应遵循:迅速(脱离电源)、就地(进行抢救)、准确(姿势)、坚持(抢救)的"八字原则"。同时应根据伤情的需要,迅速联系医疗部门救治。尤其对于触电后果严重的人员,急救成功的必要条件是动作迅速、操作正确。任何迟疑、拖延和操作错误都会导致触电者伤情加重或造成死亡。此外，急救过程中要认真观察触电者的全身情况，以防止伤情恶化。

2. 解救触电者脱离电源的方法

使触电者脱离电源，就是要把触电者接触的那一部分带电设备的开关或其他断路设备断开，或设法将触电者与带电设备脱离接触。

（1）使触电者脱离电源的安全注意事项

① 救护人员不得采用金属和其他潮湿的物品作为救护工具。

② 在未采取任何绝缘措施前，救护人员不得直接触及触电者的皮肤和潮湿衣服。

③ 在使触电者脱离电源的过程中，救护人员最好用一只手操作，以防再次发生触电事故。

④ 当触电者站立或位于高处时，应采取措施防止脱离电源后触电者的跌倒或坠落。

⑤ 夜晚发生触电事故时，应考虑切断电源后的事故照明或临时照明，以利于救护。

（2）使触电者脱离电源的具体方法

① 触电者若是触及低压带电设备，救护人员应设法迅速切断电源，如拉开电源开关，拔出电源插头等；或使用绝缘工具、干燥的木棒、绳索等不导电的物品解脱触电者；也可抓住触电者干燥而不贴身的衣服将其脱离开（切记要避免碰到金属物体和触电者的裸露身躯）；也可戴绝缘手套或将手用干燥衣物等包起来去拉触电者，或者站在绝缘垫等绝缘物体上拉触电者使其脱离电源。

② 低压触电时，如果电流通过触电者入地，且触电者紧握电线，可设法用干木板塞进其身下，使触电者与地面隔开；也可用干木把斧子或有绝缘柄的钳子等将电线剪断（剪电线时要一根一根地剪，并尽可能站在绝缘物或干木板上）。

③ 触电者若是触及高压带电设备，救护人员应迅速切断电源，或用适合该电压等级的绝缘工具（戴绝缘手套、穿绝缘靴并用绝缘棒）去解脱触电者（抢救过程中应注意保持自身与周围带电部分必要的安全距离）。

④ 如果触电发生在杆塔上，若是低压线路，凡能切断电源的应迅速切断电源；不能立即切断时，救护人员应立即登杆（系好安全带），用戴绝缘胶柄的钢丝钳或其他绝缘物使触电者脱离电源。如是高压线路且又不可能迅速切断电源时，可用抛铁丝等办法使线路短路，从而导致电源开关跳闸。抛挂前要先将短路线固定在接地体上，另一段系重物（抛掷时应注意防止电弧伤人或因其断线危及人员安全）。

⑤ 高压或低压线路上发生的触电，救护人员在使触电者脱离电源时，均要预先注意防止发生高处坠落和再次触及其他有电线路的可能。

⑥ 若触电者触及了断落在地面上的柱电高压线，在未确认线路无电或未做好安全措施（如穿绝缘靴等）之前，救护人员不得接近断线落地点8～12m范围内，以防止跨步电压伤人（但可临时将双脚并拢跳跳地接近触电者）。在使触电者脱离带电导线后，亦应迅速将其带至8～12m外并立即开始紧急救护。只有在确认线路已经无电的情况下，方可在触电者倒地现场就地立即进行对症救护。

3. 脱离电源后的现场救护

抢救触电者使其脱离电源后，应立即就近移至干燥与通风场所，切勿慌乱和围观，首先应进行情况判别，再根据不同情况进行对症救护。

（1）情况判别

① 触电者若出现闭目不语、神志不清情况，应让其就地仰卧平躺，且确保气道通畅。

可迅速呼叫其名字或轻拍其肩部（时间不超过 5s），以判断触电者是否丧失意识。但禁止摇动触电者头部进行呼叫。

② 触电者若神志昏迷、意识丧失，应立即检查是否有呼吸、心跳，具体可用"看、听、试"的方法尽快（不超过 10s）进行判定：所谓看，即仔细观看触电者的胸部和腹部是否还有起伏动作；所谓听，即用耳朵贴近触电者的口鼻与心房处，细听有无微弱呼吸声和心跳音；所谓试，即用手指或小纸条测试触电者口鼻处有无呼吸气流，再用手指轻按触电者左侧或右侧喉结凹陷处的颈动脉有无搏动，以判定是否还有心跳。

（2）对症救护触电者　除出现明显的死亡症状外，一般均可按以下三种情况分别进行对症处理。

① 伤势不重。神志清醒但有点心慌、四肢发麻、全身无力；或触电过程中曾一度昏迷，但已清醒过来。此时应让触电者安静休息，不要走动，并严密观察。也可请医生前来诊治，或必要时送往医院。

② 伤势较重。已失去知觉，但心脏跳动和呼吸存在，应使触电者舒适、安静地平卧。不要围观，让空气流通，同时解开其衣服包括领口与裤带以利于呼吸。若天气寒冷则还应注意保暖，并速请医生诊治或送往医院。若出现呼吸停止或心跳停止，应随即分别施行口对口人工呼吸法或胸外心脏按压法进行抢救。

③ 伤势严重。呼吸或心跳停止，甚至都已停止，即处于所谓"假死状态"。则应立即施行口对口人工呼吸及胸外心脏按压进行抢救，同时速请医生或送往医院。应特别注意，急救要尽早进行，切不能消极地等待医生到来；在送往医院途中，也不应停止抢救。

任务实施

活动　触电事故应急处理

活动描述：化工装置区域内，模拟有人员触低压电昏倒在地，低压电线与伤者身体相连。以小组为单位，分别扮演班长、外操、安全员的角色。按触电事故应急处置措施将伤者脱离危险，并用心肺复苏法实施救护。

活动场地：化工安全生产装置实训室。

活动方式：角色扮演、现场演练。

活动流程：

一、认识触电事故应急处置措施

触电急救的第一步是使触电者迅速脱离电源，第二步是现场救护，现分述如下：

1. 使触电者脱离电源

电流对人体的作用时间愈长，对生命的威胁愈大。所以，触电急救的关键是首先要使触电者迅速脱离电源。可根据具体情况，选用下述几种方法使触电者脱离电源：

（1）脱离低压电源的方法　脱离低压电源的方法可用"拉""切""挑""拽"和"垫"五字来概括：

"拉"。指就近拉开电源开关、拔出插销或瓷插保险。此时应注意拉线开关和板把开关是单极的，只能断开一根导线，有时由于安装不符合规程要求，把开关安装在零线上。这时虽然断开了开关，人身触及的导线可能仍然带电，这就不能认为已切断电源。

"切"。指用带有绝缘柄的利器切断电源线。当电源开关、插座或瓷插保险距离触电现场较远时，可用带有绝缘手柄的电工钳或有干燥木柄的斧头、铁锹等利器将电源线切断。切断时应防止带电导线断落触及周围的人体。多芯绞合线应分相切断，以防短路伤人。

"挑"。如果导线搭落在触电者身上或压在身下，这时可用干燥的木棒、竹竿等挑开导线或用干燥的绝缘绳套拉导线或触电者，使之脱离电源。

"拽"。救护人可戴上手套或在手上包缠干燥的衣服、围巾、帽子等绝缘物品拖拽触电者，使之脱离电源。如果触电者的衣裤是干燥的，又没有紧缠在身上，救护人可直接用一只手抓住触电者不贴身的衣裤，将触电者拉脱电源。但要注意拖拽时切勿触及触电者的体肤。救护人亦可站在干燥的木板、木桌椅或橡胶垫等绝缘物品上，用一只手把触电者拉脱电源。

"垫"。如果触电者由于痉挛手指紧握导线或导线缠绕在身上，救护人可先把干燥的木板塞进触电者身下使其与地绝缘来隔断电源，然后再采取其他办法把电源切断。

(2) 脱离高压电源的方法　由于装置的电压等级高，一般绝缘物品不能保证救护人的安全，而且高压电源开关距离现场较远，不便拉闸。因此，使触电者脱离高压电源的方法与脱离低压电源的方法有所不同，通常的做法是：

① 立即电话通知有关供电部门拉闸停电。

② 如电源开关离触电现场不甚远，则可戴上绝缘手套，穿上绝缘靴，拉开高压断路器，或用绝缘棒拉开高压线路保险以切断电源。

③ 往架空线路抛掷裸金属软导线，人为造成线路短路，迫使继电保护装置动作，从而使电源开关跳闸。抛挂前，将短路线的一端先固定在铁塔或接地引线上，另一端系重物。抛掷短路线时，应注意防止电弧伤人或断线危及人员安全，也要防止重物砸伤人。

④ 如果触电者触及断落在地上的带电高压导线，且尚未确证线路无电之前，救护人不可进入断线落地点 8~10m 的范围内，以防止跨步电压触电。进入该范围的救护人员应穿上绝缘靴或临时双脚并拢跳跃地接近触电者。触电者脱离带电导线后应迅速将其带至 8~10m 以外开始触电急救。只有在确证线路已经无电，才可在触电者离开触电导线后就地急救。

(3) 在使触电者脱离电源时应注意的事项

① 救护人不得采用金属和其他潮湿的物品作为救护工具。

② 未采取绝缘措施前，救护人不得直接触及触电者的皮肤和潮湿的衣服。

③ 在拉拽触电者脱离电源的过程中，救护人宜用单手操作，这样对救护人比较安全。

④ 当触电者位于高位时，应采取措施预防触电者在脱离电源后坠地摔伤或摔死。

⑤ 夜间发生触电事故时，应考虑切断电源后的临时照明问题，以利救护。

2. 现场救护

触电者脱离电源后，应立即就地进行抢救。"立即"之意就是争分夺秒，不可贻误。"就地"之意就是不能消极地等待医生的到来，而应在现场施行正确的救护的同时，派人通知医务人员到现场并做好将触电者送往医院的准备工作。

根据触电者受伤害的轻重程度，现场救护有以下几种抢救措施：

(1) 触电者未失去知觉的救护措施　如果触电者所受的伤害不太严重，神志尚清醒，只是心悸、头晕、出冷汗、恶心、呕吐、四肢发麻、全身乏力，甚至一度昏迷，但未失去知觉，则应让触电者在通风暖和的处所静卧休息，并派人严密观察，同时请医生前来或送往医院诊治。

(2) 触电者已失去知觉（心肺正常）的抢救措施　如果触电者已失去知觉，但呼吸和心跳尚正常，则应使其舒适地平卧着，解开衣服以利呼吸，四周不要围人，保持空气流通，冷天应注意保暖，同时立即请医生前来或送往医院诊察。若发现触电者呼吸困难或心跳失常，应立即施行人工呼吸或胸外心脏按压。

（3）对"假死"者的急救措施　如果触电者呈现"假死"，（即所谓电休克）现象，则可能有三种临床症状：一是心跳停止，但尚能呼吸；二是呼吸停止，但心跳尚存（脉搏很弱）；三是呼吸和心跳均已停止。"假死"症状的判定方法是"看""听""试"。"看"是观察触电者的胸部、腹部有无起伏动作；"听"是用耳贴近触电者的口鼻处，听他有无呼气声音；"试"是用手或小纸条试测口鼻有无呼吸的气流，再用两手指轻压一侧（左或右）喉结旁凹陷处的颈动脉有无搏动感觉。如"看""听""试"的结果，既无呼吸又无颈动脉搏动，则可判定触电者呼吸停止或心跳停止或呼吸心跳均停止。

当判定触电者呼吸和心跳停止时，应立即按心肺复苏法就地抢救。所谓心肺复苏法就是支持生命的三项基本措施，即通畅气道；口对口（鼻）人工呼吸；胸外按压（人工循环）。

① 通畅气道。若触电者呼吸停止，要紧的是始终确保气道通畅，其操作要领是：

a. 清除口中异物使触电者仰面躺在平硬的地方，迅速解开其领扣、围巾、紧身衣和裤带。如发现触电者口内有食物、假牙、血块等异物，可将其身体及头部同时侧转，迅速用一个手指或两个手指交叉从口角处插入，从中取出异物，操作中要注意防止将异物推到咽喉深处。

b. 采用仰头抬颌法通畅气道操作时，救护人用一只手放在触电者前额，另一只手的手指将其颏颌骨向上抬起，两手协同将头部推向后仰，舌根自然随之抬起、气道即可畅通。为使触电者头部后仰，可于其颈部下方垫适量厚度的物品，但严禁将枕头或其他物品垫在触电者头下，因为头部抬高前倾会阻塞气道，还会使施行胸外按压时流向脑部的血量减小，甚至完全消失。

② 口对口（鼻）人工呼吸。救护人在完成气道通畅的操作后，应立即对触电者施行口对口或口对鼻人工呼吸。口对鼻人工呼吸用于触电者嘴巴紧闭的情况。

a. 先大口吹气刺激起搏。救护人蹲跪在触电者的左侧或右侧，用放在触电者额上的手的手指捏住其鼻翼，另一只手的食指和中指轻轻托住其下巴；救护人深吸气后，与触电者口对口紧合，在不漏气的情况下，先连续大口吹气两次，每次1～1.5s；然后用手指试测触电者颈动脉是否有搏动，如仍无搏动，可判断心跳确已停止，在施行人工呼吸的同时应进行胸外按压。

b. 正常口对口人工呼吸。大口吹气两次试测颈动脉搏动后，立即转入正常的口对口人工呼吸阶段。正常的吹气频率是每分钟约12次。正常的口对口人工呼吸操作姿势如上述。但吹气量不需过大，以免引起胃膨胀，如触电者是儿童，吹气量宜小些，以免肺泡破裂。救护人换气时，应将触电者的鼻或口放松，让他借自己胸部的弹性自动吐气。吹气和放松时要注意触电者胸部有无起伏的呼吸动作。吹气时如有较大的阻力，可能是头部后仰不够，应及时纠正，使气道保持畅通。

c. 触电者如牙关紧闭，可改行口对鼻人工呼吸。吹气时要将触电者嘴唇紧闭，防止漏气。

③ 胸外按压。胸外按压是借助人力使触电者恢复心脏跳动的急救方法。其有效性在于选择正确的按压位置和采取正确的按压姿势。

a. 确定正确的按压位置的步骤。右手的食指和中指沿触电者的右侧肋弓下缘向上，找到肋骨和胸骨接合处的中点。右手两手指并齐，中指放在切迹中点（剑突底部），食指平放在胸骨下部,另一只手的掌根紧挨食指上缘置于胸骨上,掌根处即为正确按压位置。

b. 正确的按压姿势。使触电者仰面躺在平硬的地方并解开其衣服,仰卧姿势与口对口(鼻)人工呼吸法相同。

救护人立或跪在触电者一侧肩旁,两肩位于触电者胸骨正上方,两臂伸直,肘关节固定不屈,两手掌相叠,手指翘起,不接触触电者胸壁。

以髋关节为支点,利用上身的重力,垂直将正常成人胸骨压陷 3~5cm(儿童和瘦弱者酌减)。

压至要求程度后,立即全部放松,但救护人的掌根不得离开触电者的胸壁。

c. 恰当的按压频率。胸外按压要以均匀速度进行。操作频率以每分钟 80 次为宜,每次包括按压和放松一个循环,按压和放松的时间相等。当胸外按压与口对口(鼻)人工呼吸同时进行时,操作的节奏为:单人救护时,每按压 15 次后吹气 2 次(15:2),反复进行;双人救护时,每按压 15 次后由另一人吹气 1 次(15:1),反复进行。

(4) 现场救护中的注意事项

① 抢救过程中应适时对触电者进行再判定

a. 按压吹气 1 分钟后(相当于单人抢救时做了 4 个 15:2 循环),应采用"看、听、试"方法在 5~7s 钟内完成对触电者是否恢复自然呼吸和心跳的再判断。

b. 若判定触电者已有颈动脉搏动,但仍无呼吸,则可暂停胸外按压,而再进行 2 次口对口人工呼吸,接着每隔 5s 钟吹气一次(相当于每分钟 12 次)。如果脉搏和呼吸仍未能恢复,则继续坚持心肺复苏法抢救。

c. 在抢救过程中,要每隔数分钟用"看、听、试"方法再判定一次触电者的呼吸和脉搏情况,每次判定时间不得超过 5~7s。在医务人员未前来接替抢救前,现场人员不得放弃现场抢救。

② 抢救过程中移送触电伤员时的注意事项

a. 心肺复苏应在现场就地坚持进行,不要图方便而随意移动触电伤员,如确有需要移动时,抢救中断时间不应超过 30s。

b. 移动触电者或将其送往医院,应使用担架并在其背部垫以木板,不可让触电者身体蜷曲着进行搬运。移送途中应继续抢救,在医务人员未接替救治前不可中断抢救。

c. 应创造条件,用装有冰屑的塑料袋作成帽状包绕在伤员头部,露出眼睛,使脑部温度降低,争取触电者心、肺、脑能得以复苏。

③ 触电者好转后的处理。如触电者的心跳和呼吸经抢救后均已恢复,可暂停心肺复苏法操作。但心跳呼吸恢复的早期仍有可能再次骤停,救护人应严密监护,不可麻痹,要随时准备再次抢救。触电者恢复之初,往往神志不清、精神恍惚或情绪躁动、不安,应设法使他安静下来。

二、认识电伤的处理方法

电伤是触电引起的人体外部损伤(包括电击引起的摔伤)、电灼伤、电烙伤、皮肤金属化这类组织损伤,需要到医院治疗。但在现场也必须预作处理,以防止细菌感染,损伤扩大。这样,可以减轻触电者的痛苦和便于转送医院。

① 对于一般性的外伤创面,可用无菌生理食盐水或清洁的温开水冲洗后,再用消毒纱布防腐绷带或干净的布包扎,然后将触电者护送去医院。

② 如伤口大出血,要立即设法止住。压迫止血法是最迅速的临时止血法,即用手指、

手掌或止血橡皮带在出血处供血端将血管压瘪在骨骼上而止血,同时火速送医院处置。如果伤口出血不严重,可用消毒纱布或干净的布料叠几层盖在伤口处压紧止血。

③ 高压触电造成的电弧灼伤,往往深达骨骼,处理十分复杂。现场救护可用无菌生理盐水或清洁的温开水冲洗,再用酒精全面涂擦,然后用消毒被单或干净的布类包裹好送往医院处理。

④ 对于因触电摔跌而骨折的触电者,应先止血、包扎,然后用木板、竹竿、木棍等物品将骨折肢体临时固定并速送医院处理。

三、实施救护

以小组为单位,按低压触电处置措施将伤者移出危险区域,并实施救护。
① 移除伤者(模拟人)身上的电源。
② 用担架将伤者(模拟人)移出危险区域,放至安全区域。
③ 拨打救护电话,请求救援。
④ 用心肺复苏法对伤者(模拟人)实施救护。

任务二　认识静电防护技术

任务引入

某化学试剂厂生产过程中使用甲苯为原料,该厂向反应釜加甲苯的方法是:先将甲苯灌装在金属筒内,再将金属筒运到反应釜旁边,用压缩空气将甲苯从金属筒经塑料软管压向反应釜内。一次作业过程中发生强烈爆炸,继而猛烈燃烧近2h,造成3人死亡, 2人严重烧伤。经分析,确认是静电火花引起的爆炸。经计算,塑料软管内甲苯的流速超过静电安全流速的3倍。甲苯带着高密度静电注入反应釜,很容易产生足以引燃甲苯蒸气的静电火花。

任务分析

生活中我们会发现许多静电现象,比如用塑料梳子梳头,头发会飞起来;比如我们步行一段路,用钥匙去开门或摸金属门把手的时候会有被电的感觉;比如干燥的天气,穿脱毛衣时常听到"噼啪"的声音,在黑暗中可看见微弱的火光。这些静电现象给我们的生活带来了不便,我们有时会因为静电而烦恼。对于企业来说,许多生产操作也会产生静电,那就是危险的事情了。据不完全统计,近十几年来,我国化工企业已发生静电灾害事故达20多起,其中有的灾害一次损失达数亿元之巨。因此,对于化工企业静电安全防护是非常必要的。

必备知识

一、静电危害及特性

1. 静电的产生与危害

静电通常是指静止的电荷,它是由物体间的相互摩擦或感应而产生的。在工业生产中,静电现象也是很常见的。特别是石油化工部门,塑料、化纤等合成材料生产部门,橡胶制品生产部门,印刷和造纸部门,纺织部门以及其他制造、加工、运输高电阻材料的部门,都会经常遇到有害的静电。

化工生产中，静电的危害主要有三个方面，即引起火灾和爆炸、静电电击和引起生产中各种困难而妨碍生产。

① 静电引起爆炸和火灾。静电放电可引起可燃、易燃液体蒸气，可燃气体以及可燃性粉尘的着火、爆炸。在化工生产中，静电火花引起爆炸和火灾事故是静电最为严重的危害。

② 在化工操作过程中，操作人员在活动时，穿的衣服、鞋以及携带的工具与其他物体摩擦时，就可能产生静电。当携带静电荷的人走近金属管道和其他金属物体时，人的手指或脚趾会释放出电火花，往往酿成静电灾害。

③ 静电电击。橡胶和塑料制品等高分子材料与金属摩擦时，产生的静电荷往往不易泄漏。当人体接近这些带电体时，就会受到意外的电击。这种电击是由于从带电体向人体发生放电，电流流向人体而产生的。同样，当人体带有较多静电电荷时，电流流向接地体，也会发生电击现象。

静电电击不是电流持续通过人体的电击，而是由静电放电造成的瞬间冲击性电击。这种瞬间冲击性电击不至于直接使人死亡，大多数人只是产生痛感和震颤。但是，在生产现场却可造成指尖负伤，或因为屡遭电击后产生恐惧心理，从而使工作效率下降。

2. 静电的特性

① 化工生产过程中产生的静电电量都很小，但电压却很高，其放电火花的能量大大超过某些物质的最小点火能，所以易引起着火爆炸，因此是很危险的。

② 在绝缘体上静电泄漏很慢，这样就使带电体保留危险状态的时间也长，危险程度相应增加。

③ 绝缘的静电导体所带的电荷平时无法导走，一有放电机会，全部自由电荷将一次经放电点放掉，因此带有相同数量静电荷和表观电压的绝缘的导体要比非导体危险性大。

④ 远端放电（静电于远处放电）。若厂房中一条管道或部件产生了静电，其周围与地绝缘的金属设备就会在感应下将静电扩散到远处，并可在预想不到的地方放电，或使人受到电击，它的放电是发生在与地绝缘的导体上，自由电荷可一次全部放掉，因此危害性很大。

⑤ 尖端放电。静电电荷密度随表面曲率增大而升高，因此在导体尖端部分电荷密度最大，电场最强，能够产生尖端放电。尖端放电可导致火灾、爆炸事故的发生，还可使产品质量受损。

⑥ 静电屏蔽。静电场可以用导体的金属元件加以屏蔽。如可以用接地的金属网、容器等将带静电的物体屏蔽起来，不使外界遭受静电危害。相反，使被屏蔽的物体不受外电场感应起电，也是一种"静电屏蔽"。静电屏蔽在安全生产上被广为利用。

3. 静电对生产的影响

静电对化工生产的影响，主要表现在粉料、塑料、橡胶和感光胶片加工工艺过程中。

① 在粉体筛分时，由于静电电场力的作用，筛网吸附了细微的粉末，使筛孔变小，降低了生产效率；在气流输送工序，管道的某些部位由于静电作用，积存一些被输送物料，减小了管道的流通面积，使输送效率降低；在球磨工序里，因为钢球带电而吸附了一层粉末，这不但会降低球磨的粉碎效果，而且这一层粉末脱落下来混进产品中，会影响产品细度，降低产品质量；在计量粉体时，由于计量器具吸附粉体，造成计量误差，影响投料或包装重量的正确性；粉体装袋时，因为静电斥力的作用，使粉体四散飞扬，既损失了物料，又污染了环境。

② 在塑料和橡胶行业，由于制品与辊轴的摩擦或制品的挤压或拉伸，会产生较多的静电。因为静电不能迅速消失，会吸附大量灰尘，而为了清扫灰尘要花费很多时间，浪费了工时。塑料薄膜还会因静电作用而缠卷不紧。

③ 在感光胶片行业，由于胶片与辊轴的高速摩擦，胶片静电电压可高达数千至数万伏。如果在暗室发生静电放电的话，胶片将因感光而报废；同时，静电使胶卷基片吸附灰尘或纤维，降低了胶片质量，还会造成涂膜不均匀等。

随着科学技术的现代化，化工生产普遍采用电子计算机，由于静电的存在可能会影响到电子计算机的正常运行，致使系统发生误动作而影响生产。

但静电也有其可被利用的一面。静电技术作为一项先进技术，在工业生产中已得到了越来越广泛的应用。如静电除尘、静电喷漆、静电植绒、静电选矿、静电复印等都是利用静电的特点来进行工作的。它们是利用外加能源来产生高压静电场，与生产工艺过程中产生的有害静电不尽相同。

二、静电防护技术

防止静电引起火灾爆炸事故是化工静电安全的主要内容。为防止静电引起火灾爆炸所采取的安全防护措施，对防止其他静电危害也同样有效。防止静电危害主要有七个措施。

1. 场所危险程度的控制

为了防止静电危害，可以采取减轻或消除所在场所周围环境火灾、爆炸危险性的间接措施。如用不燃介质代替易燃介质、通风、惰性气体保护、负压操作等。在工艺允许的情况下，采用较大颗粒的粉体代替较小颗粒粉体，也是减轻场所危险性的一个措施。

2. 工艺控制

工艺控制是从工艺上采取措施，以限制和避免静电的产生和积累，是消除静电危害的主要手段之一。

（1）控制流速　输送物料应控制流速，以限制静电的产生。输送液体物料时允许流速与液体电阻率有着十分密切的关系，当电阻率小于 $10^7\Omega\cdot cm$ 时，允许流速不超过 10m/s；当电阻率为 $10^7\sim10^{11}\Omega\cdot cm$ 时，允许流速不超过 5m/s；当电阻率大于 $10^{11}\Omega\cdot cm$ 时，允许流速取决于液体的性质、管道直径和管道内壁光滑程度等条件。例如，烃类燃料油在管内输送，管道直径为 50mm 时，流速不得超过 3.6m/s；直径为 100mm 时，流速不得超过 2.5m/s。但是，当燃料油带有水分时，必须将流速限制在 1m/s 以下。输送管道应尽量减少转弯和变径。操作人员必须严格执行工艺规定的流速，不能擅自提高流速。

（2）选用合适的材料　一种材料与不同种类的其他材料摩擦时，所带的静电电荷数量和极性随其材料的不同而不同。可以根据静电起电序列选用适当的材料匹配，使生产过程中产生的静电互相抵消，从而达到减少或消除静电危险的目的。如氧化铝粉经过不锈钢漏斗时，静电电压为-100V，经过虫胶漆漏斗时，静电电压为+500V。采用适当选配，由这两种材料制成的漏斗，静电电压可以降低为零。

同样，在工艺允许的前提下，适当安排加料顺序，也可降低静电的危险性。例如，某搅拌作业中，最后加入汽油时，液浆表面的静电电压高达 11～13kV。后来改变加料顺序，先加入部分汽油，后加入氧化锌和氧化铁，进行搅拌后加入石棉等填料及剩余少量的汽油，能使液浆表面的静电电压降至 400V 以下。这一类措施的关键在于确定了加料顺序或器具使用的顺序后，操作人员不可任意改动。否则，会适得其反，静电电位不仅不会降低，相反还会增加。

(3) 增加静止时间　化工生产中将苯、二硫化碳等液体注入容器、贮罐时,都会产生一定的静电荷。液体内的电荷将向器壁及液面集中并可慢慢泄漏消散,完成这个过程需要一定的时间。如向燃料罐注入重柴油,装到90%时停泵,液面静电位的峰值常常出现在停泵以后的5~10s内,然后电荷就很快衰减掉,这个过程持续时间为70~80s。由此可知,刚停泵就进行检测或采样是危险的,容易发生事故。应该静置一定的时间,待静电基本消散后再进行有关的操作。操作人员懂得这个道理后,就应自觉遵守安全规定,千万不能操之过急。

静置时间应根据物料的电阻率、贮罐容积、气象条件等具体情况决定,也可参考经验数据。

为了减少从贮罐顶部灌注液体时的冲击而产生的静电,要改变灌注管头的形状和灌注方式。经验表明,T形、锥形、45°斜口形和人字形灌注管头,有利于降低贮罐液面的最高静电电位。为了避免液体的冲击、喷射和溅射,应将进液管延伸至近底部位。

3. 接地

接地是消除静电危害最常见的措施。在化工生产中,以下工艺设备应采取接地措施。

① 凡用来加工、输送、贮存各种易燃液体、气体和粉体的设备必须接地。如过滤器、吸附器、反应器、贮槽、贮罐、传送胶带、液体和气体等物料管道、取样器、检尺棒等应该接地。输送可燃物料的管道要连成一个整体,并予以接地。管道的两端和每隔200~300m处,均应接地。平行管道相距10cm以内时,每隔20m应用连接线连接起来;管道与管道、管道与其他金属构件交叉时,若间距小于10cm,也应互相连接起来。

② 倾注溶剂漏斗、浮动罐顶、工作站台、磅秤等辅助设备,均应接地。

③ 在装卸汽车槽车之前,应与贮存设备跨接并接地;装卸完毕,应先拆除装卸管道,静置一段时间后,拆除跨接线和接地线。

油轮的船壳应与水保持良好的导电性连接,装卸油时也要遵循先接地后接油管、先拆油管后拆接地线的原则。

④ 可能产生和积累静电的固体和粉体作业设备,如压延机、上光机、砂磨机、球磨机、筛分机、捏和机等,均应接地。

静电接地的连接线应保证足够的机械强度和化学稳定性,连接应当可靠,操作人员在巡回检查中,经常检查接地系统是否良好,不得有中断处。接地电阻不超过规定值(现行有关规定为100Ω)。

4. 增湿

存在静电危险的场所,在工艺条件许可时,宜采用安装空调设备、喷雾器等办法,以提高场所环境相对湿度,消除静电危害。用增湿法消除静电危害的效果显著。例如,某粉体筛选过程中,相对湿度低于50%时,测得容器内静电电压为40kV;相对湿度为60%~70%时,静电电压为18kV;相对湿度为80%时,电压为11kV。从消除静电危害的角度考虑,相对湿度在70%以上较为适宜。

5. 抗静电剂

抗静电剂具有较好的导电性能或较强的吸湿性。因此,在易产生静电的高绝缘材料中,加入抗静电剂,可以使材料的电阻率下降,加快静电泄漏,消除静电危险。

抗静电剂的种类很多,有无机盐类,如氯化钾、硝酸钾等;有表面活性剂类,如脂肪族磺酸盐、季铵盐、聚乙二醇等;有无机半导体类,如亚铜、银、铝等的卤化物;有高分子聚合物类等。

在塑料行业，为了长期保持静电性能，一般采用内加型表面活性剂。在橡胶行业，一般采用炭黑、金属粉等添加剂。在石油行业，采用油酸盐、环烷酸盐、合成脂肪酸盐作为抗静电剂。

6. 静电消除器

静电消除器是一种产生电子或离子的装置，借助于产生的电子或离子中和物体上的静电，从而达到消除静电的目的。静电消除器具有不影响产品质量、使用比较方便等优点。常用的静电消除器有以下几种。

（1）感应式消除器　这是一种没有外加电源、最简便的静电消除器，可用于石油、化工等行业。它由若干只放电针、放电刷或放电线及其支架等附件组成。生产资料上的静电在放电针上感应出极性相反的电荷，针尖附近形成很强的电场，当局部场强超过 30kV/cm 时，空气被电离，产生正负离子，与物料电荷中和，达到消除静电的目的。

（2）高压静电消除器　这是一种带有高压电源和多支放电针的静电消除器，可用于橡胶、塑料行业。它是利用高电压使放电针尖端附近形成强电场，将空气电离以达到消除静电的目的。使用较多的是交流电压消除器。直流电压消除器由于会产生火花放电，不能用于有爆炸危险的场所。

在使用高压静电消除器时，要十分注意绝缘是否良好，要保持绝缘表面的洁净，定期清扫和维护保养，防止发生触电事故。

（3）高压离子流静电消除器　这种消除器是在高压电源作用下，将经电离后的空气输送到较远的需要消除静电的场所。它的作用距离大，距放电器 30～100cm 有满意的消电效能，一般取 60cm 比较合适。使用时，空气要经过净化和干燥，不应有可见的灰尘和油雾，相对湿度应控制在 70% 以下，放电器的压缩空气进口处的正压不能低于 0.049MPa。此种静电消除器，采用了防爆型结构，安全性能良好，可用于爆炸危险场所。如果加上挡光装置，还可以用于严格防光的场所。

（4）放射性辐射消除器　这是利用放射性同位素使空气电离，产生正负离子去中和生产物料上的静电。放射性辐射消除器距离带电体愈近，消电效应就愈好，距离一般取 10～20cm，其中采用 α 射线不应大于 5cm；采用 β 射线不宜大于 60cm。

放射性辐射消除器结构简单，不要求外接电源，工作时不会产生火花，适用于有火灾和爆炸危险的场所。使用时要有专人负责保养和定期维修，避免撞击，防止射线的危害。

静电消除器的选择，应根据工艺条件和现场环境等具体情况而定。操作人员要做好消除器的有效工作，不能借口生产操作不便而自行拆除或挪动其位置。

7. 人体的防静电措施

人体的防静电主要是防止带电体向人体放电或人体带静电所造成的危害，具体有以下几个措施。

① 采用金属网或金属板等导电材料遮蔽带电体，以防止带电体向人体放电。操作人员在接触静电带电体时，宜戴用金属线和导电性纤维做的混纺手套、穿防静电工作服。

② 穿防静电工作鞋。防静电工作鞋的电阻为 $10^5 \sim 10^7 \Omega$，穿着后人体所带静电荷可通过防静电工作鞋及时泄漏掉。

③ 在易燃场所入口处，安装硬铝或铜等导电金属的接地通道，操作人员从通道经过后，可以导除人体静电。同时入口门的扶手也可以采用金属结构并接地，当手触门扶手时可导除

静电。

④ 采用导电性地面是一种接地措施，不但能导走设备上的静电，而且有利于导除积累在人体上的静电。导电性地面是指用电阻率 $10^6\Omega \cdot cm$ 以下的材料制成的地面。

任务实施

活动　静电引发事故案例分析

活动描述：指出下列案例中的不规范操作，分析事故发生的原因：

（1）一辆汽车油槽车在某石化公司充油台充加 90 号汽油，装油使用的输油管是消防水带，插入油车顶距罐底 1.29m 处开始放油。油车突然起火，将驾驶员和充油操作工烧伤。

（2）某化肥厂碳化车间一根测温套管与法兰连接处严重漏氢气，车间人员上报领导后，厂领导为保证生产，要求在不停机、不减压的条件下采取临时堵漏措施，操作工用贴卡和橡胶板进行堵漏，没有成功。随后厂领导再次要求堵漏，操作工再次冒险作业，用平板车内的胎皮包裹泄漏处时突然起火，操作工被当场烧死。

（3）2009 年 11 月 23 日 8 时左右，某化工厂安全员郭某、工人刘某、司机穆某三人一起去某储备库充装粗苯。郭某在控制电泵的闸刀前看闸刀，刘某在罐车上（后罐口附近），当充装 15min 的时候，身穿普通化纤工作服的穆某到罐车上查看前面的罐口（罐的前后各有一个开启口），然后又走到后面的罐口查看了一下，又走回前面的罐口附近，对刘某说装得太慢了，就在他们说话的同时发生了爆燃。然后罐车冒出浓烟。此次事故造成穆某死亡，刘某受伤。

活动场地：理实一体化实训车间。
活动方式：小组讨论。
活动流程：

阅读以上两起案例，以小组为单位讨论案例中事故发生的原因，完成表 5-5。

表 5-5　静电引发事故案例分析

案例	案例现象分析	事故原因分析
案例一		
案例二		

任务三　认识雷电防护技术

任务引入

1989 年 8 月 12 日 8:55，位于山东省胶州湾东岸的黄岛油库突然爆炸起火。随后，4#、3#、2#、1# 罐相继爆裂起火。大火迅速向四周蔓延，整个库区成为一片火海。大火还随流淌的原油向低处的海岸蔓延，烧毁了沿途的建筑。截止到 8 月 16 日 18:00，大火共燃烧了104h后才被扑灭。这次事故共有19人在扑火过程中牺牲，78人受伤；大火烧毁了5座油罐、36000t原油，并烧毁了沿途建筑；还有600t原油泄入海洋，造成海面污染、海路和陆路阻断。据测算，这次事故共造成经济损失高达8500万元。

据设在黄岛油库内的闪电定位仪监测显示，在首先起火爆炸的5#罐约100m附近有雷击发生，而5#罐顶及其上方的屏蔽金属网和四角的30m高避雷针都没有遭受直击雷的痕迹。5#罐因腐蚀造成钢筋断裂形成开口，罐体上方的屏蔽网因"U"形卡松动也可能形成开口，雷击感应造成开口之间产生放电火花，火花引起油蒸气燃烧并最终导致油罐爆炸。

任务分析

雷电是一种常见的大气放电现象。当空中云层电荷的积累使电场强度不断增加到一定程度时，两块带异性电荷的雷云之间或雷云与地之间的空气绝缘就会被击穿而放电，发出耀眼的电光，同时放电电流产生高温，使周围空气和介质猛烈膨胀，发出震耳欲聋的响声。由于雷电具有电流很大、电压很高、冲击性很强等特点，有多方面的破坏作用，可造成化工企业设备和设施的损坏，甚至爆炸起火。因此，化工从业者要知道雷电的危害、防雷装置的类型，建筑物的防雷要求等知识，高度重视雷电的预防工作，将防治雷电的安全措施落实到位。

必备知识

一、雷电的分类及危害

1. 雷电的分类

雷电通常可分为直击雷和感应雷两种。

（1）直击雷　大气中带有电荷的雷云对地电压可高达几十万千伏。当雷云同地面凸出物之间的电场强度达到该空间的击穿强度时所产生的放电现象，就是通常所说的雷击。这种对地面凸出物直接的雷击称为直击雷。

（2）感应雷　也称雷电感应，分为静电感应和电磁感应两种。静电感应是在雷云接近地面时，在架空线路或其他凸出物顶部感应出大量电荷引起的。在雷云与其他部位放电后，架空线路或凸出物顶部的电荷失去束缚，以雷电波的形式，沿线路或凸出物极快地传播。电磁感应是由雷击后伴随的巨大雷电流在周围空间产生迅速变化的强磁场引起的。这种磁场能使附近金属导体或金属结构感应出很高的电压。

2. 雷电的危害

雷电放电的本质与电容器放电相同，不同的是放电电极的两个极板是不良导体的雷云或雷云对大地，极板距离几千米到几十千米，是一个特殊的电容器放电现象。

雷电的危害主要反映在以下几个方面：

（1）产生过电压　不管是落地雷还是雷云之间产生的感应雷过电压都会对设备和人身构成严重威胁，必须采取相应的防护措施。

（2）高温效应　雷电时间尽管短，由于放电功率大，热效应大，足以引起火灾、爆炸事故。

（3）机械效应　雷电流过物体，由于高温效应，物体及物体中的气体剧烈膨胀，产生极大的机械力，致使物体劈裂或爆炸。无避雷针的烟囱倒塌就是例证。

(4) 产生静电感应或电磁感应　雷电产生静电感应或电磁感应与周围的金属之间也会产生火花放电，引起燃烧、爆炸。

(5) 雷电对人身的伤害　多数雷电伤人是由于过电压所致。雷电袭击物体时，强大的电流通过接地流入大地，与此同时，电流向大地散发形成散状电位场。由于人在步行中两脚之间有一定电位差（冲击跨步电压），雷雨天气容易对人体造成伤害。

二、常用防雷装置的种类与作用

常用防雷装置主要包括避雷针、避雷线、避雷网、避雷带、保护间隙及避雷器。完整的防雷装置包括接闪器、引下线和接地装置。而上述避雷针、避雷线、避雷网、避雷带及避雷器实际上都只是接闪器。除避雷器外，它们都是利用其高出被保护物的突出地位，把雷电引向自身，然后通过引下线和接地装置把雷电电流泄入大地，使被保护物免受雷击。各种防雷装置的具体作用如下。

(1) 避雷针　主要用来保护露天变配电设备及比较高大的建（构）筑物。它是利用尖端放电原理，避免设置处所遭受直接雷击。

(2) 避雷线　主要用来保护输电线路，线路上的避雷线也称为架空地线。避雷线可以限制沿线路侵入变电所的雷电冲击波幅值及陡度。

(3) 避雷网　主要用来保护建（构）筑物。分为明装避雷网和笼式避雷网两大类。沿建筑物上部明装金属网格作为接闪器，沿外墙装引下线接到接地装置上，称为明装避雷网，一般建筑物中常采用这种方法。而把整个建筑物中的钢筋结构连成一体，构成一个大型金属网笼，称为笼式避雷网。笼式避雷网又分为全部明装避雷网、全部暗装避雷网和部分明装部分暗装避雷网等几种。如高层建筑中都用现浇的大模板和预制装配式壁板，结构中钢筋较多，把它们从上到下与室内的上下水管、热力管网、煤气管道、电气管道、电气设备及变压器中性点等均连接起来，形成一个等电位的整体，叫作笼式暗装避雷网。

(4) 避雷带　主要用来保护建（构）筑物。该装置由沿建筑物屋顶四周易受雷击部位明设的金属带、沿外墙安装的引下线及接地装置构成，多用在民用建筑，特别是山区的建筑。

一般而言，避雷带或避雷网的保护性能比避雷针的要好。

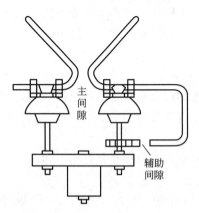

图 5-11　保护间隙的原理结构

(5) 保护间隙　是一种最简单的避雷器。将它与被保护的设备并联，当雷电波袭来时，间隙先行被击穿，把雷电流引入大地，从而避免被保护设备因高幅值的过电压而被击穿。保护间隙的原理结构如图 5-11 所示。

保护间隙主要由直径 6~9mm 的镀锌圆钢制成的主间隙和辅助间隙组成。主间隙做成羊角形，以便其间产生电弧时，因空气受热上升，被推移到间隙的上方，电弧拉长而熄灭。因为主间隙暴露在空气中，比较容易短接，所以加上辅助间隙，防止意外短路。保护间隙的击穿电压应低于被保护设备所能承受的最高电压。

用于 3kV、6kV、19kV 电网的保护间隙分别为 8mm、15mm、25mm，辅助间隙分别为 5mm、10mm、10mm。保护间隙的灭弧能力有限，主要用于缺乏其他避雷器的场合。为了提高供电可靠性，送电端应装设自动重合闸，以弥补保护间隙不能熄灭电弧而形成相间短路的缺点；保护变压器的保护间隙宜装在高压熔断器里侧，以缩小停电范围。

（6）避雷器　主要用来保护电力设备，是一种专用的防雷设备。分为管型和阀型两类。它可进一步防止沿线路侵入变电所或变压器的雷电冲击波对电气设备的破坏。防雷电波的接地电阻一般不得大于 5～30Ω，其中阀型避雷器的接地电阻不得大于 5～10Ω。

三、人身的防雷措施

① 发生雷电时，应停止室外高处检修、试验工作，禁止一切带电作业及等电位工作。
② 发生雷电时，对配电线路的运行和维修人员应禁止倒闸操作和更换保险工作。
③ 发生雷暴时，应停止高压线路上的工作，到有防雷设备的建筑内躲避。
④ 发生雷暴时，不能紧靠墙壁和树干，最好在 8m 以外，这样更安全。
⑤ 发生雷暴时，应当远离小丘、小山、河、湖、海滨、游泳池、旗杆、高塔和铁丝网。
⑥ 发生雷暴时，不能将铁钳、金属器物扛在肩上，应提在手上。
⑦ 发生雷暴时，不能打金属支柱伞。
⑧ 发生雷暴时，应远离电灯线、电话线、广播线、电视线，不要戴耳机、看电视，要关闭门窗，防止球形雷随穿堂风而入。
⑨ 遇球形雷（滚动的火球）不要跑动，避免球形雷随气流追赶。

四、建筑物的防雷措施

1. 建筑物的防雷分类

建筑物根据其重要性、使用性质、发生雷击事故的可能性和后果，按防雷要求分为第一类、第二类、第三类防雷建筑物。具体划分规定参考《建筑物防雷设计规范》（GB 50057—2010）中的有关内容。

2. 建筑物防雷的总要求

① 各类防雷建筑物应设防直击雷外部防雷装置，并应采取防闪电电涌侵入的措施。第一类防雷建筑物和第二类防雷建筑物中的部分建筑物，应采取防雷电感应的措施。
② 各类防雷建筑物应设内部防雷装置。在建筑物的地下室或地面层处，应与防雷装置做防雷等电位连接。
③ 各类防雷建筑物，当其建筑物内系统所接设备的重要性较高以及所处雷击磁场环境和加于设备的闪电电涌满足不了要求时应采取防雷击电磁脉冲的措施。

3. 建筑物的防雷措施

（1）第一类防雷建筑物的防雷措施
① 防直击雷采取的措施。应装设独立接闪杆或架空接闪线或网，使被保护的建筑物及风帽、放射管等突出屋面的物体均处于接闪器的保护范围内。架空接闪网的网格尺寸不大于 5m×5m 或 6m×4m。对排放有爆炸危险气体、蒸气或粉尘的放散管、呼吸阀、排风管等的管口外的以下空间应处于接闪器的保护范围内。
② 防雷电感应采取的措施。建筑物内的设备、管道、构架、电缆金属外皮、钢窗等较大金属物和突出屋面的放散管、风管等金属物，均应接到防雷电感应的接地装置上。金属屋面周边每隔 18～24m 应采用引下线接地一次。平行敷设的管道、构架和电缆金属外皮等长金属物，其净距小于 100mm 时，应采用金属线跨接，跨接点的间距不大于 30m。

③ 防止电磁脉冲侵入采取的措施。低压线路最好全线采用电缆直接埋地敷设，在入户端应将电缆的金属外皮、钢管接到等电位连接带或防雷电感应的接地装置上。架空金属管道在进出建筑物处应与防雷电感应的接地装置相连。

(2) 第二类防雷建筑物的防雷措施

① 防直击雷采取的措施。在建筑物上装设接闪网、接闪带或接闪杆，或由其混合组成的接闪器，并应在整个屋面组成不大于 10m×10m 或 12m×8m 的网格。对排放有爆炸危险气体、蒸气或粉尘的放散管、呼吸阀、排风管等管道，其管口外的以下空间应处于接闪器的保护范围内。引下线应不少于 2 根，每根引下线的冲击接地电阻应不大于 10Ω。

② 防雷电感应的措施。建筑物内的设备、管道、构架等主要金属物，应就近接至防雷击接地、电气设备的保护接地装置上；平行敷设的管道、构架和电线金属外皮等长金属物，若净间距小于 0.1m 时，沿管线应每隔不大于 30m 用金属线跨接。

③ 防电磁脉冲侵入的措施。当低压线路全长采用埋地电缆或敷设在架空金属线槽内的电缆引入时，在入口端应将电缆金属外皮、金属线槽接地；架空和直接埋地的金属管道在进出建筑物处应就近与防雷接地装置相连。

(3) 第三类防雷建筑物的防雷措施

① 防直击雷的措施。在建筑物上装设接闪网、接闪带或接闪杆，或由其混合组成的接闪器，并应在整个屋面组成不大于 20m×20m 或 24m×16m 的网格。引下线应不少于 2 根，每根引下线的冲击接地电阻不应大于 30Ω。

② 防电磁脉冲侵入的措施。对电缆进出线，应在进出端将电缆金属外皮、钢管等与电气设备接地相连。

任务实施

活动　制定实训室防雷方案

活动描述：根据建筑物防雷措施，结合实训室的建筑特点，以小组为单位制定实训室防雷方案。

活动场地：现代化工实训中心。

活动方式：小组讨论。

活动流程：

1. 认识现代化工实训中心

现代化工实训中心总面积约 $1000m^2$，现有煤制合成气、合成气制甲醇仿真工厂各一套，普通精馏装置六套，大赛精馏装置一套，化工安全生产竞赛装置一套，煤气化、煤制半焦中试装置各一套，仿真培训室一间，年产 30 万吨合成氨模型沙盘一套。

2. 制定方案

以小组为单位制定实训室防雷方案。

项目六　化工装置检修作业

【学习目标】

知识目标
① 能描述化工装置检修的概念和基本要求。
② 能说出盲板的种类、盲板抽堵作业的安全规范。
③ 能归纳高处作业的种类及特点。
④ 能说出高处作业的安全要求及操作规范。
⑤ 能描述进入受限空间的安全要求及操作规范。
⑥ 能归纳动火作业的种类。
⑦ 能描述动火作业的基本要求。
⑧ 能说出临时用电的安全要求及操作规范。

技能目标
① 能分析并排查化工检修作业时的安全隐患。
② 能安全规范地进行盲板抽堵作业。
③ 能安全规范地进行高处作业。
④ 能安全规范地进入受限空间作业。
⑤ 能安全规范地进行动火作业。
⑥ 能安全规范地进行临时用电作业。
⑦ 能按规范办理检修作业许可证。

素质目标
① 意识到化工检修作业的危险性。
② 树立安全第一的生产理念。
③ 具备小组合作能力。
④ 具备沟通能力。

任务一 认识化工装置检修作业

任务引入

1993的4月14日上午,林源炼油二催化车间准备对碱罐的排碱管线重新配置。车间安全员按照规定,申请在正常开工的二催化装置内进行一级用火。13时30分,车间主任、工艺技术员、安全员、检修班长一起到现场,同厂安全处人员一起,对现场进行了动火安全措施的落实检查,签发了火票,维修工开始动火。14时20分,在开始动火30min后,当维修工作气焊修整对接焊口时,碱罐下方通入碱液泵房内的管沟发生瓦斯爆炸。泵房内外各有8m长的水泥盖板被崩起,崩起的盖板将动火现场的4名维修人员砸伤,其中重伤2人,轻伤2人,事故中设备未受损坏,生产未受影响。

阅读以上案例,我们化工装置检修作业是一项危险性高的工作。那么如何在检修过程中保证我们的生命和财产安全呢?我们首先要认识一下化工装置检修作业。

任务分析

化工装置检修作业是化工企业最重要的工作之一,也是最繁重、最危险的工作之一,有90%的化工安全事故发生在装置开停车和检修期间。一线操作人员在装置检修期间是主力军,不但要了解化工生产装置检修安全管理的主要内容,掌握化工生产装置检修的主要程序,而且还要具备生产装置检修安全规范的执行能力。

必备知识

一、化工装置检修的分类与特点

1. 装置检修的分类

化工装置和设备检修可分为计划检修和非计划检修。

计划检修是指企业根据设备管理、使用的经验以及设备状况,制订设备检修计划,对设备进行有组织、有准备、有安排的检修。计划检修又可分为大修、中修、小修。由于装置为设备、机器、公用工程的综合体,因此装置检修比单台设备(或机器)检修要复杂得多。

非计划检修是指因突发性的故障或事故而造成设备或装置临时性停车进行的抢修。非计划检修事先无法预料,无法安排计划,而且要求检修时间短,检修质量高,检修的环境及工况复杂,故难度较大。

2. 装置检修的特点

化工生产装置检修与其他行业的检修相比,具有复杂、危险性大的特点。

由于化工生产装置中使用的设备如炉、塔、釜、器、机、泵及罐、槽、池等大多是非定型设备,种类繁多,规格不一,要求从事检修作业的人员具有丰富的知识和技术,熟练掌握不同设备的结构、性能和特点;装置检修因检修内容多、工期紧、工种多、上下作业、设备内外同时并进、多数设备处于露天或半露天布置,检修作业受到环境和气候等条件的制约,加之外来工、农民工等临时人员进入检修现场机会多,对作业现场环境又不熟悉,从而决定了化工装置检修的复杂性。

由于化工生产的危险性大，决定了生产装置检修的危险性亦大。加之化工生产装置和设备复杂，设备和管道中的易燃、易爆、有毒物质，尽管在检修前做过充分的吹扫置换，但是易燃、易爆、有毒物质仍有可能存在。检修作业又离不开动火、动土、受限空间等作业，客观上具备了发生火灾、爆炸、中毒、化学灼伤、高处坠落、物体打击等事故的条件。实践证明，生产装置在停车、检修施工、复工过程中最容易发生事故。据统计，在中石化总公司发生的重大事故中，装置检修过程的事故占事故总数的42.63%。由于化工装置检修作业复杂、安全教育难度较大，很难保证进入检修作业现场的人员都具备必要的安全知识和技能，也很难使安全技术措施自觉到位，因此化工装置检修具有危险性大的特点，同时也决定了装置检修的安全工作的重要地位。为此，我国专门制定了《危险化学品企业特殊作业安全规范》(GB 30871—2022)，以规范设备检修的安全工作。

二、装置停车检修前的准备工作

化工装置停车检修前的准备工作是保证装置停好、修好、开好的主要前提条件，必须做到集中领导、统筹规划、统一安排，并做好"四定"（定项目、定质量、定进度、定人员）和"八落实"（组织、思想、任务、物资包括材料与备品备件、劳动力、工器具、施工方案、安全措施落实）工作。除此以外，准备工作还应做到以下几点。

1. 设置检修指挥部

为了加强停车检修工作的集中领导和统一计划、统一指挥，形成一个信息灵、决策迅速的指挥核心，以确保停车检修的安全顺利进行。检修前要成立以厂长（经理）为总指挥，主管设备、生产技术、人事保卫、物资供应及后勤服务等的副厂长（副经理）为副总指挥，机动、生产、劳资、供应、安全、环保、后勤等部门参加的指挥部。检修指挥部下设施工检修组、质量验收组、停开车组、物资供应组、安全保卫组、政工宣传组、后勤服务组。针对装置检修项目及特点，明确分工，分片包干，各司其职，各负其责。

2. 制定安全检修方案

装置停车检修必须制定停车、检修、开车方案及其安全措施。安全检修方案由检修单位的机械员或施工技术员负责编制。安全检修方案，按设备检修任务书中的规定格式认真填写齐全，其主要内容应包括：检修时间、设备名称、检修内容、质量标准、工作程序、施工方法、起重方案、采取的安全技术措施，并明确施工负责人、检修项目安全员、安全措施的落实人等。方案中还应包括设备的置换、吹洗等流程示意图。尤其要制定合理工期，确保检修质量。

方案编制后，编制人经检查确认无误并签字，经检修单位的设备主任审查并签字，然后送机动、生产、调度、消防队和安技部门，逐级审批，经补充修改使方案进一步完善。重大项目或危险性较大项目的检修方案、安全措施，由主管厂长或总工程师批准，书面公布，严格执行。

3. 制定检修安全措施

除了已制定的动火、动土、罐内空间作业、登高、电气、起重等安全措施外，应针对检修作业的内容、范围，制定相应的安全措施；安全部门还应制定教育、检查、奖罚的管理办法。

4. 进行技术交底，做好安全教育

检修前，安全检修方案的编制人负责向参加检修的全体人员进行检修方案技术交底，使

其明确检修内容、步骤、方法、质量标准、人员分工、注意事项、存在的危险因素和由此而采取的安全技术措施等,达到分工明确、责任到人。同时还要组织检修人员到检修现场,了解和熟悉现场环境,进一步核实安全措施的可靠性。技术交底工作结束后,由检修单位的安全负责人或安全员,根据本次检修的难易程度、存在的危险因素、可能出现的问题和工作中容易疏忽的地方,结合典型事故案例,进行系统全面的安全技术和安全思想教育,以提高执行各种规章制度的自觉性和落实安全技术措施重要性的认识,使其从思想上、劳动组织上、规章制度上、安全技术措施上进一步落实,从而为安全检修创造必要的条件。对参加关键部位或特殊技术要求的项目检修人员,还要进行专门的安全技术教育和考核,合格后方可参加装置检修工作。

5. 全面检查,消除隐患

装置停车检修前,应由检修指挥部统一组织,分组对停车前的准备工作进行一次全面细致的检查。

检修工作中,使用的各种工器具、设备,特别是起重工具、脚手架、登高用具、通风设备、照明设备、气体防护器具和消防器材,要有专人进行准备和检查。检查人员要将检查结果认真登记,并签字存档。

任务实施

活动 认识化工装置检修作业流程

活动描述:在教师的指导下,学生以小组为单位,讨论、制定化工装置检修作业流程,并与标准作业流程对比,进行评价和反思。

活动场地:现代化工生产与安全团体培训中心。

活动方式:小组讨论、团队合作。

活动流程:

1. 制定化工装置检修作业流程

小组合作,讨论化工装置检修作业的一般流程,并以思维导图的形式绘制出来。

2. 认识化工装置检修作业标准流程

(1)作业任务交底 学生先要了解作业内容和作业背景,熟悉作业场景。之后进行危害识别和作业票选择(图6-1),填写作业票。

危害识别	☑高处坠落 ☐环境污染	☐车辆伤害 ☐高温灼烫	☐机械伤害 ☑中毒窒息	☑物料喷溅 ☐射线伤害	☐物体打击 ☑着火爆炸	☐夜间作业 ☐淹溺	☐粉尘 ☐塌方	☐触电 ☐其他:
票证确认	☐用火作业许可证 ☐高处作业许可证 ☐起重作业许可证 ☐射线作业许可证 ☐其他:		☑进入受限空间作业许可证 ☐临时用电作业许可证 ☐临时占用消防道路作业许可证 ☐拆(封)人孔许可证		☐土石方作业许可证 ☐试压作业许可证 ☐电气作业许可证 ☐脚手架验收票		☐盲板抽堵安全作业许可证 ☐防水堤开口证 ☐消防栓使用证	

图6-1 危害识别和作业票选择

(2)危害识别和风险点分析 学生先要了解导致事故发生的原因。导致事故发生的原因有三个方面:物的不安全状态、人的不安全行为、管理上的缺陷。此阶段重点考查学员的风险点分析能力，学生需根据作业介绍和任务场景的设置，找出可能导致事故发生的风险点。注意，此阶段中的风险点分析的是一种可能性，属于正式作业前的准备工作，而不是真的发生了事故。

（3）安全措施检查与纠正　学生看到的是作业现场即将开始作业前的情况。作业现场此时存在安全隐患，由学生来判断安全措施是否落实。发现安全措施错误时，要及时纠正；发现缺少安全措施时，要及时增加。在此阶段中，可能存在重大安全隐患，如果学生没有发现，在作业开始后会直接显示作业失败。

（4）开始作业　学生需要选择进入作业现场的人员及劳保着装、工具、票证等。明确人员职责，在作业前、作业中、作业后的作业全过程中，每个人在作业现场应该做什么。确认所有人员的工作都结束后，可以点击作业完成来提交作业，此时会显示最终评分。作业流程见图 6-2。

	作业任务交底	JSA分析	安全措施	开始作业
物的不安全状态		√	√	√
人的不安全行为		√		√
管理上的缺陷	√		√	
	知	思	行（安全员）	行（所有人员）

图 6-2　化工装置检修作业流程

3. 成果呈现

对比化工装置检修作业标准流程，以小组为单位找出不足，完善本小组绘制的关于装置检修作业流程的思维导图。

任务二　认识盲板抽堵作业

任务引入

2005 年 2 月 16 日，某炼油厂液化气车间 1500 吨/年硫黄回收装置尾气烟道烧穿，紧急停工处理。2 月 19 日下午 6 时 20 分左右，施工单位一名民工先进入炉内，将位于炉中部通往一级冷凝器 E-101 方向的挡墙拆除。随后车间技术员穿上连体服，带上照明手电，佩戴了过滤式（防硫化氢）防毒面具，深入炉内检查。大约 5min 后，监护人员发现炉内没动静，立即进入炉中将技术员救出，送往医院抢救无效，死亡。

事故直接原因：由于制硫炉顶与二级转化反应器入口管线相连的二级掺合阀处于半开启状态，氮气从二级转化反应器入口处经二级掺合阀倒串入制硫炉内顶部，在当事人进入炉内深处检查时，因氮气窒息而死亡。

事故间接原因：车间没有指定专人负责盲板封堵工作，未建立盲板抽堵登记表，没有隔断制硫炉顶与二级转化反应器入口管线相连的二级掺合阀。车间领导、公司质量安全环保处在随后的检测、检查中都未发现此隐患。

盲板抽堵工作是一项非常重要的工作，在化工装置的开停车、检修作业中扮演着重要的角色。但同时又是一项危险性很高的工作。为避免各类事故的发生，必须对盲板抽堵工作有清晰的认识，熟悉操作流程，强化操作技能。

任务分析

事故致因理论的能量意外释放理论，认为事故是一种不正常的或不希望的能量释放，各种形式的能量是构成伤害的直接原因。根据能量意外释放论，可以利用各种屏蔽来防止意外的能量转移，从而防止事故的发生。化工装置中设备通过管道相连，设备与管道之间虽有各种阀门控制，但生产过程中，阀门长期受内部介质的冲洗和化学腐蚀作用，严密性能减弱，有可能出现泄漏，所以在设备或管道检验时，仅仅用封闭阀门来与生产系统隔离，往往是不可靠的。因此，在设备、管道内加装盲板是最有效的能量隔离手段。

必备知识

一、认识盲板

盲板的正规名称叫法兰盖，有的也叫作盲法兰或者管堵。它是中间不带孔的法兰，用于封堵管道口。所起到的功能和封头及管帽是一样的，只不过盲板密封是一种可拆卸的密封装置，而封头的密封是不准备再打开的。

盲板主要是用于将生产介质完全隔离，防止由于切断阀关闭不严，影响生产，甚至造成事故。盲板应设置在要求隔离的部位，如设备接管口处、切断阀前后或两个法兰之间，常推荐使用8字盲板；为打压、吹扫等一次性使用的部位亦可使用插板（圆形盲板）。

1. 盲板的分类和作用

盲板从外观上看，一般分为板式平板盲板、8字盲板、插板以及垫环（插板和垫环互为盲通）。盲板起隔离、切断作用，和封头、管帽、焊接堵头所起的作用是一样的。由于其密封性能好，对于需要完全隔离的系统，一般都作为可靠的隔离手段。板式平板盲板就是一个带柄的实心的圆，用于通常状况下处于隔离状态的系统。而8字盲板，形状像8字，一端是盲板，另一端是节流环，但直径与管道的管径相同，并不起节流作用。8字盲板，使用方便，需要隔离时，使用盲板端，需要正常操作时，使用节流环端，同时也可用于填补管路上盲板的安装间隙。另一个特点就是标识明显，易于辨认安装状态。常见的盲板如图6-3所示。

图6-3 常见的盲板

2. 盲板的应用部位

① 原始开车准备阶段，在进行管道的强度试验或严密性试验时，不能和相连的设备（如透平、压缩机、气化炉、反应器等）同时进行的情况下，需在设备与管道的连接处设置盲板。

② 界区外连接到界区内的各种工艺物料管道，当装置停车时，若该管道仍在运行之中，在切断阀处设置盲板。

③ 装置为多系列时，从界区外来的总管道分为若干分管道进入每一系列，在各分管道的切断阀处设置盲板。

④ 装置要定期维修、检查或互相切换时，所涉及的设备需完全隔离时，在切断阀处设置盲板。

⑤ 冲压管道、置换气管道（如氮气管道、压缩空气管道）工艺管道与设备相连时，在切断阀处设置盲板，如图 6-4 所示。

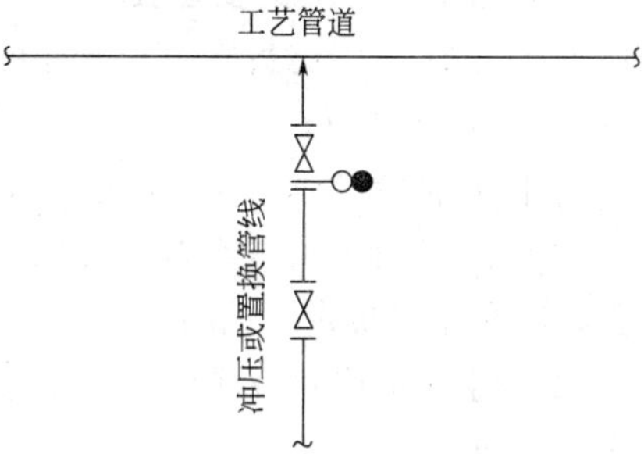

⑥ 设备、管道的低点排净，若工艺介质需集中到统一的收集系统，在切断阀后设置盲板，如图 6-5 所示。

⑦ 设备和管道的排气管、排液管、取样管在阀后应设置盲板或丝堵。无毒、无危害健康和非爆炸危险的物料除外。

⑧ 装置分期建设时，有互相联系的管道在切断阀处设置盲板，以便后续工程施工，如图 6-6 所示。

⑨ 装置正常生产时，需完全切断的一些辅助管道，一般也应设置盲板。

图 6-4　冲压或置换管线时的盲板设置

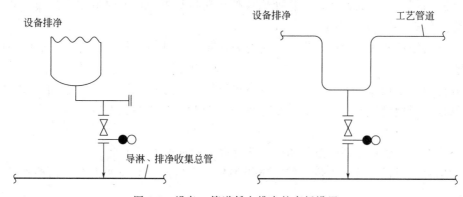

图 6-5　设备、管道低点排净的盲板设置

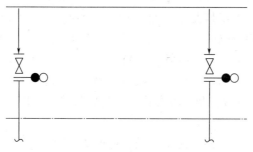

图 6-6　装置分期建设时的盲板设置

3. 注意事项

① 在满足工艺要求的前提下，尽可能少设盲板。

② 所设置的盲板必须注明正常开启或正常关闭。

③ 盲板所设置的部位在切断阀的上游还是下游，应根据切断效果、安全和工艺要求来决定。

二、盲板抽堵作业

盲板抽堵作业是指在设备抢修或检修过程中，设备、管道内存有物料及一定温度、压力情况时的盲板抽堵，或设备、管道内物料经吹扫、置换、清洗后的盲板抽堵。

1. 盲板抽堵作业的安全要求

① 盲板抽堵作业实施作业证许可管理，作业前应办理《盲板抽堵安全作业许可证》（以下简称《作业证》）。

② 盲板抽堵作业人员应经过安全教育和专门的安全培训，并经考核合格。

③ 生产车间应预先绘制盲板位置图，对盲板进行统一编号，并设专人负责。盲板抽堵作业人应在作业负责人的指导下按图作业。

④ 作业人员应对现场作业环境进行有害因素辨识并制定相应的安全措施。

⑤ 盲板抽堵作业应设专人监护，监护人不得离开作业现场。

⑥ 在作业复杂、危险性大的场所进行盲板抽堵作业，应制定应急预案。

⑦ 在有毒介质的管道、设备上进行盲板抽堵作业时，系统压力应降到尽可能低的程度，作业人员应穿戴适合的防护用具。

⑧ 在易燃易爆场所进行盲板抽堵作业时，作业人员应穿防静电工作服、工作鞋；距作业地点 30m 内不得有动火作业；工作照明应使用防爆灯具；作业时应使用防爆工具，禁止用铁器敲打管线、法兰等。

⑨ 在强腐蚀性介质的管道、设备上进行盲板抽堵作业时，作业人员应采取防止酸碱灼伤的措施。

⑩ 在介质温度较高、可能对作业人员造成烫伤的情况下，作业人员应采取防烫措施。

⑪ 高处盲板抽堵作业应按 AQ 3025—2008《化学品生产单位高处作业安全规范》的规定进行。

⑫ 不得在同一管道上同时进行两处及两处以上的盲板抽堵作业。

⑬ 抽堵盲板时，应按盲板位置图及盲板编号，由生产车间设专人统一指挥作业，逐一确认并做好记录。

⑭ 每个盲板应设标牌进行标识，标牌编号应与盲板位置图上的盲板编号一致。

⑮ 作业结束，由盲板抽堵作业负责人、车间系统组长、生产部共同确认。

2. 盲板及附件的选用要求

① 盲板选材应平整、光滑、无裂纹和孔洞。

② 应根据需隔离介质的温度、压力、法兰密封面等特性选择相应的材质、厚度、口径和符合设计、制造要求的盲板、垫片及螺栓。高压盲板使用前应经探伤合格，并符合相应标准的要求。

③ 盲板应有一个或两个手柄，便于加拆、辨识及挂牌。

④ 需要长时间盲断的，在选用盲板、螺栓和垫片等材料时，应考虑物料介质、环境和

其他潜在因素可能造成的腐蚀，以满足正常生产运行需要。

> **任务实施**

活动　盲板抽堵作业

活动描述：以三人为一小组，小组成员分别担任内操（A）、外操（B）、班长（C）的角色。在含乙酸乙酯物料的生产装置上进行盲板抽堵作业。

活动场地：现代化工实训中心。

活动方式：直观演示、练习法。

活动流程：

1. 认识作业流程

① 办理盲板抽堵安全作业证。（A）

② 作业条件检查：工艺参数作业条件的确认。（A+B/C）

③ 个人防护：防爆扳手，防静电服，干粉灭火器，消防蒸汽（XV-119 阀门打开），防静电手套。（A+B/C）

④ 关闭相应阀门：XV-108、XV-109、XV-115、XV-118。（A+B/C）

⑤ 进行盲板抽堵作业。（ABC）

⑥ 添加盲板警示牌。（A+B/C）

2. 认识盲板抽堵安全作业证

盲板抽堵安全作业证见表 6-1。

3. 操作练习

小组成员按角色承担的工作，在含乙酸乙酯物料的生产装置上进行盲板抽堵作业操作练习。

4. 成果呈现

以小组为单位，展示在含乙酸乙酯物料的生产装置上的盲板抽堵作业流程。

表 6-1　盲板抽堵安全作业证（样表）

申请单位					申请人			作业证编号		
管道名称	介质	温度	压力	盲板		实施时间	作业人		监护人	
				编号	规格	堵				
作业单位负责人										
涉及的其他特殊作业										

续表

序号	安全措施	确认人
1	在有毒介质的管道、设备上作业时,尽可能降低系统压力,作业点应为常压	
2	在有毒介质的管道、设备上作业时,作业人员穿戴适合的防护工具	
3	易燃易爆场所,作业人员穿防静电工作服、工作鞋;作业时使用防爆灯具和防爆工具	
4	易燃易爆场所,距作业地点 30m 内无其他动火作业	
5	在强腐蚀性介质的管道、设备上作业时,作业人员已采取防止酸碱灼伤的措施	
6	介质温度较高、可能造成烫伤的情况下,作业人员已采取防烫措施	
7	同一管道上不同时进行两处及两处以上的盲板抽堵作业	
8	其他安全措施:	

生产车间(分厂)意见

签字: 年 月 日 时 分

作业单位意见

签字: 年 月 日 时 分

审批单位意见

签字: 年 月 日 时 分

盲板抽堵作业单位确认情况

签字: 年 月 日 时 分

任务三 认识高处作业

任务引入

2013 年 7 月 12 日中午,上海某企业组织人员,在位于大连甘井子区泉水的起重机安装现场进行卸船机安装作业过程中,安装工姜某在没有采取防止坠落的安全措施情况下,擅自爬上卸船机主梁上方,欲调整司机室位置,不慎从主梁上坠落到地面摔伤,后被立即送往医院救治,经抢救无效于当日死亡。

事故直接原因:上海某企业安装工姜某,安全意识淡薄,违反《起重作业安全操作规程》中关于"吊物悬空时,不允许登上吊物"的规定,以及企业《钳工作业安全操作规程》中钳工登高作业时应"捆扎好安全带,并应系在牢固的结构架上或专设的绳索上"的规定。通过主梁冒险登上悬空的司机室,且在调整司机室位置时,没有采取将安全带固定在结构架上的安全措施的情况下,进行调整司机室作业,因在拖拽手拉葫芦时造成封固钢丝绳松脱,司机室发生滑动,导致其从 45 米高处坠落,是事故发生的直接原因,也是事故发生的主要原因。

事故间接原因:第一,现场负责人陈某,未按照工艺要求选取钢丝绳,造成两侧吊装钢丝绳相差 3.3 米,导致主梁起吊时偏斜 7 度,违反了企业《起重作业安全操作规程》中关于"歪、拉、斜挂不吊"的规定,导致司机室封固钢丝绳松脱后受重力沿倾斜角度快速下滑,导致没有采取安全措施的姜某晃倒而坠落,是造成事故发生的间接原因。

第二,现场负责人周某,对高处作业人员的安全教育和预防措施采取得不到位,对高处作业过程中的风险认识不足,高处作业人员没有将安全带固定在结构架上,在不具备安全条件的情况下作业,没有及时发现,未能负起现场监管的职责,在执行起重作业、高处作业前"三检"等相关管理制度上存在不足,是事故发生的又一间接原因。

高处作业在企业中尤其化工企业中经常遇到。在化工企业检修现场有时需要高处作业,对从事高处作业人员要坚持开展经常性安全教育和安全技术培训,使其认识掌握高处坠落事故规律和事故危害,牢固树立安全意识,掌握预防、控制事故能力,并做到严格执行安全操作规程。

任务分析

高处作业的高处本身就意味着危险,高处作业最致命也是多发的事故就是高处坠落。高处坠落的原因是多种多样的,一般的有:因高处作业现场堆物杂乱,工人行走时被绊倒摔下;因高处作业地面有油,工人滑倒摔下;因抱着工料行走,工料遮挡视线,撞上障碍物摔下或踏空掉下孔洞;因高处工人与地面工人间抛接物料,站立不稳摔下;因操作方法不当或站立位置不当,失去重心摔下;因高处的支撑架或梯步坍塌摔下;因休息不好体力不支,或玩笑嬉戏动作失调摔下。

必备知识

一、高处作业

高处作业指在基准面 2m 以上(含 2m)有可能坠落的高处进行的作业,如图 6-7 所示。在化工企业,作业虽在 2m 以下,但属下列作业的,仍视为高处作业:虽有护栏的框架结构装置,但进行的是非经常性工作,有可能发生意外的工作;在无平台、无护栏的塔、釜、炉、罐等化工设备和架空管道上的作业;高大独自化工设备容器内进行的登高作业;作业地段的斜坡(坡度大于 45°)下面或附近有坑、井,在有风雪袭击、机械振动以及有机械转动或堆放物易伤人的地方作业等。高处作业要求承载时建筑物或支承处应承住吊篮的载荷。理论上来说高处作业有一定的风险,据统计,石油化工企业高处坠落事故造成伤亡人数仅次于火灾和中毒事故。

图 6-7 高处作业

项目六 化工装置检修作业

高处作业按作业高度可分为四个等级。作业高度在2～5m时，称为一级高处作业；作业高度在5～15m时，称为二级高处作业；作业高度在15～30m时，称为三级高处作业；作业高度在30m以上时，称为特级高处作业。

二、高处作业的危险分析

化工装置多数为多层布局，高处作业的机会比较多。如设备、管线拆装，阀门检修更换，仪表校对，电缆架空敷设等。高处作业，事故发生率高，伤亡率也高。发生高处坠落事故的原因主要是：洞、坑无盖板或检修中移去盖板；平台、扶梯的栏杆不符合安全要求，临时拆除栏杆后没有防护措施，不设警告标志；高处作业不挂安全带、不戴安全帽、不挂安全网；梯子使用不当或梯子不符合安全要求；不采取任何安全措施，在石棉瓦之类不坚固的结构上作业；脚手架有缺陷；高处作业用力不当、重心失稳；工器具失灵，配合不好，危险物料伤害坠落；作业附近对电网设防不妥触电坠落等。一名体重为60kg的工人，从5m高处滑下坠落地面，经计算可产生300kg冲击力，会致人死亡。高处作业存在的风险因素包括：

① 阵风风力5级（风速8.0m/s）以上；

② GBZ/T 229.3—2010《工作场所职业病危害作业分级 第3部分：高温》规定的Ⅱ级或Ⅱ级以上的高温作业；

③ 平均气温≤5℃的作业环境；

④ 接触冷水温度≤12℃的作业；

⑤ 作业场所有冰、雪、霜、水、油等易滑物；

⑥ 作业场所光线不足，能见度差；

⑦ 作业活动范围与危险电压带电体的距离过小；

⑧ 摆动，立足处不是平面或只有很小的平面，即任一边小于500mm的矩形平面、直径小于500mm的圆形平面或具有类似尺寸的其他形状的平面，致使作业者无法维持正常姿势；

⑨ GBZ/T 189.10—2007《工作场所物理因素测量 第10部分：体力劳动强度分级》规定的Ⅲ级或Ⅲ级以上的体力劳动强度；

⑩ 存在有毒气体或空气中氧含量低于0.195的作业环境。

三、高处作业的安全要求

① 作业人员。患有精神病等职业禁忌证的人员不准参加高处作业。检修人员饮酒、精神不振时禁止登高作业。作业人员必须持有作业证。

② 作业条件。高处作业必须戴安全帽、系安全带。作业高度2m以上应设置安全网，并根据位置的升高随时调整。高度超15m时，应在作业位置垂直下方4m处，架设一层安全网，且安全网数不得少于3层。

③ 现场管理。高处作业现场应设有围栏或其他明显的安全界标，除有关人员外，不准其他人在作业点的下面通行或逗留。

④ 防止工具材料坠落。高处作业应一律使用工具袋。较粗、重工具用绳拴牢在坚固的构件上，不准随便乱放；在格栅式平台上工作，为防止物件坠落，应铺设木板；递送工具、材料不准上下投掷，应用绳系牢后上下吊送；上下层同时进行作业时，中间必须搭设严密牢

固的防护隔板、罩棚或其他隔离设施；工作过程中除指定的、已采取防护围栏处或落料管槽可以倾倒废料外，任何作业人员严禁向下抛掷物料。

⑤ 防止触电和中毒。脚手架搭设时应避开高压电线，无法避开时，作业人员在脚手架上活动范围及其所携带的工具、材料等与带电导线的最短距离要大于安全距离（电压等级为 63kV～110kV，安全距离为 2.5m；220kV，4m；330kV，5m）。高处作业地点靠近放空管时，事先与生产车间联系，保证高处作业期间生产装置不向外排放有毒有害物质，并事先向高处作业的全体人员交代明白，万一有毒有害物质排放时，应迅速采取撤离现场等安全措施。

⑥ 气象条件。六级以上大风、暴雨、打雷、大雾等恶劣天气，应停止露天高处作业。

⑦ 注意结构的牢固性和可靠性。在槽顶、罐顶、屋顶等设备或建筑物、构筑物上作业时，除了临空一面应装安全网或栏杆等防护措施外，事先应检查其牢固可靠程度，防止失稳或破裂等可能出现的危险；严禁直接站在油毛毡、石棉瓦等易碎裂材料的结构上作业。为防止误登，应在这类结构的醒目处挂上警告牌；登高作业人员不准穿塑料底等易滑的或硬性厚底的鞋子；冬季严寒作业应采取防冻防滑措施或轮流进行作业。

高处作业必须办理《高处安全作业证》，持证作业（见表6-2）。

四、高处作业的安全防护

① 进入现场，必须戴好安全帽，扣好帽带，并正确使用个人劳动防护用具。

② 悬空作业处应有牢靠的立足处，并必须视具体情况，配置防护网、栏杆或其他安全设施。

③ 悬空作业所用的索具、脚手板、吊篮、吊笼、平台等设备，均需经过技术鉴定或检验方可使用。

④ 建筑施工进行高处作业之前，应进行安全防护设施的逐项检查和验收。验收合格后，方可进行高处作业。验收也可分层进行，或分阶段进行。

⑤ 安全防护设施，应由单位工程负责人验收，并组织有关人员参加。

⑥ 安全防护设施的验收应按类别逐项查验，做好验收记录。凡不符合规定者，必须修整合格后再行查验。施工工期内还应定期进行抽查。

任务实施

活动　高处作业

活动描述：以三人为一小组，小组成员分别担任内操（A）、外操（B）、班长（C）的角色。在含氰化钠的生产装置上进行高处（更换盲板）作业。

活动场地：现代化工实训中心。

活动方式：直观演示、练习法。

活动流程：

1. 认识作业流程

① 办理高处安全作业证和盲板抽堵安全作业证。（A）

② 作业条件检查：工艺参数作业条件的确认。（A+B/C）

③ 个人防护：轻型防化服，化学防护手套，泡沫灭火器，化学防护眼镜，过滤式防毒

面具。(A+B/C)

④ 关闭相应阀门：XV-108、XV-109、XV-115、XV-118。(A+B/C)

⑤ 进行盲板抽堵作业。(ABC)

⑥ 添加盲板警示牌。(A+B/C)

2．认识高处安全作业证

高处安全作业证见表 6-2。

表 6-2 高处安全作业证（样表）

在 30m 以上的特级高处作业，必须由主管领导和安全部门审核签发					
申请作业单位					
项目名称				作业级别	
作业人					
作业负责人		监护人		填写人	
作业内容					
作业时间					
如果作业条件、工作范围等发生异常变化，必须立即停止工作，本许可证同时作废					
以下所有注意事项必须有人签字					
作业必要条件					确认人
患有高血压、心脏病、贫血病、癫痫病等不适于高处作业人员，不得从事高处作业					
高处作业人员着装符合要求，戴好安全帽，衣着灵便，禁止穿硬底和带钉易滑鞋					
作业人员须佩戴安全带，严禁用绳子捆在腰部代替安全带					
作业人员携带工具袋，随身携带的工具、零件、材料等必须装入工具袋					
邻近地区有排放有毒、有害气体、粉尘超标的烟囱及设备的场所，严禁高处作业					
六级风以上和雷电、暴雨、大雾等恶劣气候条件下，禁止进行露天高处作业					
高处作业场所离架空电线保持规定的安全距离（高处作业人员距普通电线 1m 以上，普通高压线 2.5m 以上，并要防止运送来的导体碰到电线）					
现场搭设的脚手架、防护围栏符合安全规程					
垂直分层作业中间有隔离措施					
梯子或绳梯符合安全规程规定					
在石棉瓦等不承重物上作业应搭设固定承重板，并站在承重板上					
高处作业应有充足的照明，安装临时灯、防爆灯					
特级高处作业配备有通信工具					
其他措施：佩戴过滤式呼吸器、空气呼吸器					
补充安全措施					
作业许可证签发					
作业负责人意见： 签名：			作业所在单位负责人意见： 签名：		
现场负责人意见： 签名：			分厂单位领导意见： 签名：		

安全监管部门意见：		签名：	
完工验收	年　月　日　时　分	签名	

注：1. 本票最长有效期为七天，一个施工点一票。
2. 作业负责人负责将本票向所有涉及作业人员解释，所有人员必须在本票上面签名。
3. 此票一式三份，作业负责人随身携带一份，签发人、安全人员各一份。
4. 特级：30m 以上；三级：15~30m；二级：5~15m；一级：1~5m。

3. 操作练习

小组成员按角色承担的工作，在含氰化钠的生产装置上进行高处（更换盲板）作业操作练习。

4. 成果呈现

以小组为单位，展示在含氰化钠的生产装置上的高处（更换盲板）作业流程。

任务四　进入受限空间作业

任务引入

某市化工原料厂碳酸钙车间计划对碳化塔塔内进行清理作业，车间主任安排3名操作人员进行清理，只强调等他本人到现场后方准作业（车间主任在该公司工作时间较长，以往此种作业都凭其经验处理），其中1人先到碳化塔旁，为提前完成任务，冒险进入碳化塔进行清理，窒息昏倒，待其余2人与车间主任到时，佩戴呼吸器将其救出，但因窒息时间过长已死亡。经检查发现，该公司未制定有关受限空间作业的安全制度。

这是一起典型的因受限空间作业不当而引发的化工安全事故。在化工企业，人员进入各种设备内部（炉、塔釜、罐、仓、池、槽车、管道、烟道等）进行操作时，必须遵守受限空间操作的安全规章制度，并接受安全教育和安全技术培训，掌握进入受限空间操作规范，树立安全意识，具备预防、控制事故能力，并做到严格执行安全操作规程。

任务分析

《中华人民共和国安全生产法》规定：生产经营单位的主要负责人应组织制定本单位的安全生产规章制度和操作规程。该厂制定的危险作业管理制度不全，受限空间作业仅凭经验进行，作业人员为赶进度在未采取任何安全措施的前提下，进入塔内作业，引起了事故的发生。

必备知识

一、受限空间基本概念

受限空间是指工厂的各种设备内部（炉、塔釜、罐、仓、池、槽车、管道、烟道等）和城市（包括工厂）的隧道、下水道、沟、坑、井、池、涵洞、阀门间、污水处理设施等封闭、半封闭的设施及场所（船舱、地下隐蔽工程、密闭容器、长期不用的设施或通风不畅的场所等），以及农村储存红薯、土豆等的井、窖等。通风不良的矿井也应视同受限空间。

受限空间分为三类：

① 密闭设备：如船舱、贮罐、车载槽罐、反应塔（釜）、冷藏箱、压力容器、管道、烟道、锅炉等；

② 地下受限空间：如暗沟、隧道、涵洞、地坑、废井、地窖、污水池（井）、沼气池、化粪池、下水道等；

③ 地上受限空间：如储藏室、酒糟池、发酵池、垃圾站、温室、冷库、粮仓、料仓等。

进入受限空间作业如图6-8所示。

图6-8　进入受限空间作业

二、进入受限空间作业的不安全因素分析

按照国标GB/T 13861—2022《生产过程危险和有害因素分类与代码》，将受限空间作业过程中存在的危险、有害因素分为四大类：人的因素、物的因素、环境因素、管理因素。

1. 人的因素

（1）作业人员因素　作业人员不了解在进入期间可能面临的危害；不了解隔离危害和查证已隔离的程序；不了解危害暴露的形式、征兆和后果；不了解防护装备的使用和限制，如测试、监督、通风、通讯、照明、预防坠落、障碍物以及进入方法和救援装备；不清楚监护人用来提醒撤离时的沟通方法；不清楚当发现有暴露危险的征兆或症状时，提醒监护人的方法；不清楚何时撤离受限空间，可能导致事故发生。

（2）监护人员因素　监护人不了解作业人员在进入期间可能面临的危害；不了解作业人员受到危害影响时的行为表现；不清楚召唤救援和急救部门帮助进入者撤离的方法，就不能起到监督空间内外活动和保护进入者安全的作用。

2. 物的因素

（1）有毒气体　受限空间内可能会存在很多的有毒气体，既可能是在受限空间内已经存在的，也可能是在工作过程中产生的。聚积于受限空间的常见有害气体有硫化氢、一氧化碳、沼气等，这些都对作业人员构成中毒威胁。

① 硫化氢（H_2S）是无色气体，有特殊的臭味（臭鸡蛋味），易溶于水；相对密度比空气大，易积聚在通风不良的城市污水管道、窨井、化粪池、污水池、纸浆池以及其他各类发酵池和蔬菜腌制池等低洼处（含氮化合物例如蛋白质腐败分解产生）。硫化氢属窒息性气体，

是一种强烈的神经毒物。硫化氢浓度在 0.4mg/m^3 时,人能明显嗅到硫化氢的臭味;70～150mg/m^3 时,吸入数分钟即发生嗅觉疲劳而闻不到臭味,浓度越高嗅觉疲劳越快,越容易使人丧失警惕;超过 760mg/m^3 时,短时间内即可引发肺水肿、支气管炎、肺炎,可能造成生命危险;超过 1000mg/m^3,可致人发生电击样死亡。

② 一氧化碳(CO)是无色无臭气体,微溶于水,溶于乙醇、苯等多数有机溶剂;属于易燃易爆有毒气体,与空气混合能形成爆炸性混合物,遇明火、高热能引起燃烧爆炸。一氧化碳在血中易与血红蛋白结合(相对于氧气)而造成组织缺氧。轻度中毒者出现头痛、头晕、耳鸣、心悸、恶心、呕吐、无力,血液碳氧血红蛋白浓度可高于 10%;中度中毒者除上述症状外,还有皮肤黏膜呈樱红色、脉快、烦躁、步态不稳、浅至中度昏迷,血液碳氧血红蛋白浓度可高于 30%;重度患者深度昏迷、瞳孔缩小、肌张力增强、频繁抽搐、大小便失禁、休克、肺水肿、严重心肌损害等。

(2) 氧气不足　受限空间内的氧气不足是经常遇到的情况。氧气不足的原因很多,如被密度大的气体(如二氧化碳)挤占、燃烧、氧化(比如生锈)、微生物行为(如老鼠分解)、吸收和吸附(如潮湿的活性炭)、工作行为(如使用溶剂、涂料、清洁剂或者是加热工作)等都可能影响氧气含量。作业人员进入后,可由于缺氧而窒息,而超过常量的氧气可能会加速燃烧或其他的化学反应。

(3) 可燃气体　在受限空间中常见的可燃气体包括:甲烷、天然气、氢气、挥发性有机化合物等。这些可燃气体和蒸气来自于地下管道间泄漏(电缆管道和城市煤气管道间)、容器内部残存、细菌分解、工作产物(在受限空间涂漆、喷漆、使用易燃易爆溶剂)等,如遇引火源,就可能导致火灾甚至爆炸。在受限空间中的引火源包括:产生热量的工作活动、打火工具、光源、电动工具、电子仪器,甚至静电。

3. 环境因素

过冷、过热、潮湿的受限空间有可能对人员造成危害;在受限空间时间长了以后,会由于受冻、受热、受潮,致使体力不支。

在具有湿滑的表面的受限空间作业,有导致人员摔伤、磕碰等的危险。进行人工挖孔桩作业的事故现场,有坍塌、坠落,造成击伤、埋压的危险。清洗大型水池、储水箱、输水管(渠)的作业现场有导致人员遇溺的危险。作业现场电气防护装置失效或误操作,电气线路短路、超负荷运行,雷击等都有可能发生电流对人体的伤害,而造成伤亡事故的危险。

4. 管理因素

安全管理制度的缺失、有关施工(管理)部门没有编制专项施工(作业)方案、没有应急救援预案或未制定相应的安全措施、缺乏岗前教育及进入受限空间作业人员的防护装备与设施得不到维护和维修,是造成该类事故发生的重要原因。未制定受限空间作业的操作规程、操作人员无章可循而盲目作业、操作人员在未明了作业环境情况下贸然进入受限空间作业场所、误操作生产设备、作业人员未配置必要的安全防护与救护装备等,都有可能导致事故的发生。

三、进入受限空间作业安全要求

① 进入容器、设备内部作业要按设备深度搭设安全梯,配备救护绳索,以保证应急时使用。

② 进入容器、设备内部作业应视具体作业条件,采取通风措施,对通风不良以及容积

极小的容器设备,作业人员应采取间歇作业,不得强行连续作业。

③ 进入容器、设备内部作业必须设专人监护,重点危险作业如进入气柜等除指定专人监护外,安全环保科应派人到现场监察。

④ 进入容器、设备前应拆离与其相连管道,并加上盲板,切断电气,并在管道阀门上和电气开关上挂上"禁止开启"标识,以防他人误开。

⑤ 必须把所有人孔、手孔和一切可通气的孔盖打开,并将拆下的人孔盖等配件放置妥当,以防坠落伤人。

⑥ 进入确实无法彻底清洗的有毒容器设备中,检修人员应穿戴相应的劳动保护用品,戴好防毒面具,将呼吸管拖出釜外进行换气,监护人不得离开。

⑦ 进入容器、设备内部检修人员,禁止穿化纤衣服和铁钉鞋进入。

⑧ 在容器、设备内进行气焊、气割,动焊人在进入容器、设备前,要进行试气割,确认安全正常后才能进入容器、设备作业。动焊作业完成后,动焊人离开时,不得将乙炔焊枪放在罐内,以防止乙炔泄漏。

⑨ 进入容器、设备内部作业,申请许可证的时间一次不得超过一天。作业因故中断或安全条件改变时,应重新补办《受限空间作业许可证》。

⑩ 作业竣工时,检修人员和监护人员共同检查罐内外,在确认无误后,在作业证上的验收栏处签字后,检修人员方可封闭各人孔。

四、进入受限空间作业工作人员职责

1. 作业人员职责

① 负责在保障安全的前提下进入受限空间实施作业任务。作业前应了解作业的内容、地点、时间、要求,熟知作业中的危害因素和应采取的安全措施。

② 确认安全防护措施落实情况。

③ 遵守受限空间作业安全操作规程,正确使用受限空间作业安全设施与个体防护用品。

④ 应与监护人员进行必要的、有效的安全、报警、撤离等双向信息交流。

⑤ 服从作业监护人的指挥,如发现作业监护人员不履行职责时,应停止作业并撤出受限空间。

⑥ 在作业中如出现异常情况、感到不适或呼吸困难时,应立即向作业监护人发出信号,迅速撤离现场。

2. 监护人员职责

① 对受限空间作业人员的安全负有监督和保护的职责。一般配备2人以上监护人员,身体健壮的男性员工担任监督和保护职责,并在作业证上签名确认。

② 了解可能面临的危害,对作业人员出现的异常行为能够及时警觉并做出判断。与作业人员保持联系和交流,观察作业人员的状况。

③ 当发现异常时,立即向作业人员发出撤离警报,并帮助作业人员从受限空间逃生,同时立即呼叫紧急救援。

④ 掌握应急救援的基本知识。

任务实施

活动　进入受限空间作业(实训)

活动描述:以三人为一小组,小组成员分别担任内操(A)、外操(B)、班长(C)的角色。在含氰化钠的生产装置上进行受限空间作业（罐内塔盘上浮阀的更换）。

活动场地：现代化工实训中心。

活动方式：直观演示、练习法。

活动流程：

1. 认识作业流程

① 办理受限空间作业许可证。（A）

② 现场拉警戒线，放置"严禁进入"警示牌。（B/C）

③ 打开人孔，置换新鲜空气。（A＋B/C）

④ 受限空间作业前，做气体环境检测。（A＋B/C）

⑤ 选择照明灯具，选择安全电压（36V）。（ABC）

⑥ 佩戴安全带、工具袋。（A＋B/C）

⑦ 选择应急用品：过滤式防毒面具、消防蒸汽、干粉灭火器、清水、救生绳。

⑧ 拆卸和安装塔盘。

⑨ 更换浮阀。

⑩ 安装人孔。

2. 认识受限空间作业许可证

详见表 6-3。

表 6-3 受限空间作业许可证（样表）

作业申请单位			
设备名称（位号）		作业人员	
作业内容			
监护人		作业负责人	
作业票签发人：			
本证有效期时间：			
以下所有内容必须由相关的安全、技术等人员进行签字确认，如果作业条件、工作内容等发生异常变化，必须立即停止作业，本作业票同时作废			
作业条件			确认人
作业前对设备进入作业的危险性进行分析，对作业人员进行应急、救护等安全技术交底			
所有与设备有联系的阀门、管线加盲板隔离，所加盲板列出清单，落实拆装责任人			
设备经过置换、吹扫、蒸煮			
设备打开通风孔自然通风两个小时以上，温度适宜人员作业，必要时采用强制通风或佩戴空气呼吸器，但设备内动焊缺氧时，严禁用通氧方法补氧			
相关设备进行处理，带搅拌机设备切断电源，挂"禁止合闸"标志牌，上锁或专人监护			
使用照明要用安全电压，电线绝缘良好。特别潮湿场所和金属设备内作业，行灯电压应在 12V 以下。使用手持电动工具应有漏电保护装置			
检查设备内部，具备作业条件，清罐时采用防爆工具			
设备周围区域及入口内外无障碍物，以确保工作及进出安全			
作业人员劳保着装规范，防护器材佩戴齐全			
盛装过可燃有毒液体、气体的设备，要进行气体含量分析，浓度不得超过标准，并附上分析报告			

续表

作业条件	确认人
已检测确认设备可燃气体浓度,初始数据[ ]时间: ,后续记录[ ]时间:	
已检测确认设备内氧气浓度,初始数据[ ]时间: ,后续记录[ ]时间:	
已检测确认设备内没有毒气,初始数据[ ]时间: ,后续记录[ ]时间:	
指出设备存在的其他危害因素,如内部附件或集液坑	
作业监护措施:消防器材(干粉或泡沫、消防蒸汽)水管、救生绳、气防装备(过滤式防毒面具)	
其他补充措施:1. 临时照明灯具选择防爆型灯具,并且照明用电电压为36V; 2. 在拆卸塔盘压片时使用防爆扳手(17号); 3. 汽提塔内作业为高处作业,须佩戴安全带	

监护人意见: 签名:	作业负责人意见: 签名:
设备单位领导意见: 签名:	生产单位负责人意见: 签名:
公司(直属单位)安全环保部门意见: 签名:	公司(直属单位)领导审批: 签名:
完工验收: 年 月 日 时 分 签名:	

3. 操作练习

小组成员按角色承担工作,在含氰化钠的生产装置上进行进入受限空间作业操作练习。

4. 成果呈现

以小组为单位,展示在含氰化钠的生产装置上的进入受限空间作业操作流程。

任务五 认识动火作业

任务引入

1993的4月14日上午,林源炼油二催化车间准备对碱罐的排碱管线进行重新配制。车间安全员按照规定,申请在正常开工的二催化装置内进行一级用火。13时30分,车间主任、工艺技术员、安全员、检修班长一起到现场,同厂安全处人员一起,对现场进行了动火安全措施的落实检查,签发了火票,维修工开始动火。14时20分,在开始动火30分钟后,当维修工气焊修整对接焊口时,碱罐下方通入碱液泵房内的管沟发生瓦斯爆炸。泵房内外各有8m长的水泥盖板被崩起,崩起的盖板将动火现场的4名维修人员砸伤,其中重伤2人,轻伤2人,事故中设备未受损坏,生产未受影响。

事故原因分析:在离动火现场9m处,管沟内有一个DN100的地漏与装置区排污下水井相通。管沟盖板上面虽然用水泥砂浆抹平,但日久天长产生了裂缝,下水井内的瓦斯气体通过地漏窜入管沟内,并从裂缝处窜出,遇见明火发生爆炸。

这是一起典型的因动火作业不规范引起的爆炸事故。动火作业是化工企业主要的也是风险最大的生产作业活动之一。如果不能充分认识并采取有效措施控制动火作业过程中的风险，很可能会引起火灾甚至爆炸等事故的发生。因此，必须认识动火作业过程中的主要风险，采取相应的防范措施，并严格执行动火作业安全操作规范。

任务分析

化工企业生产过程中会用到易燃易爆的介质，在企业检修时这些介质有可能存在于装置和管线内。即使在检修之前做了一系列的工作，但因为化工设备较多，管线结构复杂，也很可能留有死角。因此，在需动作的设备部位，必须按动火要求，采取防范措施，办理相关手续，方可作业。

必备知识

一、动火作业基本概念

动火作业是指在直接或间接产生明火的工艺设施以外的禁火区内从事可能产生火焰、火花和炽热表面的非常规作业。

动火作业分为特殊动火作业、一级动火作业、二级动火作业三类。特殊动火作业是指在生产运行状态下的易燃易爆生产装置、输送管道、储罐和容器等部位上及其他特殊危险场所进行的动火作业。一级动火作业是指在易燃易爆场所进行的除特殊动火作业以外的动火作业。二级动火作业是指除特殊动火作业和一级动火作业以外的禁火区的动火作业。

在化工装置中，凡是动用明火或可能产生火种的作业都属于动火作业（图6-9）。例如：电焊、气焊、切割、熬沥青、烘砂、喷灯等明火作业；凿水泥基础、打墙眼、电气设备的耐压试验、电烙铁、锡焊等易产生火花或高温的作业。因此凡检修动火部位和地区，必须按《危险化学品企业特殊作业安全规范》（GB 30871—2022）的要求，采取措施，办理审批手续。

图6-9 动火作业

二、动火作业的安全要求

1. 一般要求

① 动火作业必须符合国家有关法律法规及标准要求，遵守企业相关的安全生产管理制

度和操作规程；焊割工必须具有特种作业人员操作证。

② 动火作业前，操作者必须确认现场安全，明确高温熔渣、火星及其他火种可能或潜在喷溅的区域，该区域周围10m范围内严禁存在任何可燃品（化学品、纸箱、塑料、木头及其他可燃物等），确保动火区域整洁，无易燃、可燃品。

③ 对确实无条件移走的可燃品，动火时可能影响或损害无条件移走的设备、工具时，操作者必须用严密的铁板、石棉瓦、防火屏风等将动火区域与外部区域、火种与需保护的设备有效隔离、隔绝，现场备好灭火器材和水源，必要时可不定期将现场洒水浸湿。

④ 高处动火作业前，操作者必须辨识火种可能或潜在落下的区域，明确周围环境是否放置了可燃、易燃品，按规定确认、清理现场，以防火种溅落引起火灾爆炸事故；室外进行高处动火作业时，5级以上大风应停止作业。

⑤ 凡盛装过油品、油漆稀料、可燃气体、其他可燃介质、有毒介质等化学品及带压、高温的容器、设备、管道，严禁盲目动火，凡是可动可不动的火一律不动，凡能拆下来的一定拆下来移到安全地方动火。

⑥ 使用气焊割动火作业时，氧气瓶与乙炔、丙烷气瓶间距不小于5m，两者与动火作业点须保持不少于10m的安全距离，气瓶严禁在阳光下暴晒，氧气瓶口及减压阀、阀门处不得沾染油脂、油污，乙炔瓶严禁横躺卧放；运输、储存、使用气瓶时，严禁碰撞、敲击、剧烈滚动，且气瓶要放置牢固，防止气瓶倾倒。

⑦ 动火作业前应检查电焊机、气瓶（减压阀、胶管、割炬等）、砂轮、修整工具、电缆线、切割机等器具，确保其在完好状态下，电线无破损、漏电、卡压、乱搭等不安全因素；电焊机的地线应直接搭接在焊件上，不可乱搭乱接，以防接触不良、发热、打火引发火灾或漏电致人伤亡。

⑧ 动火作业结束后，操作人员必须对周围现场进行安全确认，整理整顿现场，在确认无任何火源隐患的情况下，方可离开现场。

2. 特殊动火作业和一级动火作业特殊要求

① 进行特殊动火作业和一级动火作业时，作业部门必须按规定负责组织办理安全作业许可书，严格落实"三不动火"原则，即没有经批准的安全作业许可书不动火，防火安全措施不落实不动火，现场无人监护不动火；作业部门负责组织落实动火监护人，动火监护人要严格履行看火职责，及时处理、消除火灾隐患。

② 一级动火作业由作业部门或操作人员进行作业前的安全确认，安全环保科根据情况确定是否派人协助确认；特殊动火作业必须经安全环保科进行作业前的安全确认，作业部门或操作人员协助确认，经安全环保科确认许可，落实安全作业许可书要求及有关防范措施后，操作人员方可进行动火作业。

③ 特殊动火作业和一级动火作业时，必须按规定清理现场，动火区域周围10m严禁放置任何油漆稀料、油品、气瓶、其他化学品等易燃品及包装材料、木料等可燃品，并明确监火人，现场备好灭火器材及水源，必要时应在动火区域洒水浸湿。动火作业时，火种可能进入涂装室、油库及其他高危区域时，应将该区域洒水浸湿。

④ 特殊动火作业时，作业部门应组织操作人员（外协承包方）进行危害辨识，制定安全动火方案，落实防火安全措施；特殊动火作业现场的通风设施要保持良好，尤其是涂装场所、油库、气站等；在易燃易爆场所挥发性气体气味较浓时，严禁动火，应打开门窗，保持良好的通风置换，在无明显气味时方可动火。

三、动火作业许可证

为适应不同作业场所的动火作业,动火证应有所区别。对特殊动火作业、一级动火作业、二级动火作业的动火证分别以三道、两道、一道斜红杠加以区别。

动火证只能在批准的期间和范围内使用。特殊动火作业和一级动火作业的作业证有效期不超过8h,二级动火作业的作业证有效期不超过72h,每日动火前应进行动火分析。如动火证期满而作业项目未完,必须重新申请办理动火证。

任务实施

活动 一级动火作业

活动描述:以三人为一小组,小组成员分别担任内操(A)、外操(B)、班长(C)的角色。在含乙酸乙酯物料的生产装置上进行一级动火作业(回流管线直管段固定位置管线的切割,管线的更换)。

活动场地:现代化工实训中心。

活动方式:直观演示、练习法。

活动流程:

1. 认识作业流程

① 办理动火作业许可证。(A)
② 现场拉"动火作业"警戒线,挂"严禁进入"警示牌。(B/C)
③ 准备干粉灭火器、消防沙、消防蒸汽。(A+B/C)
④ 动火条件检测:乙酸乙酯气体浓度≤0.2%(体积分数)。(A+B/C)
⑤ 动火条件检测:气瓶之间距离5m,气瓶与动火点距离10m。(ABC)

2. 办理一级动火作业许可证

详见表6-4。

3. 操作练习

小组成员按角色承担的工作,在含乙酸乙酯物料的生产装置上进行一级动火作业操作练习。

4. 成果呈现

以小组为单位,展示在含乙酸乙酯物料的生产装置上的一级动火操作流程。

表6-4 一级动火作业许可证(样表)　　　　编号:

动火地点:			作业内容:		
动火方式:					
动火负责人:			动火执行人:		
用火时间:从　年　月　日　时　分至　年　月　日　时　分止					
序号	动火安全措施				确认人
1	用火设备内部构件清理干净,蒸汽吹扫或水洗合格,达到用火条件				
2	断开与用火设备相连接的所有管线,加盲板(　)块				

续表

序号	动火安全措施	确认人
3	用火点周围（最小半径 15m）的下水井、地漏、地沟和电缆沟等已清除易燃物，并已采取覆盖、铺沙和水封等手段进行隔离	
4	罐区内用火点同一围堰内和防火间距内的油罐不得进行脱水作业	
5	高处作业应采取防火花飞溅措施	
6	清除用火点周围易燃物	
7	电焊回路线应接在焊件上，把线不得穿过下水井或与其他设备搭接	
8	乙炔气瓶（禁止卧放）、氧气瓶与火源间的距离不得少于 10m	
9	现场配备消防蒸汽甩头（或氮气甩头）（　）根，灭火器（　）台，铁锹（　）把，石棉防火毡（　）块，应急干沙（　）袋	
10	塔、罐、容器和管道动火需作动火分析，测定有毒有害物质及爆炸分析，合格后方能动火作业。动火分析采样点：　　　　　分析数据：　　　　　分析人：	

需要补充的措施：	
危害辨识：	
安全措施编制人：	组织实施人：
监火人：	区域负责人意见：
审核部门意见： 　　　　　　　　年　月　日	审批部门意见： 　　　　　　　　年　月　日
以上内容经检查全部落实，项目负责人或当班班长验票：　　　　　　年　月　日	
特殊动火会签意见： 　　　　　　　　　　　　　　　　　　　　　　　　　　　年　月　日	

任务六　认识临时用电作业

任务引入

2004 年 9 月 17 日 15 时，某石化分公司年产 60 万吨连续重整装置进行抢修施工作业。电气公司连续重整装置维护点点长邓某根据该石化分公司下达的设备抢修计划，安排本班电工秦某在下班前到连续重整装置内 E-107 换热器处，安装两台临时照明灯。秦某接到指令后，在本维护点仓库内行灯变压器被别人取走的情况下，没继续寻找，也没有请示点长，擅自将防爆型 36V 行灯的灯罩打开，换上 230V/100W 的灯泡。16 时左右，秦某带领刘某（实习生）到现场，通过现场配置的防爆开关箱，安装了一台 220V 固定式探照灯和一台 220V 手提式防爆行灯，没有在临时供电线路上安装漏电保护器。

18 时左右，抢修公司根据该石化分公司抢修计划，安排王某、孙某等四人，执行连续重整装置 E-107 换热器抢修作业。

21 日 30 分左右，电气公司值班人员接到抢修公司作业人员电话："施工现场使用的行灯罩碎了，需马上更换"。电气公司值班人员白某、张某到现场更换。没能及时发现行灯使用非安全电压问题，错过了消除事故隐患的良机。

22时30分左右，天降大雨，地面积水，抢修作业仍继续进行。23时左右，王某在水中移动手提式行灯时，忽然触电倒地。孙某发现其倒地后，没意识到其是触电，便上前扯拽行灯，也被电击倒。经送某医科大学附属二院抢救无效，2人于当日晚死亡。

电气公司电工秦某安全意识淡薄，在安装临时照明灯时，违反了"用于临时照明的行灯，其电压不超过36V""临时供电设备或现场用电设施必须安装漏电保护器"及《电气安全工作规程》的有关规定，擅自决定将220V的交流电压接至照明行灯，既未安装漏电保护器，也未向在场的用电人员详细交代注意事项。当晚下雨后，由于电缆接头处浸于地面积水中发生漏电，致使行灯金属外壳带电，从而导致抢修公司作业人员王某、孙某相继触电死亡。

化工企业在紧急抢修、设备异常处理、项目改造、外来施工等情况下，都要进行临时用电作业。由于化工企业工作环境有别于其他企业，具有特殊性。临时用电作业又经常伴随用电设备防爆选型不合理、保护及工作接地不规范、电气线路绝缘老化等问题。所以化工企业临时用电作业容易引发火灾爆炸、环境污染、人员中毒或触电等安全事故。因此，对从事临时作业的作业人员需要加强教育，提高其安全防范意识，严格执行临时用电作业管理规定。

任务分析

由于化工生产和检修过程中，接触的多为易燃易爆、腐蚀性强的物质，环境条件和一般环境条件相比较，要求更高，因此，给用电和电气检修增加了危险性。触电事故常在极短的时间内造成不可逆转的严重后果，不但威胁人的生命安全，还会严重影响生产、检修的正常进行。因此，采取预防为主的方针，做好电气检修，加强运行和检修中的安全管理，防止触电事故的发生，对任何一个化工行业都是十分重要的。

在安全技术上，各类电气设备在投入使用前应进行安全检测，保障设备的可靠性；配电设施采用漏电保护装置，临时用电线路采取多线制并要进行接零接地保护；潮湿环境下采用36V以下安全电压，不允许使用Ⅰ类手持电动工具；强化绝缘措施，采用双重绝缘或加强绝缘的电气设备；作业人员应配备绝缘靴、绝缘手套等个人劳动防护用品；事故发生后要有相应的应急救援措施，最大限度降低事故伤害。

在完善管理制度上，依据现行的安全生产法律法规建立健全企业的安全生产管理制度，包括建立并完善安全生产责任制，组织制定相关规章制度和操作规程，编制生产安全事故应急预案并组织演练。针对临时用电作业，要建立用电设备定期检查制度，查找并排除存在的事故隐患，严把设备关，从物的状态上提高本质安全性。

在优化现场管理上，应加强施工作业现场安全管理。对此应配备相应的安全生产管理人员，施工前进行安全技术交底，落实临时用电安全措施，监督作业人员正确佩戴个人劳动防护用品。针对临时雇佣人员较多的实际情况，要严把从业人员的资格审查关，严禁特种作业人员无证上岗。此外，还应加强对承包单位和个人的安全生产条件或相应资质的审查。对不具备安全生产条件或者相应资质的单位和个人，不得进行发包、出租；对具备安全生产条件或者相应资质的单位和个人，在发包、出租的同时，要加强对承包、承租单位和个人的安全生产工作协调和管理。

在教育培训对策上，加强对全员的安全教育和培训。依据安全生产法及相关规定要求公司主要负责人和安全管理人员参加有关安全生产管理培训，并取得相应证书。加强对公司员工的三级教育培训，提高作业人员的安全意识，从人的行为意识上提高本质安全性。此外还应开展有针对性的安全生产教育培训工作，加强对特种作业人员的安全教育，规范操作，防止事故再次发生。

必备知识

一、临时用电作业基本概念

凡属永久性固定用电外，如因施工、检修需要，加接线路，增设临时施工变电器，接入电焊机、潜水泵、通风机、照明灯具等一切临时性负荷，通称为临时用电作业（图6-10）。检修使用的电气设施有两种：一是照明电源，二是检修施工机具电源（卷扬机、空压机、电焊机）。以上电气设施的接线工作须由电工操作，其他工种不得私自乱接。

图6-10 临时用电作业

二、临时用电作业安全要求

① 临时用电前应办理临时用电作业许可证，经审批同意后方可作业。临时用电必须严格确定用电时限，超时限要重新办理临时用电作业许可证。

② 作业人员必须具有电工操作证方可施工，严禁擅自接用电源。

③ 临时用电设备和线路必须按供电电压等级正确选用，所用的电气元件必须符合国家规范标准要求。临时用电线路及设备的绝缘应良好。

④ 临时用电线路架空时，不能采用裸线，架空高度在装置内不得低于2.5米，穿越道路不得低于5米；横穿道路时要有可靠的保护措施，严禁在树上或脚手架上架设临时用电线路。

⑤ 临时用电设施必须安装符合规范要求的漏电保护器，移动工具、手持式电动工具应一机一闸一保护。

⑥ 临时用电设施要有专人维护管理，每天必须进行巡回检查，确保临时供电设施完好。

⑦ 用电结束后，临时施工用的电气设备和线路应立即拆除。

⑧ 经常接触和使用的配电箱、配电盘、闸刀开关、按钮开关、插座、插销以及导线等，必须保持完好，不得有破损或带电部分裸露。

⑨ 不得用铜丝、铁丝等代替保险丝，并保持闸刀开关、磁力开关等盖面完整，以防短

路时发生电弧或保险丝熔断飞溅伤人。

⑩ 经常检查电气设备的保护接地、接零装置，保证连接牢固。

⑪ 移动电风扇、照明灯、电焊机等电气设备时，必须先切断电源，并保护好导线，以免磨损或接断。

三、用电安全"十不准"

① 任何人不准玩电气设备和开关。

② 非电工不准拆装、修理电气设备和用具，发现破损的电线、开关、灯头及插座应及时与电工联系修理。

③ 不准私拉乱接电气设备，更不准将电源线直接插入插座内。

④ 不准使用绝缘损坏的电气设备。

⑤ 不准私用电气设备和灯泡取暖。

⑥ 不准用水冲洗电气设备，也不要用湿手和金属物去扳带电的电气开关。

⑦ 熔丝熔断，不准调换容量不符的熔丝。

⑧ 不准擅自移动电气安全标志、围栏等安全设施。

⑨ 不准使用检修中的电气设备。

⑩ 不准在带电导线、带电设备附近使用火炉或喷灯，也不要靠近暖气设备或蒸汽管等。在带电设备周围不能使用钢卷尺、皮卷尺进行测量工作。

任务实施

活动　临时用电作业

活动描述：以三人为一小组，小组成员分别担任内操（A）、外操（B）、班长（C）的角色。在含氰化钠的生产装置上进行临时用电（进入受限空间）作业。

活动场地：现代化工实训中心。

活动方式：直观演示、练习法。

活动流程：

1. 认识作业流程

① 办理受限空间作业许可证和临时用电作业许可证。（A）

② 现场拉警戒线，挂"严禁进入"警示牌。（B/C）

③ 打开人孔，置换新鲜空气。（A+B/C）

④ 受限空间作业前，做气体环境检测。（A+B/C）

⑤ 选择照明灯具，选择安全电压（36V）。（ABC）

⑥ 佩戴安全带、工具袋。（A+B/C）

⑦ 选择应急用品：过滤式防毒面具、消防蒸汽、干粉灭火器、清水、救生绳。

⑧ 拆卸和安装塔盘。

⑨ 更换浮阀。

⑩ 完成人孔的安装工作。

2. 认识临时用电作业许可证

详见表6-5。

3. 操作练习

小组成员按角色承担的工作,在含氰化钠的生产装置上进行临时用电作业操作练习。

4. 成果呈现

以小组为单位,展示在含氰化钠的生产装置上的临时用电操作流程。

表6-5 临时用电作业许可证

申请作业单位代码			工程名称	
用电设备及功率			工作地点	
监护人			责任人	
作业时间				
序号	主要安全措施			确认人
1	安装临时线路人员持有电工作业操作证			
2	在防爆场所使用的临时电源、电气元件达到相应的防爆等级要求			
3	临时用电线路架空高度在装置内不低于2.5m,道路不低于5m			
4	临时用电线路架空进线不得采用裸线,不得在脚手架上架设			
5	临时用电设施安有漏电保护器,移动工具、手持工具应一机一闸一保护			
6	用电设备、线路容量、负载符合要求			
7	补充措施:			
作业许可证的签发				
临时用电负责人意见		供电单位意见		生产单位意见
签字		签字		签字

项目七　安全使用与管理压力容器

【学习目标】

知识目标
① 能说明压力容器的分类和相关标准。
② 能总结压力容器的特点，明确压力容器的危险性。
③ 能陈述压力容器使用安全技术要点。
④ 能描述锅炉的基本知识和安全运行规程。
⑤ 能总结气体钢瓶的基本知识和安全注意事项。

技能目标
① 能根据企业实际，初步制定压力容器使用安全规范。
② 能根据气瓶种类，初步制定安全管理规范。
③ 能对常见锅炉事故进行相应的处理和预防。
④ 会安全充装、储存、运输与使用气体钢瓶。

素质目标
① 具有规避压力容器危害的安全意愿。
② 树立安全第一的生产理念，并影响周围的人。
③ 具备较强的沟通能力、小组协作能力。
④ 遵规守纪、服从管理。

 任务一　压力容器的安全使用与管理

任务引入

2005 年某日，河南省周口市某公司发生一起压力容器（汽车罐车）泄漏爆燃重大事故，造成 3 人死亡，9 人轻度中毒，直接经济损失 102 万元。

事故直接原因是：该公司操作工发现液氨罐车液相连接软导管有质量问题，不报告，不停止充装，违章操作。另外，在充装过程中无人监视，处于失控状态，液相连接软导管破裂无人发现，导致大量氨气泄漏并引起爆燃。

事故间接原因是：企业主管部门管理不到位，对企业存在的问题和安全隐患未能及时发现和整改；员工安全常识、专业知识培训教育不到位，突发事件应急能力不高。

任务分析

在化工企业，压力容器是一种可能引起爆炸或中毒等危害性较大事故的特种设备。当设备发生破坏或爆炸时，设备内的介质会迅速膨胀、释放出极大的内能，这不仅使容器本身遭到破坏，瞬间释放的巨大能量还将产生冲击波，往往还会诱发一连串恶性事故，破坏附近其他设备和建筑物，危及人员生命安全，有的甚至会使放射性物质外逸，造成更为严重的后果。因此，学习有关压力容器的安全知识非常重要。

必备知识

一、压力容器概述

1. 压力容器的定义

压力容器是指在化工和其他工业生产中用于完成反应、换热、分离和贮存等生产工艺过程，承受一定压力的设备，它属于承压类特种设备，广泛地应用于石油、化工、航空等工业部门的生产和人们生活中。

压力容器必须同时具备：最高工作压力＞0.1MPa，容器的容积＞25L，工作介质为气体、液化气体和最高工作温度高于标准沸点（指一个大气压的沸点）的液体这三条规定，否则属于常压容器。

2. 压力容器的分类

压力容器的分类方法很多，按照不同的方法可以有不同的分类，见表7-1。

表7-1 压力容器分类参考表

序号	分类依据	说明
1	使用方式	如球罐
		如气瓶、槽车
2	设计压力	0.1MPa≤p＜1.6MPa 为低压容器（代号L）
		1.6MPa≤p＜10MPa 为中压容器（代号M）
		10MPa≤p＜100MPa 为高压容器（代号H）
		100MPa≤p＜1000MPa 为超高压容器（代号U）
3	综合因素（如压力容器的高低、容积的大小、介质的危害程度以及在生产过程中的重要作用）	装有非易燃或无毒介质的低压容器，或是装有易燃或有毒介质的低压分离容器和换热容器
		中压容器
		装有剧毒介质的低压容器
		装有易燃或有毒介质的低压反应容器及储罐
		内径小于1m的低压废热锅炉
		高压、超高压容器
		装有易燃或有毒介质的中压反应容器，中压储罐或槽车
		装有剧毒介质的大型低压容器和中压容器
		中压废热锅炉或内径大于1m的低压废热锅炉

续表

序号	分类依据	说明
4	作用、用途	主要用于完成介质物理、化学反应的容器，如反应器、发生器、分解锅、蒸煮炉等
		主要用于完成介质热量交换的容器，如废热锅炉、热交换器、冷却器、蒸发器等
		主要用于完成介质的流体压力平衡和气体净化分离等的容器，如分离器、过滤器、集油器
		主要用于盛装生产和生活用的原料气体、液体、液化气体的容器，如各种形式的储罐、槽车等

3. 压力容器特点

（1）工作条件恶劣，主要表现在载荷、环境温度和介质三个方面。

① 载荷：除承受静载荷外，还承受疲劳载荷。

② 环境温度：在高温下工作，有时还要在低温下工作。

③ 介质：有空气、水蒸气、硫化氢、液化石油气、液氨、液氯、各种酸和碱。

（2）容易发生事故。

① 与其他的设备相比，压力容器容易超负载运行。容器内压力会因操作失误或反应异常而迅速升高。往往在尚未发现的情况下，容器已经遭到破坏。

② 局部区域受力情况比较复杂。如在容器开孔周围及其他结构不连续处，常因过高的局部应力和反复的加压、卸压而造成破坏事故。

③ 隐藏难以发现的缺陷。例如制造过程中留下的微小的裂纹没有被发现，在使用过程中裂纹就会扩展，或在合适的条件下（使用温度、工作介质等）突然发生破坏。

④ 使用条件比较苛刻。

（3）使用广泛并要求连续使用。

4. 压力容器的定期检验

压力容器一般要求连续运行，它不能像其他设备那样可随时停下检修。如果突然停止运行，就会给一条生产线、一个工厂、甚至一个地区的生产和生活造成极大的影响，间接和直接的经济损失也是非常大的。压力容器定期检验包括外部检验、内外部检验和耐压试验，其检验内容见表 7-2。

表 7-2 压力容器检验内容

检验项目	检验时间	检验内容
外部检验	运行时	压力容器的本体、接口部位、焊接接头等的裂纹、过热、变形、泄漏等
		外表面的腐蚀；保温层破损、脱落、潮湿、跑冷
		检漏孔、信号孔的漏液、漏气；疏通检漏管；排放（疏水、排污）装置
		压力容器与相邻管道或构件的异常振动、响声，相互摩擦
		进行安全附件检查
		支承或支座的损坏，基础下沉、倾斜、开裂，紧固件的完好情况
		运行的稳定情况，安全状况等级为 4 级的压力容器监控情况
内外部检验	停运时	外部检验的全部项目
		结构检验重点检查的部位有：筒体与封头连接处、开孔处、焊缝、封头、支座或支承、法兰、排污口
		凡是有资料可确认容器几何尺寸的，一般核对其主要尺寸即可。对在运行中可能发生变化的几何尺寸，如筒体的不圆度、封头与筒体鼓胀变形等，应重点复核

续表

检验项目	检验时间	检验内容
内外部检验	停运时	表面缺陷主要有：腐蚀与机械损伤、表面裂纹、焊缝咬边、变形等。应对表面缺陷进行认真的检查和测定
		壁厚测定：测定位置应有代表性，并有足够的测定点数
		确定主要受压元件材质是否恶化
		保温层、堆焊层、金属衬里的完好情况
		焊缝埋藏缺陷检查
		安全附件检查
		紧固件检查
耐压试验	停运时	超过最高工作压力的液压试验或气压试验

5. 压力容器的安全附件

压力容器的安全附件是为使容器安全运行而装设的一种附属装置。通常不仅把能自动泄压的装置，如安全阀、防爆片等当作安全附件，而且也把一些显示设备中与安全有关的参数计量仪器，如压力表、液面计等也作为安全附件。这些装置可使操作者及时了解设备运行情况，发现不安全因素，以便采取措施，从而预防事故发生。

(1) 安全阀　安全阀的主要作用是当压力容器内的压力超过许用工作压力时，自动开启，排出气体，以降低容器内的压力，直到容器压力降到正常工作压力时，又自动封闭，以保证压力容器在正常压力下运行。

安全阀主要包括阀座、阀瓣和加压装置。阀座内有通道与压力容器相通，阀瓣由加压装置的压力紧压在阀座上。当阀瓣所受到压紧力大于气体对阀瓣的作用力（即气体压力与阀座通道面积的乘积）时，阀瓣紧贴阀座，安全阀处于封闭状态；假如压力容器内压力升高，气体作用于阀瓣的力增大。当这个力大于加压装置对阀瓣的压紧力时，阀瓣上升离开阀座，这时安全阀处于开放状态，气体从阀内排出，压力下降，安全阀又自动封闭，使容器内的压力始终保持在规定范围。

安全阀有静重式、杠杆式、弹簧式等。最常用的是弹簧式安全阀，如图 7-1 所示。它的加压装置是一个弹簧，螺旋形弹簧套在阀杆上，利用它上面的调节螺母使弹簧放松或压紧，调整阀瓣对阀座的压紧力，使安全阀在规定的压力下开放。弹簧式安全阀结构紧凑、体积小、动作灵敏，对振动不太敏感，可装在移动式容器上。缺点是弹簧受高温影响而使弹性减低，当阀瓣开启时，弹力随之增加，这对安全阀的全开是不利的。

图 7-1　弹簧式安全阀

选用什么形式的安全阀，主要取决于容器的工艺条件和工作介质特性。按安全阀加载结构形式选用，一般容器适用于弹簧式安全阀，由于它结构紧凑、轻便、灵敏可靠，一般可用到 200℃，带散热器的安全阀可用到 450℃、压力较低而又不受振动影响的压力容器上。也可用杠杆式安全阀，如图 7-2 所示。要使安全阀保持灵敏好用，除了正确选用和安装外，还

图 7-2　杠杆式安全阀

要留意日常的维护和检查。

① 安全阀要经常保持清洁，防止阀体、弹簧等被油垢、脏污所沾满或生锈腐蚀，有排气管的安全阀要经常检查排气管的畅通情况。

② 安全阀的加压装置经调整铅封后，不能随意松动或移动，要经常检查铅封是否完好，检查杠杆式安全阀的重锤是否松动或被移动。安全阀有泄漏现象时，应及时检验或更换。禁止用拧紧弹簧或在杠杆上多挂重物等方法消除安全阀的渗漏。

③ 为了防止阀瓣和阀座被油垢等脏物黏住或者堵塞，使安全阀不能按规定压力开放排气，工作介质为空气、蒸汽和其他惰性气体的压力容器上的安全阀，应定期作手提排气试验。安全阀要定期校验，每年至少一次。

（2）防爆片 防爆片是一种断裂型的泄压装置，又称防爆膜、爆破片，用于中低压容器，具有密封性好，反应动作快，不易受介质沾污物的影响等优点。它是通过膜片的断裂作用排泄压力的。它在完成泄压作用后，不能继续使用，且容器也停止运行，所以一般只用于超压可能性较小，而且又不易装设安全阀的容器上。

防爆片的结构主要由一块很薄的金属板和一副特殊的管法兰夹盘组成。因而防爆片装置实际上是一套组合件。容器压力变化幅度大时，可采用拉伸型防爆片，这种装置的膜片为预拱成型，预先装在夹盘上，见图7-3。高压场合可采用锥形夹盘型防爆片，见图7-4。

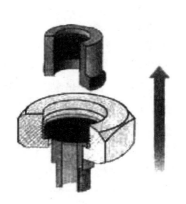

图7-3 拉伸型防爆片　　　　图7-4 锥形夹盘型防爆片

二、压力容器的安全操作

1. 压力容器安全操作的一般要求

（1）凡需登记的压力容器，使用单位应在设备投运前或投运后30日内，向特种设备安全监督管理部门办理登记手续。

（2）压力容器必须按规定进行定期检验，保证压力容器在有效的检验期内使用，否则不得继续使用。根据TSG R7001—2013《压力容器定期检验规则》要求，压力容器一般于投用后3年内进行首次定期检验。以后的检验周期由检验机构根据压力容器的安全状况等级，按照以下要求确定：

① 安全状况等级为1、2级的，一般每6年检验一次；

② 安全状况等级为3级的，一般每3年至6年检验一次；

③ 安全状况等级为4级的，监控使用，其检验周期由检验机构确定，累计监控使用时

间不得超过 3 年，在监控使用期间，使用单位应当采取有效的监控措施；

④ 安全状况等级为 5 级的，应当对缺陷进行处理，否则不得继续使用。

有下列情况之一的压力容器，定期检验周期可以适当缩短：

① 介质对压力容器材料的腐蚀情况不明或者腐蚀情况异常的；

② 具有环境开裂倾向或者产生机械损伤现象，并且已经发现开裂的；

③ 改变使用介质并且可能造成腐蚀现象恶化的；

④ 材质劣化现象比较明显的；

⑤ 使用单位没有按照规定进行年度检查的；

⑥ 检验中对其他影响安全的因素有怀疑的。

(3) 压力容器操作人员应当按照国家有关规定，经特种设备安全监督管理部门考核合格后，取得国家统一格式的特种作业人员证书，方可从事相应的压力容器的操作。

(4) 容器操作人员应严格遵守安全操作规定和有关的安全规章制度，做到平稳操作。严禁超温、超压运行。

(5) 要求容器操作人员加强容器运行期间的巡回检查（包括工艺条件、容器状况及安全装置等），发现不正常情况出现立即采取相应措施进行调整或排除，以免恶化；当容器出现故障或问题时，应立即处理，并及时报告本单位有关负责人。

2. 压力容器的操作要点

(1) 换热器的操作要点

① 熟悉、掌握热（冷）载体的性质，这对安全操作换热器十分重要，目前常见的热载体主要有热水、蒸汽、碳氢化合物、烟道气等。

② 换热器内流体介质应尽量采用较高的流速。流速高可以提高传热系数，还可以减少结垢和防止造成局部过热或影响传热。

③ 防止结疤、结炭。由于一些热载体或者介质易结疤、结炭，不仅影响传热效果，物料炭化还会引起钢板过热软化破裂造成爆炸事故。所以，除正确选用热载体外，还要严格控制温度，尽量减少结疤，结炭；对易结疤、结炭的换热器要定期清理。

④ 定期排放不凝性气体、油污等，以免影响换热效果或造成堵塞。

⑤ 遵守安全操作规程，严格控制工艺操作指标。

(2) 反应容器操作要点

① 熟悉并掌握容器内介质的特性、反应过程的基本原理及工艺特点。

② 运行中要严格控制工艺参数，工艺参数主要指温度、压力、流量、液位、流速、物料配比等。

③ 严格控制温度：物料反应一般需要适当的温度，超温可能造成系统压力容器超压而导致爆炸事故的发生，温度下降可能造成反应的速度减慢或停滞，当温度恢复正常时，因未反应的物料过多，会发生剧烈反应引起爆炸；也可因温度下降使物料冻结，造成管路堵塞或管路破裂，如容器内为易燃介质时，则会因泄漏导致火灾、爆炸事故的发生。

④ 严格控制压力，容器运行时容器内压力必须控制在允许的范围内，方能保证容器安全稳定运行。

(3) 储存容器的操作要点

① 严格控制温度、压力。储存容器的压力高低与温度有直接联系，特别是液化气介质的储存容器压力随温度变化更加显著，因此，要控制压力就必须控制好温度，特别是高温季

节要注意降温。

② 严格控制液位。对于盛装液体、液化气的容器，特别要严格控制液位，尤其是要防止储存液化气体的容器超装。

③ 控制明火。危及安全生产常见的明火有生产用火、非生产用火等，对这些明火应严格控制，防止发生事故。

④ 控制电火花。由于储存容器内的介质许多属于易燃介质，其点火能量很小，因动力、照明或者其他电气设备产生的电火花就可能导致燃烧爆炸。所以除电气设备以及配电线路应符合安全要求外，还需要加强电气设施的检查。

⑤ 防止静电的产生。除从工艺流程、材料选择、设备结构、管理等方面控制外，还需要注意检查接地，做好清扫工作，防止因结灰、结垢、堆放杂物等产生静电。

⑥ 杜绝容器及管道的泄漏。

任务实施

活动1 压力容器事故案例分析（一）

活动描述：以小组为单位讨论以下两起事故（案例一、案例二）发生的原因。

活动场地：理实一体化实训车间。

活动方式：小组讨论。

案例一：

1998年8月23日，某石油化工厂由于F11号反应釜在聚合反应过程中超温超压，釜内压力急剧上升，导致反应釜釜盖法兰严重变形，螺栓弯曲，观察孔视镜炸破，大量可燃料从法兰缝隙处和观察孔喷出，散发在车间空气中，与空气形成爆炸性混合气体，遇明火引起二次爆炸燃烧，造成直接经济损失6.4万元，被迫停产8个多月，间接经济损失数百万元，死亡3人。

案例二：

1997年11月13日，安徽省某化工厂一台KZLZ-78型锅炉发生爆炸，死亡5人，重伤1人，轻伤8人，直接经济损失12万元。事故当日6：40至7：00，由于锅炉出口处的蒸汽压力约为0.39kPa，不能满足生产车间用汽要求，生产车间停止生产。夜班司炉工将分汽缸的主汽阀关闭，停止了炉排转动，关闭了鼓风机，使锅炉处于压火状态。7：50左右，白班司炉工接班，为了尽快向车间送汽，未进行接班检查，就盲目启动锅炉，加大燃烧。8：30左右，白班司炉工发现水位表看不见水位，问即将下班的夜班司炉工，夜班司炉工说锅炉压火时已上满水。为了判断锅炉是满水还是缺水，白班司炉工去开排污阀放水，但打不开排污阀，换另外一人也未打开。当司炉班班长来后用管扳子套在排污阀的扳手上准备打开排污阀时，此时一声巨响，锅炉发生了爆炸。锅炉爆炸后大量的饱和水迅速膨胀，所释放的能量将锅炉设备彻底摧毁。所有的安全附件和排阀全部炸离锅炉本体，除一只安全阀和左集箱上一只排污阀未找到外，其余的安全阀、压力表、水位计、排污阀全部损坏。除尘器向锅炉后方推出20多米，风机、水泵也遭到严重破坏。

活动流程：

阅读以上两起案例，以小组为单位讨论案例中事故发生的原因，完成表7-3。

表 7-3 压力容器事故案例分析

案例	案例现象分析	事故原因分析
案例一		
案例二		

活动 2   压力容器事故案例分析（二）

活动描述：在合成气制液化天然气半实物仿真工厂，以小组为单位找出装置内所有的压力容器，并按其作用和用途将压力容器进行分类。

活动场地：理实一体化实训车间。

活动方式：小组讨论。

活动流程：

（1）以小组为单位，在教师的指引下，找出实训装置内所有的压力容器。

（2）小组内成员讨论并按其作用和用途将压力容器进行分类，完成表 7-4。

表 7-4 压力容器

名称	代号	类别	作用

任务二 锅炉的安全使用与管理

任务引入

2014 年 2 月 21 日 1 时 05 分，河北某化工厂 1 号锅炉发生一起排污包焊管爆裂事故，造成 2 人死亡，直接经济损失 207 万元。事故直接原因是水汽工段设备主管和技术员违反该公司《锅炉岗位安全操作规程》，在 1 号锅炉没有停炉、降温、泄压的情况下，指挥并参与排污管漏点的堵漏维修。间接原因是企业安全生产管理不到位。

任务分析

锅炉是压力容器的主要品种之一，作为提供热能的承压设备，在化工生产和社会生活中被广泛应用。锅炉工作条件复杂，连续运行时间长，是具有爆炸危险的特种设备，一旦发生爆炸，不仅本身遭到损毁，还会破坏其他设备及周围的建筑物并伤害人员。因此，锅炉设备的安全管理是实现化工行业安全生产的主要环节之一。

必备知识

一、锅炉基本知识

1. 锅炉的概念

锅炉是指利用各种燃料、电或者其他能源，将所盛装的液体加热到一定的参数，并承载一定压力的密闭设备，其范围包括容积大于等于 30L 的承压蒸汽锅炉、出口水压大于或等于 0.1MPa（表压）且额定功率大于或等于 0.1MW 的承压热水锅炉、有机热载体锅炉。

2. 锅炉的分类

锅炉有多种分类方法：

① 按用途分为电站锅炉、工业锅炉、船用锅炉、机车锅炉、生活锅炉；
② 按压力分为低压锅炉、中压锅炉、高压锅炉、亚临界压力锅炉、超临界压力锅炉；
③ 按结构分为火管锅炉、水管锅炉、水火管组合锅炉；
④ 按锅炉出厂形式分为快装锅炉、组装锅炉和散装锅炉。

3. 锅炉的组成

锅炉是由锅和炉以及相配套的附件、自控装置、附属设备组成。

锅是指锅炉接受热量，并将热量传给工质的受热面系统，是锅炉中储存或输送工质的密封受压部分，主要包括锅筒（锅壳）、炉胆、水冷壁、过热器、省煤器、对流管束及集箱等。

炉是指锅炉中燃料进行燃烧、放出热能的部分，是锅炉的放热部分。

锅炉附件有安全附件和其他附件。安全阀、压力表、水位表被称为锅炉三大安全附件。高低水位报警器、锅炉排污装置、汽水管道、阀门、仪表等都是锅炉附件。

锅炉自控装置包括给水调节装置，燃烧调节装置，点火装置，熄火保护及送、引风机联锁装置等。锅炉附属设备包括燃料制备和输送系统、通风系统、给水系统以及出渣、除灰、除尘等装置。

二、锅炉的安全使用与管理规范

1. 锅炉的安全管理要点

锅炉是一个复杂的组合体，除了锅炉本体庞大、复杂外，还有众多的辅机、附件和仪表。锅炉运行时必须严加管理才能保证锅炉的安全运行。锅炉的安全管理流程及管理要点见表 7-5。

表 7-5 锅炉的安全管理流程及管理要点

管理流程	锅炉安全管理内容
使用定点厂家合格产品	国家对锅炉压力容器的设计制造有严格的要求，实行定点生产制度。购置、选用的锅炉压力容器应是定点厂家的合格产品，并有齐全的技术文件、产品质量合格证书和产品竣工图
登记建档	锅炉压力容器在正式使用前，必须到当地特种设备安全监察机构登记，经审查批准入户建档、取得使用证方可使用。在使用单位也应建立锅炉压力容器的设备档案，保存设备的设计、制造、安装、使用、修理、改造和检验等过程的技术资料

续表

管理流程	锅炉安全管理内容
专责管理	使用锅炉压力容器的单位应对设备进行专责管理，并设置专门机构，责成专门的领导和技术人员负责管理设备
持证上岗	锅炉司炉、水质化验人员及压力容器操作人员，应分别接受专业安全技术培训并考试合格，持证上岗
照章运行	锅炉压力容器必须严格依照操作规程及其他法规操作运行，任何人在任何情况下不得违章作业
定期检验	定期检验是指在设备的设计使用期限内，每隔一定的时间对其承压部件和安全装置进行检查，或做必要的试验。定期检验是及早发现缺陷、消除隐患、保证设备安全运行的一项行之有效的措施。实施特种设备法定检验的单位必须取得国家市场监督管理总局的核准资格
监控水质	水中杂质使锅炉结垢、腐蚀及产生汽水共腾，降低锅炉效率、供汽质量，缩短使用寿命。必须严格监督、控制锅炉给水及水质，使之符合锅炉水质标准规定
报告事故	锅炉压力容器在运行中发生事故，除紧急妥善处理外，应按规定及时、如实上报主管部门及当地特种设备安全监察部门

2. 锅炉的使用管理规范

（1）保温　化工压力容器大多数需要保温。新安装的压力容器要按照图样要求对其进行保温。由于随着时间的推移，保温层性能下降。因此，要加大保温层检测和维修力度，确保保温质量。

（2）检修　压力容器在日常生产中，需经常进行各种检修，如换热器列管的疏通、清洗，塔内填料的充装等，往往要拆开封头、法兰，更换其密封垫。

（3）维护　由于生产经营的调节或其他原因，有些系统需暂停或停车检修，一般系统停车检修时，出于检修安全需要，对系统均要进行认真置换、清洗，保证系统介质排放清理干净，也便于检修动火安全。

（4）防腐　压力容器防腐有两个目的，一是进行介质区分，刷上不同的表面颜色，使人一目了然；二是保护外壳体，防止环境的腐蚀，即表面除锈。近年来，根据现代防腐技术发展，结合北方冬季气候干燥、夏季炎热、昼夜温差大的特点，选择耐温差、耐老化、适合北方气候的氯磺化面漆，其防腐效果好。

3. 定期检验

锅炉的定期检验包括外部检验、内部检验和水压试验。一般每年进行一次外部检验，每两年进行一次内部检验，每六年进行一次水压试验。当内部检验与外部检验在同一年进行时，应当先进行内部检验，然后再进行外部检验。对于不能进行内部检验的锅炉（如小型直流锅炉），应当每三年进行一次水压试验。

除定期检验外，有下列情况之一者，也应当进行内部检验：

① 移装锅炉投运前。
② 锅炉停止运行一年以上需恢复运行。
③ 受压元件经大修或改造后重新运行一年后。
④ 根据上次内部检验结果和锅炉运行情况，对设备安全可靠性有怀疑时。

锅炉受压元件经大修或改造后，也需要进行水压试验。

锅炉定期检验工作，由具有法定资格证的锅炉压力容器检验单位及检验员承担。锅炉检验报告应当存入锅炉技术档案。

4. 锅炉的登记

凡使用固定式承压锅炉的单位,应向锅炉所在地县级及其以上的锅炉压力容器监察机构办理锅炉使用手续并取得锅炉使用登记证,没有取得锅炉使用登记证的锅炉,不准投入使用。

三、锅炉的安全启动、运行和停炉

1. 锅炉启动步骤

(1) 检查准备　对新装、迁装和检修后的锅炉,启动之前要进行全面检查。检查的主要内容有:检查受热面、承压部件的内外部,看其是否处于可投入运行的良好状态;检查燃烧系统各个环节是否处于完好状态;检查各类门孔、挡板是否正常,使之处于启动所要求的位置;检查安全附件和测量仪表是否齐全、完好并使之处于启动所要求的状态;检查锅炉架、楼梯、平台等钢结构部分是否完好;检查各种辅机特别是转动机械是否完好。

(2) 上水　上水温度最高不超过90℃,水温与筒壁温差不超过50℃。对水管锅炉,全部上水时间在夏季不小于1h,在冬季不小于2h。冷炉上水至最低安全水位时应停止上水,以防止受热膨胀后水位过高。

(3) 烘炉和煮炉　新装、迁装、大修或长期停用的锅炉,其炉膛和烟道的墙壁非常潮湿,一旦骤然接触高温烟气,将会产生裂纹、变形,甚至发生倒塌事故。为防止此种情况发生,此类锅炉在上水后,启动前要进行烘炉。

对新装、迁装、大修或长期停用的锅炉,在正式启动前必须煮炉。煮炉的目的是清除蒸发受热面中的铁锈、油污和其他污物,减少受热面腐蚀,提高锅炉水和蒸汽的品质。

(4) 点火升压　一般锅炉上水后即可点火升压。点火方法因燃烧方式和燃烧设备而异。层燃炉一般用木材引火,严禁用挥发性强烈的油类或易燃物引火,以免造成爆炸事故。对于自然循环锅炉来说,升压过程与日常的压力锅升压相似,即锅内压力是由烧火加热产生的,升压过程与受热过程紧紧地联系在一起。

点火升压阶段的安全注意事项:

① 锅炉点火时需防止炉膛爆炸。锅炉点火前,锅炉炉膛中可能残存可燃气体或其他可燃物,这些可燃物与空气的混合物遇明火即可能爆炸,这是炉膛爆炸的主要原因。

防止炉膛爆炸的措施是:点火前,开动引风机给锅炉通风5~10min,没有引风机的可自然通风5~10min,以清除炉膛及烟道中的可燃物质。

② 控制升温升压速度。为防止产生过大的热应力,锅炉的升压过程一定要缓慢进行。

③ 严密监视和调整仪表。点火升压过程中,锅炉的蒸汽参数、水位及各部件的工作状况在不断地变化,为了防止异常情况及事故的出现,必须严密监视各种指示仪表,将锅炉压力、温度和水位控制在合理的范围之内。

④ 保证强制流动受热面的可靠冷却。为保证强制流动受热面在启动过程中不致过热损坏,对过热器的保护措施是:在升压过程中,开启过热器出口集箱疏水阀、对空排气阀,使一部分蒸汽流经过热器后被排除,从而使过热器得到足够的冷却。对省煤器的保护措施是:在省煤器与锅筒间连接再循环管,在点火升压期间,将再循环管上的阀门打开,使省煤器中的水经锅筒、再循环管(不受热)重回省煤器,进行循环流动。但在上水时应将再循环管上的阀门关闭。

(5) 暖管与并汽　暖管是用蒸汽慢慢加热管道、阀门、法兰等部件,使其温度缓慢上升,避免向冷态或较低温度的管道突然供入蒸汽,以防止热应力过大而损坏管道、阀门等部件;同时将管道中的冷凝水驱出,防止在供汽时发生水击。并汽也称并炉、并列,即新投入运行锅炉向共用的蒸汽母管供汽。并汽前应减弱燃烧,打开蒸汽管道上的所有疏水阀,充分疏水以防水击;冲洗水位表,水位维持在正常水位线以下;使锅炉的蒸汽压力稍低于蒸汽母管内气压,缓慢打开主汽阀及隔绝阀,使新启动锅炉与蒸汽母管连通。

2. 锅炉正常运行中的监督调节

(1) 锅炉水位的监督调节　锅炉运行中,运行人员应不间断地通过水位表监督锅内的水位。锅炉水位应经常保持在正常水位线处,并允许在正常水位线上下 50mm 之内波动。

(2) 锅炉气压的监督调节　在锅炉运行中,蒸汽压力应基本保持稳定。锅炉气压的变动通常是由负荷变动引起的,当锅炉蒸发量和负荷不相等时,气压就要变动,若负荷小于蒸发量,气压就上升;负荷大于蒸发量,气压就下降。所以,根据负荷变化,通过增减锅炉的燃料量、风量、给水量来调节锅炉蒸发量,使气压保持相对稳定。

(3) 气温的调节　锅炉负荷、燃料及给水温度的改变,都会造成过热气温的改变。应使气温保持相对稳定。

(4) 燃烧的监督调节　燃烧调节的任务是使燃料燃烧供热适应负荷的要求,维持气压稳定。

(5) 排污和吹灰　在锅炉运行中,为了保持受热面内部清洁,避免锅炉内的水发生汽水共腾及蒸汽品质恶化,除了对给水进行有效的处理外,还必须进行排污和吹灰。

3. 停炉及停炉保养

(1) 停炉　按预先计划正常停炉时,应注意的主要问题是防止降压降温过快,以避免锅炉部件因降温收缩不均匀而产生过大的热应力。锅炉正常停炉的次序是:先停燃料供应,随后停止送风,减小引风;与此同时,逐渐降低锅炉负荷,相应地减少锅炉上水。对于燃气、燃油锅炉,炉膛停火后,引风机要继续引风 5min 以上。

停炉时应打开省煤器旁通烟道,关闭省煤器烟道挡板。对钢管省煤器,锅炉停止进水后,应开启省煤器再循环管;对无旁通烟道的可分式省煤器,应密切监视其出口水温并连续经省煤器上水、放水至水箱中,使省煤器出口水温低于锅筒压力下饱和温度 20℃。为防止锅炉降温过快,在正常停炉的 4~6h 内,应紧闭炉门和烟道挡板。之后打开烟道挡板,缓慢加强通风,适当放水。停炉 18~24h,在锅炉水温度降至 70℃ 以下时,方可全部放水。

锅炉遇有下列情况之一者,应紧急停炉:锅炉水位低于水位表的下部可见边缘;不断加大向锅炉进水及采取其他措施,但水位仍继续下降;锅炉水位超过最高可见水位(满水),经放水仍不能见到水位;给水泵全部失效或给水系统故障,不能向锅炉进水;水位表或安全阀全部失效。紧急停炉的操作次序是:立即停止添加燃料和送风,减弱引风;与此同时,设法熄灭炉膛内的燃料,灭火后即把炉门、灰门及烟道挡板打开,以加强通风冷却。

(2) 停炉保养　锅炉停炉后,容纳水汽的受热面及整个汽水系统内是潮湿的或者残存有剩水,会加剧对金属的腐蚀。实践表明,停炉期的腐蚀往往比运行中的腐蚀更为严重。

停炉保养主要指锅内保养,即汽水系统内部为避免或减轻腐蚀而进行的防护保养。常用的保养方式有压力保养、湿法保养、干法保养和充气保养。

四、锅炉事故类别和处理

1. 锅炉缺水事故

当锅炉水位低于最低许可水位时称为缺水。缺水事故是工业锅炉中常见的多发事故,据统计,全国发生的严重缺水事故约占锅炉事故总数的56%。

(1) 锅炉缺水出现的现象

① 水位表看不见水位。

② 水位报警器发出低水位声光报警信号。

③ 有过热器的锅炉,过热蒸汽温度上升。

④ 装有流量计的锅炉,蒸汽流量大于给水流量。

⑤ 严重时,在锅炉房闻到烧焦味和看到冒烟。

⑥ 炉膛内受热面变形,甚至发生爆管或拉脱胀管。

(2) 缺水的主要原因

① 违规脱岗、工作疏忽、判断失误或误操作。

② 水位测量或报警系统失灵。

③ 自动给水控制设备故障。

④ 排污不当或排污设施故障。

⑤ 加热面损坏。

⑥ 负荷骤变。

发生锅炉缺水后,应立即停止供给燃料,停止送风,并应立即查明是轻微缺水还是严重缺水,若是轻微缺水,且不是因给水系统故障、受压泄漏或排污泄漏造成,则可以继续进水到正常水位,投入正常运行。如果是严重缺水,则必须按紧急停炉办法处理并严禁再往锅炉内进水。

(3) 锅炉缺水事故的预防措施

① 司炉工必须有较高的操作水平和较强的工作责任心,严密监视水位。

② 定期校对水位计和水位警报器,发现缺陷及时消除。

③ 注意监视和调整给水压力和给水流量,与蒸汽流量相适应。

④ 监视汽水品质,控制炉水含量。

⑤ 必须做好锅炉的运行记录和维修保养记录。

2. 锅炉满水事故

锅炉满水事故是指锅炉内水位超过了最高许可水位引起的事故,也是常见事故之一。严重时蒸汽管道内会发出水击声,可造成过热器结垢而爆管,蒸汽大量带水,发电锅炉则会因蒸汽带水损坏汽轮机。

如果是轻微满水,应关小鼓风机和引风机的调节门,使燃烧减弱,停止给水,开启排污阀门放水,直到水位正常;如果是严重满水,应先按紧急停炉程序停炉,停止给水,开启排污阀门放水,开启蒸汽母管及过热器疏水阀门,迅速疏水。

3. 汽水共腾事故

汽水共腾是指锅筒内蒸汽和炉水共同升腾产生泡沫,汽水界面模糊不清,使蒸汽大量带水的现象。此时,蒸汽品质急剧恶化,使过热器积附盐垢,影响传热而使过热器超温,严重时引发爆管事故。

汽水共腾事故的原因有：锅炉水质没有达到标准，没有及时排污或排污不够，锅炉水中油污或悬浮物过多，负荷突然增加。

4. 锅炉管爆管事故

锅炉管爆管事故是指水冷壁和对流管束的管子破裂事故。其症状是炉内烟道内发生爆破声或喷汽声，紧接着炉内出现正压，水汽带烟火从炉门等处喷出，水位急剧下降，如处理不及时会并发缺水事故，所以发生严重爆管时，必须采取紧急停炉措施。锅炉管爆管是锅炉运行中性质严重的事故。

锅炉管爆管事故的原因有以下几种：

① 水处理不达标，导致管内严重结垢，造成过热破裂。
② 管子因腐蚀、磨损、壁厚减薄，承压能力随之降低而爆裂。
③ 生火过猛，停炉过快，使锅炉管受热不均匀，造成焊口破裂。
④ 因异物堵塞而过热破裂。

应针对上述原因，区分情况予以解决。重点应是抓好水处理工作，以防止管内结垢。

5. 过热器爆管事故

过热器爆管是指在过热器烟道内发生爆裂声，炉膛和烟道内负压降低，严重时，会从门孔处喷出蒸汽和烟水，蒸汽量明显减少，排烟温度降低的现象。发生这种事故应及时停炉修理。

发生事故的主要原因如下：

① 锅炉水品质不好或发生汽水共腾，使蒸汽中带水过多，造成过热器管内积盐垢而过热破裂。
② 因错用材料或设计、安装、运行不当，导致金属壁温超过允许温度而发生蠕变破坏。
③ 因磨损、壁厚减薄而破裂。

事故发生后，如果损坏不严重，可启用备用炉后再停炉；如果损坏严重则必须立即停炉。控制水汽品质、防止热偏差、注意疏水、注意安全检修即可预防这类事故。

6. 省煤器管破裂事故

（1）省煤器管破裂的现象

① 省煤器处炉墙冒水冒汽且有异常响声。
② 锅内水位急剧下降，给水量明显大于蒸发量。
③ 排烟温度和出口水温升高。

（2）发生事故的原因

① 给水质量差，水中溶有氧和二氧化碳发生内腐蚀，这是钢管式省煤器破坏的主要原因。
② 飞灰磨损和低温腐蚀。
③ 材质不合格或制造安装质量差。
④ 非沸腾式省煤器因操作不当造成汽化，发生水击，使管子破裂。

处理措施是，对于沸腾式省煤器，如加大给水后能保持锅炉内水位，则按正常停炉处理。反之，则应采取紧急停炉。利用旁路给水系统尽力维持水位。对于非沸腾式省煤器，开启旁路阀门，关闭出入口的风门，使省煤器与高温烟气隔绝。

7. 炉膛爆炸事故

以煤粉、气体、油为燃料的锅炉，在点火过程中或灭火后，当炉膛内的可燃物质与空气混合物的浓度达到爆炸极限时，遇明火就会爆炸，造成炉膛爆炸事故。

在锅炉事故中有 80% 以上的事故都是由于使用管理不当引起的,其中判断或操作失误、水质管理不善、无证操作是这些事故发生的主要原因。另外,设计不合理也有可能导致锅炉发生事故。

任务实施

活动 锅炉安全事故案例分析

活动描述:以小组为单位分析下列两起案例属于哪种类别的锅炉事故,如何防范此类事故的发生。

活动场地:教室。

活动方式:小组讨论。

案例一:

2003 年,某化工厂供热的一台锅炉在夜班运行中水位不断下降,当水位降到下限时报警铃没有将已睡着的操作工人惊醒,致使后续工段操作温度下降并难以调解,生产岗位的工人将情况报告给调度和值班班长。当调度和值班班长到达锅炉操作间时发现,锅筒和锅炉管已被烧红。

案例二:

2000 年 9 月 23 日上午 10 时 15 分,某焦化实业总公司所属煤气发电厂厂长指令锅炉房带班班长对该厂一发电用锅炉进行点火,随即当班职工在锅炉 2 号燃烧器(北侧)手动蝶阀(煤气进气阀)处于开启状态时,将点燃的火把从锅炉南侧的点火口送入炉膛时发生爆炸事故。

活动流程:

阅读以上两起案例,以小组为单位讨论,分析事故的类别,事故发生的原因和对应的防范措施,完成表 7-6。

表 7-6 锅炉安全事故案例分析

案例	案例现象分析	事故类别	事故原因分析	防范措施
案例一				
案例二				

任务三 气瓶的安全使用与管理

任务引入

1992 年 4 月 14 日,某液化石油气钢瓶分厂副厂长要求工人对一只由用户退回的钢瓶进行修理。该钢瓶瓶体下部有一个深度不超过 1mm 的凹坑。用户反映瓶内没有充过液化石油气,工人摇晃后也认为瓶内无介质。于是即向瓶内充进 1.57MPa 的压缩空气,之后该厂长用手中点燃的氧气割枪烘烤加热钢瓶瓶体下部的凹坑部位,目的是想通过加热使其局部强度降低,利用钢瓶里的气体压力把凹坑顶出来。当割枪火焰对着凹坑加热到第三圈还未结束时,钢瓶即发生爆炸。

任务分析

气瓶是一种移动式压力容器,在化工行业中应用广泛。由于气瓶经常装载易燃易爆、有毒及腐蚀性等危险介质,压力范围遍及高压、中压、低压,经常处于储存物的灌装和使用的交替过程,因此气瓶除了具有一般压力容器的特点外,在充装、搬运和使用方面还有一些专门的规定和要求。

必备知识

一、气瓶的定义及分类

1. 气瓶的定义

气瓶是指在正常环境下（-40～60℃）可重复充气使用的,公称工作压力（表压）为1.0～30MPa,公称容积为0.4～1000L的盛装压缩气体、液化气体或溶解气体等的移动式压力容器。

2. 气瓶的分类

（1）按充装介质的性质分类

① 压缩气体气瓶。压缩气体因其临界温度小于-10℃,常温下呈气态,所以称为压缩气体,如氢、氧、氮、空气、燃气等。这类气瓶一般都以较高的压力充装气体,目的是增加气瓶的单位容积充气量,提高气瓶利用率和运输效率。常见的充装压力为15MPa,也有充装20～30MPa的。

② 液化气体气瓶。液化气体气瓶充装时都以低温液态灌装。有些液化气体的临界温度较低,装入瓶内后受环境温度的影响而全部气化。有些液化气体的临界温度较高,装瓶后在瓶内始终保持气液平衡状态,因此可分为高压液化气体和低压液化气体。

高压液化气体临界温度大于或等于-109℃,且小于或等于70℃。常见的有乙烯、乙烷、二氧化碳、六氟化硫、氯化氢、三氟氯甲烷（F-13）、三氟甲烷（F-23）、六氟乙烷（F-116）、氟乙烯等。常见的充装压力有15MPa和12.5MPa等。

低压液化气体临界温度大于-70℃,如溴化氢、硫化氢、氨、丙烷、丙烯、异丁烯、1,3-丁二烯、1-丁烯、环氧乙烷、液化石油气等。《气瓶安全技术监察规程》规定,液化气体气瓶的最高工作温度为60℃。低压液化气体在60℃时的饱和蒸气压都在10MPa以下,所以这类气体的充装压力都不高于10MPa。

③ 溶解气体气瓶。溶解气体气瓶是专门用于盛装乙炔的气瓶。由于乙炔气体极不稳定,故必须把它溶解在溶剂（常见的为丙酮）中。气瓶内装满多孔性材料,以吸收溶剂。乙炔瓶充装乙炔气,一般要求分两次进行,第一次充气后静置8h以上,再进行第二次充气。

（2）按制造方法分类

① 钢制无缝气瓶是以钢坯为原料,经冲压拉伸制造,或以无缝钢管为材料,经热旋压收口收底制造的钢瓶。瓶体材料为采用碱性平炉、电炉或吹氧碱性转炉冶炼的镇静钢,如优质碳钢、锰钢、铬钼钢或其他合金钢。这类气瓶用于盛装压缩气体和高压液化气体。

② 钢制焊接气瓶是以钢板为原料,经冲压卷焊制造的钢瓶。瓶体及受压元件材料为采用平炉、电炉或氧化转炉冶炼的镇静钢,要求有良好的冲压和焊接性能。这类气瓶用于盛装低压液化气体。

③ 缠绕玻璃纤维气瓶是以玻璃纤维加黏结剂缠绕或碳纤维制造的气瓶。一般有一个铝制内筒，其作用是保证气瓶的气密性，承压强度则依靠玻璃纤维缠绕的外筒。这类气瓶由于绝热性能好、重量轻，多用于盛装呼吸用压缩空气，供消防、毒区或缺氧区域作业人员随身背挎并配以面罩使用。一般容积较小（1~10L），充气压力多为15~30MPa。

（3）按公称工作压力分类　气瓶按公称工作压力分为高压气瓶和低压气瓶。高压气瓶公称工作压力分别为30MPa、20MPa、15MPa、12.5MPa和8MPa，低压气瓶公称工作压力分别为5MPa、3MPa、2MPa、1.6MPa和1MPa。

钢瓶公称容积和公称直径见表7-7。

表7-7　钢瓶公称容积和公称直径

公称容积/L	10	16	25	40	50	60	80	100	150	120	400	600	800	1000
公称直径/mm	200			250			300		400		600		800	

二、气瓶的安全附件

1. 安全泄压装置

气瓶的安全泄压装置，是为了防止气瓶在遇到火灾等高温时，瓶内气体受热膨胀而发生破裂爆炸。

气瓶常见的泄压附件有爆破片和易熔塞。

① 爆破片装在瓶阀上，其爆破压力略高于瓶内气体的最高温升压力。爆破片多用于高压气瓶上，有的气瓶不装爆破片。《气瓶安全技术监察规程》对是否必须装设爆破片，未做明确规定。气瓶装设爆破片有利有弊，一些国家的气瓶不采用爆破片这种安全泄压装置。

② 易熔塞一般装在低压气瓶的瓶肩上，当周围环境温度超过气瓶的最高使用温度时，易熔塞的易熔合金熔化，瓶内气体排出，避免气瓶爆炸。

2. 其他附件（防震圈、瓶帽、瓶阀）

① 气瓶装有两个防震圈，是气瓶瓶体的保护装置。气瓶在充装、使用、搬运过程中，常常会因滚动、震动、碰撞而损伤瓶壁，以致发生脆性破坏。这是气瓶发生爆炸事故常见的一种直接原因。

② 瓶帽是瓶阀的防护装置，它可避免气瓶在搬运过程中因碰撞而损坏瓶阀，保护出气口螺纹不被损坏，防止灰尘、水分或油脂等杂物落入阀内。

③ 瓶阀是控制气体出入的装置，一般是用黄铜或钢制造。充装可燃气体的钢瓶的瓶阀，其出气口螺纹为左旋，盛装助燃气体的气瓶，其出气口螺纹为右旋。瓶阀的这种结构可有效地防止可燃气体与非可燃气体的错装。

三、气瓶的颜色

国家标准《气瓶颜色标志》（GB/T 7144—2016）对气瓶的颜色、字样和色环做了严格的规定。常见气瓶的颜色见表7-8。

表7-8　常见气瓶的颜色

序号	气瓶名称	化学式	外表面颜色	字样	字样颜色	色环
1	氢	H_2	淡绿	氢	大红	$p=20MPa$,大红单环 $p \geq 30MPa$，大红双环

续表

序号	气瓶名称	化学式	外表面颜色	字样	字样颜色	色环
2	氧	O_2	淡(酞)蓝	氧	黑	$p=20MPa$,白色单环 $p\geq30MPa$,白色双环
3	氨	NH_3	黄	液氨	黑	
4	氯	Cl_2	深绿	液氯	白	
5	空气		黑	空气	白	$p=20MPa$,白色单环 $p\geq30MPa$,白色双环
6	氮	N_2	黑	氮	黑	同"氧"
7	二氧化碳	CO_2	铝白	液化二氧化碳	黑	$p=20MPa$,黑色单环
8	乙烯	C_2H_4	棕	液化乙烯	淡黄	$p=15MPa$,白色单环 $p=20MPa$,白色双环

四、气瓶的管理

1. 充装安全

为了保证气瓶在使用或充装过程中不因环境温度升高而处于超压状态，必须对气瓶的充装量严格控制。确定压缩气体及高压液化气体气瓶的充装量时，要求瓶内气体在最高使用温度（60℃）下的压力，不超过气瓶的最高许用压力。对低压液化气体气瓶，则要求瓶内液体在最高使用温度下，不会膨胀至瓶内满液，即要求瓶内始终保留有一定气相空间。

(1) 气瓶充装过量　是气瓶破裂爆炸的常见原因之一。因此必须加强管理，严格执行《气瓶安全技术监察规程》的安全要求，防止充装过量。充装压缩气体的气瓶，要按不同温度下的最高允许充装压力进行充装，防止气瓶在最高使用温度下的压力超过气瓶的最高许用压力。充装液化气体的气瓶，必须严格按规定的充装系数充装，不得超量，如发现超装时，应设法将超装量卸出。

(2) 防止不同性质气体混装　气体混装是指在同一气瓶内灌装两种气体（或液体）。如果这两种介质在瓶内发生化学反应，将会造成气瓶爆炸事故。如原来装过氢气的气瓶，未经置换、清洗等处理，甚至瓶内还有一定量余气，又灌装氧气，结果瓶内氢气与氧气发生化学反应，产生大量反应热，瓶内压力急剧升高，气瓶爆炸，酿成严重事故。

属下列情况之一的，应先进行处理，否则严禁充装。

① 钢印标记、颜色标记不符合规定及无法判定瓶内气体的；
② 改装不符合规定或用户自行改装的；
③ 附件不全、损坏或不符合规定的；
④ 瓶内无剩余压力的；
⑤ 超过检验期的；
⑥ 外观检查存在明显损伤，需进一步进行检查的；
⑦ 氧化或强氧化性气体气瓶沾有油脂的；
⑧ 易燃气体气瓶的首次充装，事先未经置换和抽空的。

2. 贮存安全

(1) 气瓶的贮存应有专人负责管理。管理人员、操作人员、消防人员应经安全技术培训，了解气瓶、气体的安全知识。

(2) 气瓶的贮存，空瓶、实瓶应分开（分室贮存）。如氧气瓶、液化石油气瓶，乙炔瓶与氧气瓶、氯气瓶不能同贮一室。

(3) 气瓶库（贮存间）应符合《建筑设计防火规范》，应采用二级以上防火建筑。与明火或其他建筑物应有符合规定的安全距离。易燃、易爆、有毒、腐蚀性气体气瓶库的安全距离不得小于15m。

(4) 气瓶库应通风、干燥，防止雨（雪）淋、水浸，避免阳光直射，要有便于装卸、运输的设施。库内不得有暖气、水、煤气等管道通过，也不准有地下管道或暗沟。照明灯具及电气设备应是防爆的。

(5) 地下室或半地下室不能贮存气瓶。

(6) 瓶库有明显的"禁止烟火""当心爆炸"等各类必要的安全标志。

(7) 瓶库应有运输和消防通道，设置消防栓和消防水池。在固定地点备有专用灭火器。

(8) 有灭火工具和防毒用具。

(9) 贮气的气瓶应戴好瓶帽，最好戴固定瓶帽。

(10) 气瓶一般应立放贮存。卧放时，应防止滚动，瓶头（有阀端）应朝向一方。堆放不得超过5层，并妥善固定。气瓶排放应整齐、固定牢靠。数量、位号的标志要明显。要留有通道。

(11) 气瓶的贮存数量应有限制，在满足当天使用量和周转量的情况下，应尽量减少贮存量。

① 容易起聚合反应的气体的气瓶，必须规定贮存期限。

② 瓶库账目清楚，数量准确，按时盘点，账物相符。

③ 建立并执行气瓶进出库制度。

3. 使用安全

(1) 使用气瓶者应学习气体与气瓶的安全技术知识，在技术熟练人员的指导监督下进行操作练习，合格后才能独立使用。

(2) 使用前应对气瓶进行检查，确认气瓶和瓶内气体质量完好，方可使用。如发现气瓶颜色、钢印等辨别不清，检验超期，气瓶损伤（变形、划伤、腐蚀），气体质量与标准规定不符等现象，应拒绝使用并做妥善处理。

(3) 按照规定，正确、可靠地连接调压器、回火防止器、输气、橡胶软管、缓冲器、汽化器、焊割炬等，检查、确认没有漏气现象。连接上述器具前，应微开瓶阀吹除瓶阀出口的灰尘、杂物。

(4) 气瓶使用时，一般应立放（乙炔瓶严禁卧放使用），不得靠近热源。与明火、可燃与助燃气体气瓶之间距离，不得小于10m。

(5) 使用易起聚合反应的气体的气瓶，应远离射线、电磁波、振动源。

(6) 防止日光暴晒、雨淋、水浸。

(7) 移动气瓶应手搬瓶肩转动瓶底，移动距离较远时可用轻便小车运送，严禁抛、滚、滑、翻和肩扛、脚踹。

(8) 禁止敲击、碰撞气瓶。绝对禁止在气瓶上焊接、引弧。不准用气瓶做支架和铁砧。

(9) 注意操作顺序。开启瓶阀应轻缓，操作者应站在阀出口的侧后；关闭瓶阀应轻而严，不能用力过大，避免关得太紧、太死。

（10）瓶阀冻结时，不准用火烤。可把瓶移入室内或温度较高的地方或用40℃以下的温水浇淋解冻。

① 注意保持气瓶及附件清洁、干燥，禁止沾染油脂、腐蚀性介质、灰尘等。

② 瓶内气体不得用尽，应留有剩余压力（余压）。余压不应低于0.05MPa。

③ 保护瓶外油漆防护层，既可防止瓶体腐蚀，也是识别标记，可以防止误用和混装。瓶帽、防震圈、瓶阀等附件都要妥善维护、合理使用。

④ 气瓶使用完毕，要送回瓶库或妥善保管。

五、气瓶的检验

气瓶的定期检验，应由取得检验资格的专门单位负责进行。未取得资格的单位和个人，不得从事气瓶的定期检验。各类气瓶的检验周期如下。

盛装腐蚀性气体的气瓶，每2年检验一次。

盛装一般气体的气瓶，每3年检验一次。

液化石油气气瓶，使用未超过20年的，每5年检验一次；超过20年的，每2年检验一次。

盛装惰性气体的气瓶，每5年检验一次。

气瓶在使用过程中，发现有严重腐蚀、损伤或对其安全可靠性有怀疑时，应提前进行检验。库存和使用时间超过一个检验周期的气瓶，启用前应进行检验。

气瓶检验单位，对要检验的气瓶，逐只进行检验，并按规定出具检验报告。未经检验和检验不合格的气瓶不得使用。

任务实施

活动　实验室气瓶安全检查

活动描述：在教师的指引下，以小组为单位分析化学工程系化工单元操作实训室、化验室中所有气瓶放置、使用、贮存、管理是否存在安全隐患。

活动场地：化工单元操作实训室、化验室。

活动方式：小组讨论。

活动流程：

1. 认识实验室气瓶安全管理规定

（1）为加强实验室气体使用安全和气体钢瓶（以下简称气瓶）管理工作，消除安全隐患，杜绝不规范行为，特制定气瓶安全管理规定。

（2）实验室气瓶或独立的气瓶室均应有专人管理，并明确安全管理职责和工作内容。

（3）建立健全实验室气瓶安全操作规程，规范实验人员操作步骤。

（4）加强对气瓶安全使用的培训和安全教育，并做好培训记录，确保使用气瓶的教职工和学生充分了解并掌握气瓶相关的安全知识。

（5）气体必须从有资质的供应商处购买。采购单位需对供应商提供的气体钢瓶进行验收，对于气体名称标识不清或不对应、气体钢瓶没有安全帽和防震圈、颜色缺失、缺乏气体钢瓶定期安全检验标识等，采购单位应拒绝接收。

（6）实验场所的气瓶颜色和字体要清楚，有定期安全检测标识（由供应商负责）等，对于长期存放在实验室不周转的气体钢瓶，由使用单位督促气体供应商或自行联系检验机构对钢瓶进行定期检测和检漏等工作。

（7）实验室应建立气体购买使用台账；每个气瓶要配有学校统一印制的气瓶安全信息标识牌，用气单位要按要求规范填写；危险气体钢瓶附近，应张贴安全警示标识。

（8）搬运气瓶时，应装上防震圈、旋紧安全帽，以保护开关阀，防止其意外转动和减少碰撞。搬运气瓶一般用气瓶推车，也可以用手平抬或垂直转动，严禁手抓开关总阀移动，切勿拖拉、滚动或滑动气体钢瓶。不能带着减压阀移动气瓶。

（9）气瓶摆放应正确固定，放置在阴凉通风处，远离热源和火源，避免暴晒和强烈震动；气瓶周围不得放置其他易燃易爆危险品和易与瓶内气体发生反应的化学品；盛装易发生聚合反应气体的气瓶，不得放置于有放射线的场所内；禁止在楼道、大厅等公共场所存放气体钢瓶。

（10）气瓶应分类分处存放并控制在最小需求量，不同气瓶间应保持一定距离，可燃性气体与氧气等助燃气体不能混放，可燃性和助燃性气体的气瓶与明火距离应超过 10m（确实难达到时，须采取隔离等措施），每间实验室内存放的氧气和可燃气体不宜超过一瓶。

（11）使用高压气体钢瓶时，必须加装减压器；调节压力时，要用减压阀来调节，不得直接使用钢瓶上的开关。气瓶减压器应专用，安装时要上紧，不得漏气。开闭时，应站在气瓶侧面，动作要慢，以减少气流摩擦产生静电。

（12）有毒有害、易燃易爆气体要加装专用防护柜，一般不应放置在实验室内。放置有毒有害、易燃易爆气体的房间和气瓶柜均应配备通风设施、使用防爆灯具、设置监测和报警装置，并保证正常运转。实验室有大量惰性气体或 CO_2 存放在有限空间内时，还需加装氧气含量报警器。对于使用氢气、甲烷等轻质可燃气体的房间，不应安装吊顶，通风设备的引风口应尽量设置在墙的顶部。

（13）乙炔等可燃性气体的气瓶不得放于绝缘体上，以利于释放静电。氧气瓶或氢气瓶严禁与油类接触，操作人员不能穿戴有油脂或油污的工作服和手套等操作，以免引起燃烧或爆炸。

（14）各种气体气瓶要专用，不得混装。严禁将装有气体的钢瓶与电气设备及电线等相接触。内装可燃气体的钢瓶，应该远离电线密集处，以防止电线短路着火，引燃可燃气体。氧气钢瓶与反应器等连接，应加装防回火装置或缓冲器。连接钢瓶的玻璃缓冲瓶，必须加铁丝网罩，瓶上安装压力柱。

（15）气体管路应连接正确、整齐有序，有标识，不得将气体管线直接放置在地上；对于存在多条气体管路的房间须张贴详细的管路图。管路材质选择合适，无破损或老化现象。

（16）实验室应定期对气瓶进行安全检查并做好记录，及时排查隐患；气体钢瓶如有缺陷、安全附件不全、已损坏等情况，不能保证安全使用时，须立即停止使用。

（17）实验人员在使用前，须检测气瓶的安全状况，并确认其盛装的气体；使用完毕须及时关闭气瓶总阀，并再次确认其安全状况。

（18）瓶内气体不得用尽，必须保留一定剩余压力。一般气瓶的剩余压力，应不小于 0.05MPa，可燃性气体应剩余 0.2~0.3MPa，其中氢气应保留 2.0MPa 余压。

（19）实验室应对已损坏的压力气瓶及时更换，还应根据各类气瓶使用年限和疲劳周期，及时更换事故风险较大的压力气瓶。做到实验室无过期气瓶，无过期气瓶堆放现象。

（20）实验室应根据危险因素，配备相应的防护用品，制定相应的应急预案，组织师生开展应急演练，配备现场急救用品和设施等。

（21）对于违反本规定或因管理不善、违规操作等造成安全事故的，中心将追究相关人员责任。

2. 查找气瓶并做好记录

以小组为单位，找出实训室中的所有气瓶，记录气瓶的名称和外表颜色。

3. 分析气瓶

根据气瓶的安全使用原则，以小组为单位分析判断气瓶是否存在安全隐患，如果存在安全隐患，提出处理方法。

4. 气瓶记录

完成表 7-9。

表 7-9 气瓶记录

序号	名称	外表颜色	位置	是否存在安全隐患	处理方法

项目八　安全进行化工单元操作和化学反应

【学习目标】

知识目标

① 能说明常见化工单元操作存在的安全隐患。
② 能陈述常见化工单元操作的操作要点。
③ 能总结化工单元设备的操作要点。
④ 能总结各类化学反应的特点。
⑤ 能总结各类化学反应的操作要点。

技能目标

① 能制定不同化工单元操作的安全技术措施。
② 能针对化工单元设备制定合理的安全操作技术措施。
③ 能针对具体的氧化反应设施或环节制定正确的安全技术措施。

素质目标

① 具有规避化工单元操作和化学反应操作危险的安全意愿。
② 树立安全第一的生产理念，并影响周围的人。
③ 具有较强的沟通能力、小组协作能力。
④ 具有强烈的环保意识。
⑤ 遵规守纪、服从管理。

 任务一　安全进行化工单元操作

任务引入

2020年7月27日，浙江某制药公司三车间碘海醇粗品精制岗位过滤洗涤干燥机压滤过程中发生正丁醇（溶剂）泄漏引发爆炸事故，爆炸后发生火灾，事故造成2人死亡，2人轻伤。

经调查,过滤洗涤干燥机卡兰在压滤过程中失效断裂,导致碘海醇粗品正丁醇溶液(操作温度约90℃,操作压力≤0.2MPa)泄漏至车间,与空气形成爆炸性混合物,遇点火源后发生闪爆。

化工生产过程是由单元操作组成的,如果要安全地进行化工生产操作就必须要认识化工单元操作的安全技术。

任务分析

单元操作就是指化工生产过程中物理过程步骤(少数包含化学反应,但其主要目的并不在于反应本身),是化工生产中共有的操作。按其操作的原理和作用可分为:流体输送、搅拌、过滤、沉降、传热(加热或冷却)、蒸发、吸收、蒸馏、萃取、干燥、离子交换、膜分离等。按其操作的目的可分为:增压、减压和输送;物料的加热或冷却;非均相混合物的分离;均相混合物的分离;物料的混合或分散。

单元操作在化工生产中占主要地位,决定整个生产的经济效益,在化工生产中单元操作的设备费和操作费一般可占到80%~90%,可以说没有单元操作就没有化工生产过程。同样,没有单元操作的安全,也就没有化工生产的安全。

必备知识

一、认识加热操作的安全技术要点

温度是化工生产中最常见的需控制的条件之一。加热是控制温度的重要手段,其操作的关键是按规定严格控制温度的范围和升温速度。温度过高会使化学反应速率加快,若是放热反应,则放热量增加,一旦散热不及时,温度失控,就会发生冲料,甚至会引起燃烧和爆炸。升温速度过快不仅容易使反应超温,而且还会损坏设备。

生产中常用的加热方式有直接火加热(包括烟道气加热)、蒸汽或热水加热、有机载体(或无机载体)加热以及电加热等。加热温度在100℃以下的,常用热水或蒸汽加热;100~140℃用蒸汽加热;超过140℃则用加热炉直接加热或用热载体加热;超过250℃时,一般用电加热。

用高压蒸汽加热时,对设备耐压要求高,须严防泄漏或与物料混合,避免造成事故。使用热载体加热时,要防止热载体循环系统堵塞,热油喷出,酿成事故。使用电加热时,电气设备要符合防爆要求。直接用火加热危险性最大,温度不易控制,可能造成局部过热烧坏设备,引起易燃物质的分解爆炸。当加热温度接近或超过物料的自燃点时,应采用惰性气体保护。若加热温度接近物料分解温度,此生产工艺称为危险工艺,必须设法改进工艺条件,如负压或加压操作。

二、认识冷却冷凝与冷冻操作的安全技术要点

冷却与冷凝被广泛应用于化工操作之中。二者主要区别在于被冷却的物料是否发生相的改变。若发生相变(如气相变为液相)则称为冷凝,否则,无相变只是温度降低则称为冷却。将物料降到比水或周围空气更低的温度,这种操作称为冷冻或制冷。

冷却、冷凝与冷冻的操作在化工生产中容易被忽视。实际上它很重要,它不仅涉及原材料定额消耗以及产品收率,而且严重地影响安全生产。

① 根据被冷却物料的温度、压力、理化性质以及所要求冷却的工艺条件，正确选用冷却设备和冷却剂。

② 对于腐蚀性物料的冷却，最好选用耐腐蚀材料的冷却设备。如石墨冷却器、塑料冷却器，以及用高硅铁管、陶瓷管制成的套管冷却器和钛材冷却器等。

③ 严格注意冷却设备的密闭性，不允许物料窜入冷却剂中，也不允许冷却剂窜入被冷却的物料中（特别是酸性气体）。

④ 冷却设备所用的冷却水不能中断。否则，反应热不能及时导出，致使反应异常，系统压力增高，甚至产生爆炸。另一方面，冷凝、冷却器如断水，会使后部系统温度升高，未冷凝的危险气体外逸排空，可能导致燃烧或爆炸。

⑤ 开车前首先清除冷却设备中的积液，再打开冷却水，然后通入高温物料。

⑥ 为保证不凝可燃气体排空安全，可充氮保护。

⑦ 检修冷凝、冷却器，应彻底清洗、置换，切勿带料焊接。

三、认识筛分的安全技术要点

① 在筛分操作过程中，粉尘如具有可燃性，应注意因碰撞和静电而引起粉尘燃烧、爆炸；如粉尘具有毒性、吸水性或腐蚀性，要注意呼吸器官及皮肤的保护，以防引起中毒或皮肤伤害。

② 筛分操作是大量扬尘过程，在不妨碍操作、检查的前提下，应将其筛分设备最大限度地进行密闭。

③ 要加强检查，注意筛网的磨损和筛孔堵塞、卡料，以防筛网损坏和混料。

④ 筛分设备的运转部分要加防护罩以防绞伤人体。

⑤ 振动筛会产生大量噪声，应采用隔离等消声措施。

四、认识过滤的安全技术要点

过滤机按操作方法分为间歇式和连续式，也可按照过滤推动力的不同分为重力过滤机、真空过滤机、加压过滤机和离心过滤机。

从操作方式看来，连续过滤较间歇式过滤安全。连续式过滤机循环周期短，能自动洗涤和自动卸料，其过滤速度较间歇式过滤机高，且操作人员脱离与有毒物料接触，因而比较安全。间歇式过滤机由于卸料、装合过滤机、加料等各项辅助操作的重复，所以较连续式过滤周期长，且人工操作；劳动强度大、直接接触毒物，因此不安全。如间歇式操作的吸滤机、板框式压滤机等。加压过滤机，当过滤中能散发有害或爆炸性气体时，不能采用敞开式过滤机操作，而要采用密闭式过滤机，并以压缩空气或惰性气体保持压力。在取滤渣时，应先放压力，否则会发生事故。对于离心过滤机，应注意其选材和焊接质量，并应限制其转鼓直径与转速，以防止转鼓承受高压而引起爆炸。因此，在有爆炸危险的生产中，最好不使用离心机，采用转鼓式、带式等真空过滤机。

离心机超负荷运转、时间过长，转鼓磨损或腐蚀、启动速度过高均有可能导致事故的发生。对于上悬式离心机，当负荷不均匀时运转会发生剧烈振动，不仅磨损轴承，且能使转鼓撞击外壳而发生事故。转鼓高速运转，也可能由外壳中飞出而造成重大事故。当离心机无盖或防护装置不良时，工具或其他杂物有可能落入其中，并以很大速度飞出伤人。即使杂物留在转鼓边缘，也可能引起转鼓振动造成其他危险。不停车或未停稳清理器壁，铲勺会从手中脱飞，使人致伤。在开停离心机时，不要用手帮忙以防发生事故。

当处理具有腐蚀性物料时，不应使用铜质转鼓而应采用钢质衬铅或衬硬橡胶的转鼓。并应经常检查衬里有无裂缝，以防腐蚀性物料由裂缝腐蚀转鼓。镀锌、陶瓷或铝制转鼓，只能用于速度较慢、负荷较低的情况，还应有特殊的外壳保护。此外，操作过程中加料不匀，也会导致剧烈振动，应引起注意。

因此，离心机的安全操作应注意以下几点。

① 转鼓、盖子、外壳及底座应用韧性金属制造；对于轻负荷转鼓（50kg以内），可用铜制造，并要符合质量要求。

② 处理腐蚀性物料，转鼓需有耐腐衬里。

③ 盖子应与离心机启动联锁，运转中处理物料时，可减速在盖上开孔处处理。

④ 应有限速装置，在有爆炸危险厂房中，其限速装置不得因摩擦、撞击而发热或产生火花；同时，注意不要选择临界速度操作。

⑤ 离心机开关应安装在近旁，并应有锁闭装置。

⑥ 在楼上安装离心机，应用工字钢或槽钢做成金属骨架，在其上要有减振装置；并注意其内、外壁间隙，转鼓与刮刀间隙，同时，应防止离心机与建筑物产生谐振。

⑦ 对离心机的内、外部及负荷应定期进行检查。

五、认识混合的安全技术要点

混合是加工制造业广泛应用的操作，依据不同的相及其固有的性质，有着特殊的危险，还有动力机械有关的普通的机械危险。要根据物料性质（如腐蚀性、易燃易爆性、粒度、黏度等）正确选用设备。

对于利用机械搅拌进行混合的操作过程，其桨叶的强度是非常重要的。桨叶制造要符合强度要求，安装要牢固，不允许产生摆动。在修理或改造桨叶时，应重新计算其坚牢度。特别是在加长桨叶的情况下，尤其应该注意。因为桨叶消耗能量与其长度的5次方成正比。不注意这一点，可致电机超负荷以及桨叶折断等事故发生。

搅拌器不可随意提高转速，尤其对于搅拌非常黏稠的物质，在这种情况下也可造成电机超负荷、桨叶断裂以及物料飞溅等。对于搅拌黏稠物料，最好采用推进式及透平式搅拌机。

为防止超负荷造成事故，应安装超负荷停车装置。对于混合操作的加、出料应实现机械化、自动化。混合能产生易燃、易爆或有毒物质时，混合设备应很好密闭，并充入惰性气体加以保护。当搅拌过程中物料产生热量时，如因故停止搅拌会导致物料局部过热。因此，在安装机械搅拌的同时，还要辅以气流搅拌，或增设冷却装置。有危险的气流搅拌尾气应加以回收处理。

对于混合可燃粉料，设备应很好接地以导除静电，并应在设备上安装爆破片。混合设备不允许落入金属物件。进入大型机械搅拌设备检修，其设备应切断电源或开关加锁，绝对不允许任意启动。

(1) 液-液混合　液-液混合一般是在有电动搅拌的敞开或封闭容器中进行。应依据液体的黏度和所进行的过程，如分散、反应、除热、溶解或多个过程的组合，设计搅拌。还需要有仪表测量和报警装置强化的工作保证系统。装料时应开启搅拌，否则，反应物分层或偶尔结一层外皮都会引起危险反应。为使夹套或蛇管有效除热必须开启搅拌的情形，在设计中应充分估计到失误，如机械、电器和动力故障的影响以及与过程有关的危险也应该考虑到。

对于低黏度液体的混合，一般采用静止混合器或某种类型的高速混合器，除去与旋转机械有关的普通危险外，没有特殊的危险。对于高黏度流体，一般是在搅拌机或碾压机中处理，必须排除混入的固体，否则会构成对人员和机械的伤害。对于爆炸混合物的处理，需要应用软墙或隔板隔开，远程操作。

（2）气-液混合　有时应用喷雾器把气体喷入容器或塔内，借助机械搅拌实现气体的分配。很显然，如果液体是易燃的，而喷入的是空气，则可在气液界面之上形成易燃蒸气-空气的混合物、易燃烟雾或易燃泡沫。需要采取适当的防护措施，如整个流线的低流速或低压报警、自动断路、防止静电产生等，才能使混合顺利进行。如果是液体在气体中分散，可能会形成毒性或易燃性悬浮微粒。

（3）固-液混合　固-液混合可在搅拌容器或重型设备中进行。如果是重质混合，必须移除一切坚硬的、无关的物质。在搅拌容器内固体分散或溶解操作中，必须考虑固体在器壁的结垢和出口管线的堵塞。

（4）固-固混合　固-固混合用的总是重型设备，这个操作最突出的是机械危险。如果固体是可燃的，必须采取防护措施把粉尘爆炸危险降至最小，如在惰性气氛中操作，采用爆炸卸荷防护墙设施，消除火源，要特别注意静电的产生或轴承的过热等。应该采用筛分、磁分离、手工分类等移除杂金属或过硬固体等。

（5）气-气混合　无需机械搅拌，只要简单接触就能达到充分混合。易燃混合物和爆炸混合物需要惯常的防护措施。

六、认识输送操作的安全技术要点

输送设备除了其本身会发生故障外，还会造成人身伤害。除要加强对机械设备的常规维护外，还应对齿轮、皮带、链条等部位采取防护措施。

气流输送分为吸送式和压送式。气流输送系统除设备本身会产生故障之外，最大的问题是系统的堵塞和由静电引起的粉尘爆炸。

粉料气流输送系统应保持良好的严密性。其管道材料应选择导电性材料并有良好的接地，如采用绝缘材料管道，则管外应采取接地措施。输送速度不应超过该物料允许的流速，粉料不要堆积管内，要及时清理管壁。

用各种泵类输送可燃液体时，其管内流速不应超过安全速度。在化工生产中，也有用压缩空气为动力来输送一些酸碱等腐蚀性液体的，这些设备也属于压力容器，要有足够的强度。在输送爆炸性或燃烧性物料时，要采用氮、二氧化碳等惰性气体代替空气，以防造成燃烧或爆炸。

气体物料的输送采用压缩机。输送可燃气体要求压力不太高时，采用液环泵比较安全。可燃气体的管道应经常保持正压，并根据实际需要安装逆止阀、水封和阻火器等安全装置。

七、认识干燥的安全技术要点

干燥过程中要严格控制温度，防止局部过热，以免造成物料分解爆炸。在过程中散发出来的易燃易爆气体或粉尘，不应与明火和高温表面接触，防止燃爆。在气流干燥中应有防静电措施，在滚筒干燥中应适当调整刮刀与筒壁的间隙，以防止产生火花。

八、认识蒸发的安全技术要点

凡蒸发的溶液皆具有一定的特性。如溶质在浓缩过程中可能有结晶、沉淀和污垢生成，这些都能导致传热效率的降低，并产生局部过热，促使物料分解、燃烧和爆炸，因此要控制蒸发温度。为防止热敏性物质的分解，可采用真空蒸发的方法，降低蒸发温度，或采用高效蒸发器，增加蒸发面积，减少停留时间。

对具有腐蚀性的溶液，要合理选择蒸发器的材质。

九、认识蒸馏的安全技术要点

蒸馏塔釜内有大量的沸腾液体，塔身和冷凝器则需要有数倍沸腾液体的容量。应用热环流再沸器代替釜式再沸器可以减少连续蒸馏中沸腾液体的容量，这样的蒸汽发生再沸器或类似设计的蒸发器，其针孔管易结垢堵塞造成严重后果，应该选用合适的传热流体。还需要考虑冷凝器冷却管有关的故障，如塔顶沾染物、馏出物和回流液，以及冷却介质及其污染物的影响。

蒸馏塔需要配置真空或压力释放设施。水偶然进塔，而塔温和塔压又足以使大量水即刻蒸发，这是相当危险的，特别是会损坏塔内件。冷水喷入充满蒸汽而没有真空释放阀的塔，在外部大气压力作用下会造成塔的塌陷。释放阀可安装在回流筒上，低温排放，也可在塔顶向大气排放。应该考虑夹带污物进塔的危险。间歇蒸馏中的釜残液或传热面污垢、连续蒸馏中的预热器或再沸器污染物的积累，都有可能酿成事故。

十、认识吸收操作的安全技术要点

① 容器中的液面应自动控制和易于检查。对于毒性气体必须有低液位报警。
② 控制溶剂的流量和组成，如洗涤酸气溶液的碱性液体；如果吸收剂是用来排除气流中的毒性气体，而不是向大气排放，如用碱溶液洗涤氯气，用水排除氨气，液流的失控会造成严重事故。
③ 在设计限度内控制入口气流，检测其组成。
④ 控制出口气的组成。
⑤ 选择适于与溶质和溶剂的混合物接触的结构材料。
⑥ 在进口气流速、组成、温度和压力的设计条件下操作。
⑦ 避免潮气转移至出口气流中，如应用严密筛网或填充床除雾器等。
⑧ 一旦出现控制变量不正常的情况，应能自动启动报警装置。控制仪表和操作程序应能防止气相中溶质载荷的突增以及液体流速的波动。

十一、认识液-液萃取操作的安全技术要点

萃取过程常常有易燃的稀释剂或萃取剂的应用。除去溶剂贮存和回收的适当设计外，还需要有效的界面控制。因为包含相混合、相分离以及泵输送等操作，消除静电的措施变得极为重要。对于放射性化学物质的处理，可采用无需机械密封的脉冲塔。需要最小持液量和非常有效的相分离的情况，则应该采用离心式萃取器。

溶质和溶剂的回收一般采用蒸馏或蒸发操作，所以萃取全过程包含这些操作所具有的危险。

> 任务实施

活动　分析流体及固体输送操作的危险性

活动描述：以小组为单位分析流体及固体输送操作的危险性。
活动场地：化工单元操作理实一体化实训车间。
活动方式：小组讨论。
活动流程：

1. 认识流体及固体输送操作

化工生产中必然涉及流体（包括液体和气体）和（或）固体物料从一个设备到另一个设备或一处到另一处的输送。物料的输送是化工过程中最普遍的单元操作之一，它是化工生产的基础，没有物料的输送就没有化工生产过程。

化工生产中流体的输送是物料输送的主要部分。流体流动也是化工生产中最重要的单元操作之一。由于流体在流动过程中：①有阻力损失；②流体可能从低处流向高处，位能增加；③流体可能需从低压设备流向高压设备，压强能增加。因此，流体在流动过程中需要外界对其施加能量，即需要流体输送机械对流体做功，以增加流体的机械能。

流体输送机械按被输送流体的压缩性可分为：①液体输送机械，常称为泵，如离心泵等。②气体输送机械，如风机、压缩机等。

按其工作原理可分为：①动力式（叶轮式），利用高速旋转的叶轮使流体获得机械能，如离心泵。②正位移式（容积式），利用活塞或转子挤压使流体升压排出，如往复泵。③其他，如喷射泵、隔膜泵等。

固体物料的输送主要有气力输送、皮带输送机输送、链斗输送机输送、螺旋输送机输送、刮板输送机输送、斗式提升机输送和位差输送等多种方式。

2. 分析流体及固体输送操作的危险性

根据流体及固体输送操作的概念及安全操作要点，完成表 8-1。

表 8-1　危险性分析

单元操作	危险性分析
流体输送	
固体输送	

任务二　安全操作化工单元设备

> 任务引入

受某石油化工总厂化工一厂的委托，核工业部第五安装公司，于 1986 年 3 月 15 日对化工一厂的换热器进行气密性试验。16 时 35 分，气压达到 3.5MPa 时突然发生爆炸，试压环紧固螺栓被拉断，螺母脱落，换热器管束与壳体分离，重量达四吨的管束在向前方冲出 8m 后，撞到载有空气压缩机的黄河牌载重卡车上，卡车被推移 2.3m，管束从原地冲出

项目八　安全进行化工单元操作和化学反应

8m，重量达 2t 的壳体向相反方向飞出 38.5m，撞到地桩上。两台换热器重叠，连接支座螺栓被剪断，连接法兰短管被拉断，两台设备脱开。重 6t 的未爆炸换热器受反作用力，整个向东南方向移位 8m 左右，并转向 170°。在现场工作的四人因爆炸死亡。爆炸造成直接经济损失 56000 元，间接经济损失 25000 元。

该事故是一起典型的因化工单元设备（换热器）操作不当引起的爆炸事故，因操作人员的不规范操作导致事故的发生。因此，认识化工单元设备的安全操作技术是预防此类事故发生的前提。

任务分析

常见的化工单元设备包括泵、换热器、精馏设备、反应器等。这些设备组成了化工装置的"骨架"，设备投资占企业总投资的一半以上，安全运行这些单元设备，对企业的生产非常重要。

必备知识

一、安全运行泵

泵是化工单元中的主要流体机械。泵的安全运行涉及流体的平衡、压力的平衡和物系的正常流动。

保证泵安全运行的关键是加强日常检查，包括：定时检查各轴承温度；定时检查各出口阀压力、温度；定时检查润滑油压力，定期检验润滑油油质；检查填料密封泄漏情况，适当调整填料压盖螺栓松紧；检查各传动部件应无松动和异常声音；检查各连接部件紧固情况，防止松动；泵在正常运行中不得有异常振动声响，各密封部位无滴漏，压力表、安全阀灵活好用。

二、安全运行换热器

换热器是用于两种不同温度介质进行传热即热量交换的设备，又称"热交换器"；可使一种介质降温而另一种介质升温以满足各自的需要。换热器一般也是压力容器，除了承受压力载荷外，还有温度载荷（产生热应力），并常伴随有振动和特殊环境的腐蚀发生。

换热器的运行中涉及工艺过程中的热量交换、热量传递和热量变化，过程中如果热量积累造成超温就会发生事故。

化工生产中对物料进行加热（沸腾）、冷却（冷凝），由于加热剂、冷却剂等的不同，换热器具体的安全运行要点也有所不同。

（1）蒸汽加热　必须不断排除冷凝水，否则积于换热器中，部分或全部变为无相变传热，传热速率下降。同时还必须及时排放不凝性气体。因为不凝性气体的存在使蒸汽冷凝的给热系数大大降低。

（2）热水加热　一般温度不高，加热速度慢，操作稳定，只要定期排放不凝性气体，就能保证正常操作。

① 烟道气一般用于生产蒸汽或加热、汽化液体，烟道气的温度较高，且温度不易调节，在操作过程中，必须时时注意被加热物料的液位、流量和蒸汽产量，还必须做到定期排污。

② 导热油加热的特点是温度高（可达 400℃）、黏度较大、热稳定性差、易燃、温度调节困难，操作时必须严格控制进出口温度，定期检查进出管口及介质流道是否结垢，做到定

期排污，定期放空、过滤或更换导热油。

③ 水和空气冷却操作时，应注意根据季节变化调节水和空气的用量，用水冷却时，还要注意定期清洗。

④ 冷冻盐水冷却操作时，温度低，腐蚀性较大，在操作时应严格控制进出口的温度，防止结晶堵塞介质通道，要定期放空和排污。

⑤ 冷凝操作需要注意的是，定期排放蒸汽侧的不凝性气体，特别是减压条件下不凝性气体的排放。

三、安全运行精馏设备

精馏过程涉及热源加热、液体沸腾、气液分离、冷却冷凝等过程，热平衡安全问题和相态变化安全问题是精馏过程安全的关键。精馏设备包括精馏塔、再沸器和冷凝塔等设备。精馏设备的安全运行主要取决于精馏过程的加热载体、热量平衡、气液平衡、压力平衡以及被分离物料的热稳定性以及填料选择的安全性。

1. 精馏塔设备的安全运行

由于工艺要求不同，精馏塔的塔型和操作条件也不同。因此，保证精馏过程的安全操作控制也是各不相同的。通常应注意以下几方面。

① 精馏操作前应检查仪器、仪表、阀门等是否齐全、正确、灵活，做好启动前的准备。

② 预进料时，应先打开放空阀，充氮置换系统中的空气，以防在进料时出现事故，当压力达到规定的指标后停止，再打开进料阀，打入指定液位高度的料液后停止。

③ 再沸器投入使用时，应打开塔顶冷凝器的冷却水（或其他介质），对再沸器通蒸汽加热。

④ 在全回流情况下继续加热，直到塔温、塔压均达到规定指标。

⑤ 进料与出产品时，应打开进料阀进料，同时从塔顶和塔釜采出产品，调节到指定的回流比。

⑥ 精馏塔控制与调节的实质是控制塔内气、液相负荷大小，以保持塔设备良好的质热传递，获得合格的产品；但气、液相负荷是无法直接控制的，生产中主要通过控制温度、压力、进料量和回流比来实现；运行中，要注意各参数的变化，及时调整。

⑦ 停车时，应先停进料，再停再沸器，停产品采出（如果对产品要求高也可先停），降温降压后再停冷却水。

2. 精馏辅助设备的安全运行

精馏装置的辅助设备主要是各种形式的换热器，包括塔底溶液再沸器、塔顶蒸气冷凝器、料液预热器、产品冷却器等，另外还需管线以及流体输送设备等。其中再沸器和冷凝器是保证精馏过程能连续进行稳定操作所必不可少的两个换热设备。

再沸器的作用是将塔内最下面的一块塔板流下的液体进行加热，使其中一部分液体发生汽化变成蒸气而重新回流入塔，以提供塔内上升的气流，从而保证塔板上气、液两相的稳定传质。

冷凝器的作用是将塔顶上升的蒸气进行冷凝，使其成为液体，之后将一部分冷凝液从塔顶回流入塔，以提供塔内下降的液流，使其与上升气流进行逆流传质接触。

再沸器和冷凝器在安装时应根据塔的大小及操作是否方便而确定其安装位置。对于小塔，冷凝器一般安装在塔顶，这样冷凝液可以利用位差而回流入塔；再沸器则可安装在塔底。对于大塔（处理量大或塔板数较多时），冷凝器若安装在塔顶部则不便于安装、检修和清理，此时可将冷凝器安装在较低的位置，回流液则用泵输送入塔；再沸器一般安装在塔底外部。

四、安全运行反应器

反应器的操作方式分间歇式、连续式和半连续式。典型的釜式反应器主要由釜体、封头、搅拌器、换热部件及轴密封装置组成。

1. 釜体及封头的安全

釜体及封头提供足够的反应体积以保证反应物达到规定的转化率。釜体及封头应有足够的强度、刚度和稳定性及耐腐蚀能力以保证运行可靠。

2. 搅拌器的安全

搅拌器的安全可靠是许多放热反应、聚合过程等安全进行的必要条件。搅拌器选择不当，可能发生中断或突然失效，造成物料反应停滞、分层、局部过热等，以致发生各种事故。

五、安全运行蒸发器

蒸发器的选型主要应考虑被蒸发溶液的性质和是否容易结晶或析出结晶等因素。

为了保证蒸发设备的安全，应注意以下几点。

① 蒸发热敏性物料时，应考虑黏度、发泡性、腐蚀性、温度等因素，可选用膜式蒸发器，以防止物料分解。

② 蒸发黏度大的溶液，为保证物料流速，应选用强制循环回转薄膜式或降膜式蒸发器。

③ 蒸发易结垢或析出结晶的物料，可采用标准式或悬筐式蒸发器、管外沸腾式和强制循环型蒸发器。

④ 蒸发发泡性溶液时，应选用强制循环型和长管薄膜式蒸发器。

⑤ 蒸发腐蚀性物料时应考虑设备用材，如蒸发废酸等物料应选用浸没燃烧蒸发器。

⑥ 对处理量小的或采用间歇操作时，可选用夹套或锅炉蒸发器。

六、安全运行容器

容器的安全运行主要考虑下列三个方面的问题。

1. 容器的选择

根据存贮物的性质、数量和工艺要求确定存贮设备。一般固体物料，不受天气影响的，可以露天存放；有些固体产品和分装液体产品都可以包装、封箱、装袋或灌装后直接存贮于仓库，也可运销于厂外。但有一些液态或气态原料、中间产品或成品需要存贮于容器之中，按其性质或特点选用不同的容器。大量液体的存贮一般使用圆形或球形贮槽；易挥发的液体，为防物料挥发损失，而选用浮顶贮罐；蒸气压高于大气压的液体，要视其蒸气压大小专门设计贮槽；可燃液体的存贮，要在存贮设备的开口处设置防火装置；容易液化的气体，一般经过加压液化后存贮于压力贮罐或高压钢瓶中；难于液化的气体，大多数经过加压后存贮于气柜、高压球形贮槽或柱形容器中；易受空气和湿度影响的物料应存贮于密闭的容器内。

2. 安全存量的确定

原料的存量要保证生产正常进行，主要根据原料市场供应情况和供应周期而定，一般以

1~3个月的生产用量为宜；当货源充足，运输周期又短时，则存量可以更少些，以减少容器容积，节约投资。中间产品的存量主要考虑在生产过程中因某一前道工段临时停产仍能维持后续工段的正常生产，所以，一般要比原料的存量少得多；对于连续化生产，视情况存贮几小时至几天的用量，而对于间歇生产过程，至少要存贮一个班的生产用量。对于成品的存贮主要考虑工厂短期停产后仍能保证满足市场需求。

3. 容器适宜容积的确定

主要依据总存量和容器的适宜容积确定容器的台数。这里容器的适宜容积要根据容器形式、存贮物料的特性、容器的占地面积以及加工能力等因素进行综合考虑确定。

一般存放气体的容器的装料系数为1，而存放液体的容器装料系数一般为0.8，液化气体的贮料按照液化气体的装料系数确定。

任务实施

活动　安全操作化工单元设备事故案例分析

活动描述：以小组为单位讨论以下两起事故（案例一、案例二）发生的原因，并制定防范措施。

活动场地：理实一体化实训车间。

活动方式：小组讨论。

案例一：

2005年11月13日，吉林某双苯厂因硝基苯精馏塔塔釜蒸发量不足、循环不畅，需排放该塔塔釜残液，降低塔釜液位，但在停硝基苯初馏塔和硝基苯精馏塔进料，排放硝基苯精馏塔塔釜残液的过程中，硝基苯初馏塔发生爆炸，造成8人死亡，60人受伤，其中1人重伤，直接经济损失6908万元。同时，爆炸事故造成部分物料泄漏通过雨水管道流入松花江，引发了松花江水污染事件。

案例二：

上海某染化厂生产丙烯腈-苯乙烯树脂中间体的碳酸化锅（俗称高压釜），用道生油夹套加热。高压釜下端环焊缝有许多微孔，设备检修时并未发现，却用水进行了冲洗，洗涤水渗漏到夹套形成积水，烘炉时积水沿道生回流管进入已升温到258℃的道生炉内，随即发生爆炸。重2t的道生炉飞起20余米高，落到50m以外炸裂。事故毁坏厂房839m^2，现场5名工人中3人被炸死，2人受重伤，经济损失4.3万元（当时的价格）。事后检查压力表得知临爆炸时的压强为3.6MPa。

活动流程：

阅读以上两起案例，以小组为单位讨论案例中事故发生的原因，完成表8-2。

表8-2　安全操作化工单元设备事故案例分析

案例	事故原因分析	防范措施
案例一		
案例二		

任务三　安全进行化学反应

任务引入

国营庆阳化工厂二分厂是生产 TNT 炸药的生产线。1991 年 2 月 9 日，硝化工组当日一班（白班）的生产不正常，曾在上午 8 时 10 分停机修理，15 时开机生产。开机后，硝化三段十一号机产品凝固点温度（74.60℃）低于工艺规定的温度（74.65℃），于 16 时 10 分停止投料，在本机内循环。

16 时 30 分，二班接班。分厂生产调度就上述情况请示分厂领导同意后，转下道工序，并恢复投料。此间，硝化三段六号和七号机硝酸阀出现泄漏情况，致使二号至七号机硝酸含量高于工艺规定指标。仪表维修工姜某（已死亡）对泄漏的硝酸阀进行修理，并于 17 时修好，19 时刚过，负责看管三段二号至五号机的机工牛某从各分离器中取样送分析室化验。这时，各硝化机温度均在规定范围内。19 时 15 分左右，该名机工从分析室送样返回机台，发现硝化三段二号机分离器压盖冒烟，随即打开了分离器雨淋和硝化机冷却水旁路阀门进行降温，然后即去距工房 30m 远的仪表室找班长。班长张某告诉机工回去打开机前循环阀，并随即带领仪表工张某、焦某（二人均已死亡）来到工房南大门打开了备用水阀，同时告诉看管硝化机的李某停止加料。此时，牛某返回机台打开了机前循环阀。在下机台时，班长张某又让牛某打开安全硝酸阀，牛某返身回去将安全硝酸阀打开一周，再下机台时，发现分离器压盖由冒烟变为喷火。这时张某也看到了火，火势迅速蔓延，越来越大，最终导致硝化机发生剧烈爆炸。

导致该事故发生的原因有很多，但主要的原因是操作人员对化学反应安全技术的认识不够，加之设备的陈旧和老化。因此认识化学反应安全技术对安全生产至关重要。

任务分析

危险化学反应过程，应以有活性物料参与或产生，能释放大量的反应热，又在高温、高压和气液两相平衡状态下进行的化学反应为重点，分析研究反应失控的条件，反应失控的后果及防止反应失控的措施。

必备知识

一、认识氧化反应的安全技术要点

1. 氧化温度控制

氧化反应需要加热，反应过程又会放热，特别是催化气相氧化反应一般都是在 250～600℃ 的高温下进行。有的物质的氧化（如氨、乙烯和甲醇蒸气在空气中的氧化），其物料配比接近于爆炸下限，倘若配比失调，温度控制不当，极易爆炸起火。

2. 氧化物质的控制

被氧化的物质大部分是易燃易爆物质。如乙烯氧化制取环氧乙烷，乙烯是易燃气体，爆炸极限为 2.7%～34%，自燃点为 450℃；甲苯氧化制取苯甲酸，甲苯是易燃液体，其蒸气易与空气形成爆炸性混合物,爆炸极限为1.2%～7%;甲醇氧化制取甲醛,甲醇是易燃液体,其蒸气与空气的混合物爆炸极限为6%～36.5%。

氧化剂具有很大的火灾危险性。如高锰酸钾、氯酸钾、铬酸酐等,由于具有很强的助燃性,遇高温或受撞击、摩擦以及与有机物、酸类接触,均能引起燃烧或爆炸。有机过氧化物不仅具有很强的氧化性,而且大部分是易燃物质,有的对温度特别敏感,遇高温则爆炸。

有些氧化产品也具有火灾危险性,某些氧化过程中还可能生成危险性较大的过氧化物,如乙醛氧化生产乙酸的过程中有过氧乙酸生成,性质极不稳定,受高温、摩擦或撞击便会分解或燃烧。对某些强氧化剂,环氧乙烷是可燃气体;硝酸虽是腐蚀性物品,但也是强氧化剂;含37.6%的甲醛水溶液是易燃液体,其蒸气的爆炸极限为7.7%～73%。

3. 氧化过程的控制

在采用催化氧化过程时,无论是均相或是非均相的,一般以空气或纯氧为氧化剂,可燃的烃或其他有机物与空气或氧的气态混合物在一定的浓度范围内,如引燃就会发生分支连锁反应,火焰迅速蔓延,在很短时间内,温度急剧升高,压力也会剧增,而引起爆炸。氧化过程中如以空气和纯氧作氧化剂,反应物料的配比应尽量控制在爆炸范围之外。空气进入反应器之前,应经过气体净化装置,清除空气中的灰尘、水汽、油污以及可使催化剂活性降低或中毒的杂质以保持催化剂的活性,减少起火和爆炸的危险。

氧化反应器有卧式和立式两种,内部填装有催化剂。一般多采用立式,因为这种形式催化剂装卸方便,而且安全。

在催化氧化过程中,对于放热反应,应控制适宜的温度、流量,防止超温、超压和混合气处于爆炸范围。为了防止氧化反应器在发生爆炸或燃烧时危及人身和设备安全,在反应器前后管道上应安装阻火器,阻止火焰蔓延,防止回火,使燃烧不致影响其他系统。为了防止反应器发生爆炸,应有泄压装置,对于工艺控制参数,应尽可能采用自动控制或自动调节,以及警报联锁装置。使用硝酸、高锰酸钾等氧化剂进行氧化时要严格控制加料速度,防止多加、错加。固体氧化剂应该粉碎后使用,最好呈溶液状态使用,反应时要不间断地搅拌。

使用氧化剂氧化无机物,如使用氯酸钾氧化制备铁蓝颜料时,应控制产品烘干温度不超过燃点,在烘干之前用清水洗涤产品,将氧化剂彻底除净,防止未反应的氯酸钾引起烘干物料起火。有些有机化合物的氧化,特别是在高温下的氧化反应,在设备及管道内可能产生焦化物,应及时清除以防自燃,清焦一般在停车时进行。

氧化反应使用的原料及产品,应按有关危险品的管理规定,采取相应的防火措施,如隔离存放、远离火源、避免高温和日晒、防止摩擦和撞击等。如是电解质的易燃液体或气体,应安装能消除静电的接地装置。在设备系统中宜设置氮气、水蒸气灭火装置,以便能及时扑灭火灾。

二、认识还原反应的安全技术要点

1. 还原生产初生态氢的安全

利用铁粉、锌粉等金属和酸、碱作用生产初生态氢,铁粉、锌粉起还原作用。如硝基苯在盐酸溶液中被铁粉还原成苯胺。

铁粉和锌粉在潮湿空气中遇酸性气体时可能引起自燃,在贮存时应特别注意。

反应时酸、碱的浓度要控制适宜,浓度过高或过低均会使初生态氢的量不稳定,使反应难以控制。反应温度也不宜过高，否则容易突然产生大量氢气而造成冲料。反应过程中应注意搅拌效果，以防止铁粉、锌粉下沉。一旦温度过高，底部金属颗粒翻动，将产生大量氢气而造成冲料。反应结束后，反应器内残渣中仍有铁粉、锌粉在继续作用，不断放出氢气，很不安全，应放入室外贮槽中，加冷水稀释，槽上加盖并设排气管以导出氢气。待金属粉消耗殆尽，再加碱中和。若急于中和，则容易产生大量氢气并生成大量的热，将导致燃烧爆炸。

2. 在催化剂作用下加氢的安全

有机合成等过程中，常用雷尼镍（Raney-Ni）、钯炭等为催化剂使氢活化，然后加入有机物质的分子中进行还原反应。如苯在催化作用下，经加氢生成环己烷。

催化剂雷尼镍和钯炭在空气中吸潮后有自燃的危险。钯炭更易自燃，平时不能暴露在空气中，而要浸在酒精中。反应前必须用氮气置换反应器的全部空气，经测定证实含氧量符合要求后，方可通入氢气。反应结束后，应先用氮气把氢气置换掉，并以氮封保存。

无论是利用初生态氢还原，还是用催化加氢，都是在氢气存在下，并在加热、加压条件下进行。氢气的爆炸极限为4%～75%，如果操作失误或设备泄漏，都极易引起爆炸。操作中要严格控制温度、压力和流量。厂房的电气设备必须符合防爆要求，且应采用轻质屋顶，开设天窗或风帽，使氢气易于飘逸。尾气排放管要高出房顶并设阻火器。加压反应的设备要配备安全阀，反应中产生压力的设备要装设爆破片。

高温高压下的氢对金属有渗碳作用，易造成氢腐蚀，所以，对设备和管道的选材要符合要求，对设备和管道要定期检测，以防发生事故。

3. 使用其他还原剂还原的安全

常用还原剂中火灾危险性大的还有硼氢类、四氢化锂铝、氢化钠、保险粉（连二亚硫酸钠 $Na_2S_2O_4$、异丙醇铝等。

常用的硼氢类还原剂为硼氢化钾和硼氢化钠。硼氢化钾通常溶解在液碱中比较安全。它们都是遇水燃烧物质，在潮湿的空气中能自燃，遇水和酸即分解放出大量的氢，同时产生大量的热，可使氢气燃爆。要贮存于密闭容器中，置于干燥处。在生产中，调节酸、碱度时要特别注意防止加酸过多、过快。

四氢化锂铝有良好的还原性，但遇潮湿空气、水和酸极易燃烧，应浸没在煤油中贮存。使用时应先将反应器用氮气置换干净，并在氮气保护下投料和反应。反应热应由油类冷却剂取走，不应用水，防止水漏入反应器内发生爆炸。

用氢化钠作还原剂与水、酸的反应与四氢化锂铝相似，它与甲醇、乙醇等反应相当激烈，有燃烧、爆炸的危险。

保险粉是一种还原效果不错且较为安全的还原剂，它遇水发热，在潮湿的空气中能分解析出黄色的硫黄蒸气。硫黄蒸气自燃点低，易自燃。使用时应在不断搅拌下，将保险粉缓缓溶于冷水中，待溶解后再投入反应器与物料反应。

异丙醇铝常用于高级醇的还原，反应较温和。但在制备异丙醇铝时需加热回流，将产生大量氢气和异丙醇蒸气，如果铝片或催化剂三氯化铝的质量不佳，反应就不正常，往往先是不反应，温度升高后又突然反应，引起冲料，增加了燃烧、爆炸的危险性。

在还原过程中采用危险性小且还原性强的新型还原剂对安全生产很有意义。例如，用硫化钠代替铁粉还原，可以避免氢气产生，同时也消除了铁泥堆积问题。

三、认识硝化反应的安全技术要点

1. 混酸配制的安全

硝化多采用混酸，混酸中硫酸量与水量的比例应当计算（在进行浓硫酸稀释时，不可将水注入酸中，因为水的相对密度比浓硫酸轻，上层的水被溶解放出的热加热沸腾，引起四处飞溅，造成事故），混酸中硝酸量不应少于理论需要量，实际上稍稍过量1%～10%。

在配制混酸时可用压缩空气进行搅拌，也可机械搅拌或用循环泵搅拌。用压缩空气不如机械搅拌好，有时会带入水或油类，并且酸易被夹带出去造成损失。酸类化合物混合时，放出大量的稀释热，温度可达到90℃或更高。在这个温度下，硝酸部分分解为二氧化氮和水，假若有部分硝基物生成，高温下可能引起爆炸，所以必须进行冷却。机械搅拌或循环搅拌可以起到一定的冷却作用。由于制备好的混酸具有强烈的氧化性能，因此应防止和其他易燃物接触，避免因强烈氧化而引起自燃。

2. 硝化器的安全

搅拌式反应器是常用的硝化设备，这种设备由锅体（或釜体）、搅拌器、传动装置、夹套和蛇管组成，一般是间歇操作。物料由上部加入锅内，在搅拌条件下迅速地与原料混合并进行硝化反应。如果需要加热，可在夹套或蛇管内通入蒸汽；如果需要冷却，可通冷却水或冷冻剂。

为了扩大冷却面，通常是将侧面的器壁做成波浪形，并在设备的盖上装有附加的冷却装置。这种硝化器里面常有推进式搅拌器，并附有扩散圈，在设备底部某处制成一个凹形并装有压出管，以保证压料时能将物料全部泄出。

采用多段式硝化器可使硝化过程达到连续化。连续硝化不仅可以显著地减少能量的消耗，也可以由于每次投料少，减少爆炸中毒的危险，为硝化过程的自动化和机械化创造了条件。

硝化器夹套中冷却水压力呈微负压，在进水管上必须安装压力计，在进水管及排水管上都需要安装温度计。应严防冷却水因夹套焊缝腐蚀而漏入硝化物中，因为硝化物遇到水后温度急剧上升，反应进行很快，可分解产生气体物质而发生爆炸。

为便于检查，在废水排出管中，应安装电导自动报警器，当管中进入极少的酸时，水的电导率即会发生变化，此时，发出报警信号。另外，对流入及流出水的温度和流量也要特别注意。

3. 硝化过程的安全

为了严格控制硝化反应温度，应控制好加料速度，硝化剂加料应采用双重阀门控制。设置必要的冷却水源备用系统。反应中应持续搅拌，保持物料混合良好，并备有保护性气体（惰性气体氮等）搅拌和人工搅拌的辅助设施。搅拌机应当有自动启动的备用电源，以防止机械搅拌在突然断电时停止而引起事故。搅拌轴采用硫酸作润滑剂，温度套管用硫酸作导热剂，不可使用普通机械油或甘油，防止机油或甘油被硝化而形成爆炸性物质。

硝化器应附设相当容积的紧急放料槽，准备在万一发生事故时，立即将料放出。放料阀可采用自动控制的气动阀和手动阀并用。硝化器上的加料口关闭时，为了排出设备中的气体，应安装可移动的排气罩。设备应当采用抽气法或利用带有铝制透平的防爆型通风机进行通风。

温度控制是硝化反应安全的基础，应当安装温度自动调节装置，防止超温发生爆炸。

取样时可能发生烧伤事故。为了使取样操作机械化，应安装特制的真空仪器，此外最好还要安装自动酸度记录仪。取样时应当防止未完全硝化的产物突然着火。例如，当搅拌器下面的硝化物被放出时，未起反应的硝酸可能与被硝化产物发生反应等。

向硝化器中加入固体物质，必须采用漏斗或翻斗车使加料工作机械化——自加料器上部的平台上将物料沿专用的管子加入硝化器中。

对于特别危险的硝化物（如硝化甘油），则需将其放入装有大量水的事故处理槽中。为防止外界杂质进入硝化器中，应仔细检查硝化器中的半成品。

由填料落入硝化器中的油能引起爆炸事故，因此，在硝化器盖上不得放置用油浸过的填料。在搅拌器的轴上，应备有小槽，以防止齿轮上的油落入硝化器中。

硝化过程中最危险的是有机物质的氧化，其特点是放出大量氧化氮气体的褐色蒸气以及使混合物的温度迅速升高，引起硝化混合物从设备中喷出而引起爆炸事故。仔细地配制反应混合物并除去其中易氧化的组分、调节温度及连续混合是防止硝化过程中发生氧化作用的主要措施。

在进行硝化过程时，不需要压力，但在卸出物料时，需采用一定压力，因此，硝化器应符合加压操作容器的要求。加压卸料时可能造成有害蒸气泄入操作厂房空气中，造成事故。为了防止此类事件的发生，可用真空卸料。装料口经常打开或者用手进行装料，特别是在压出物料时，都可能散发出大量蒸气，应当采用密闭化措施。由于设备易腐蚀，必须经常检修更换零部件，这也可能引起人身事故。

由于硝基化合物具有爆炸性，因此必须特别注意处理此类物质过程中的危险性。例如，二硝基苯酚甚至在高温下也无多大的危险，但当形成二硝基苯酚盐时，则变为非常危险的物质。三硝基苯酚盐（特别是铅盐）的爆炸力是很大的。在蒸馏硝基化合物（如硝基甲苯）时，必须特别小心，因蒸馏在真空下进行，硝基甲苯蒸馏后余下的热残渣能发生爆炸，这是热残渣与空气中氧相互作用的结果。

硝化设备应确保严密不漏，防止硝化物料溅到蒸汽管道等高温表面上而引起爆炸或燃烧。如管道堵塞时，可用蒸汽加温疏通，千万不能用金属棒敲打或明火加热。

车间内禁止带入火种，电气设备要防爆。当设备需动火检修时，应拆卸设备和管道，并移至车间外安全地点，用蒸汽反复冲刷残留物质，经分析合格后，方可施焊。需要报废的管道，应专门处理后堆放起来，不可随便拿用，避免意外事故发生。

四、认识氯化反应的安全技术要点

1. 氯气的安全使用

最常用的氯化剂是氯气。在化工生产中，氯气通常液化贮存和运输，常用的容器有贮罐、气瓶和槽车等。贮罐中的液氯在进入氯化器之前必须先进入蒸发器使其汽化。在一般情况下不能把贮存氯气的气瓶或槽车当贮罐使用，因为这样有可能使被氯化的有机物质倒流进气瓶或槽车，引起爆炸。对于一般氯化器，应装设氯气缓冲罐，防止氯气断流或压力减小时形成倒流。

2. 氯化反应过程的安全

氯化反应的危险性主要取决于被氯化物的性质及反应过程的控制条件。由于氯气本身的毒性较大（被列入剧毒化学品名录），贮存压力较高，一旦泄漏是很危险的。反应过程所用的原料大多是有机物，易燃易爆，所以生产过程有燃烧爆炸危险，应严格控制各种点火源，电气设备应符合防火防爆的要求。

氯化反应是一个放热过程（有些是强放热过程，如甲烷氯化，每取代一原子氢，放出热量100kJ以上），尤其在较高温度下进行氯化，反应更为激烈。例如环氧氯丙烷生产中，丙烯预热至300℃左右进行氯化，反应温度可升至500℃，在这样高的温度下，如果物料泄漏就会造成燃烧或引起爆炸。因此，一般氯化反应设备必须备有良好的冷却系统，严格控制氯气的流量，以避免因氯流量过快，温度剧升而引起事故。

液氯的蒸发汽化装置，一般采用汽水混合办法进行升温，加热温度一般不超过50℃，汽水混合的流量一般应采用自动调节装置控制。在氯气的入口处，应安装有氯气的计量装置，从钢瓶中放出氯气时可以用阀门来调节流量。如果阀门开得太大，一次放出大量气体时，由于汽化吸热，液氯被冷却了，瓶口处压力降低，放出速度则趋于缓慢，其流量往往不能满足需要，此时在钢瓶外面通常附着一层白霜。因此若需要气体氯流量较大时，可并联几个钢瓶，分别由各钢瓶供气，就可避免上述的问题。如果用此法氯气量仍不足时，可将钢瓶的一端置于温水中加温。

3. 氯化反应设备腐蚀的预防

由于氯化反应几乎都有氯化氢气体生成，因此，所用的设备必须防腐蚀，设备应严密不漏。氯化氢气体可回收，这是较为经济的，因为氯化氢气体极易溶于水中，通过增设吸收和冷却装置就可以除去尾气中绝大部分氯化氢。除用水洗涤吸收之外，也可以采用活性炭吸附和化学处理方法。采用冷凝方法较合理，但要消耗一定的冷量。采用吸收法时，则须用蒸馏方法将被氯化原料分离出来，再处理有害物质。为了使逸出的有毒气体不致混入周围的大气中，采用分段碱液吸收器将有毒气体吸收。与大气相通的管子上应安装自动信号分析器，借以检查吸收处理进行得是否完全。

五、认识催化反应的安全技术要点

1. 反应原料气的控制

在催化反应中，当原料气中某种能和催化剂发生反应的杂质含量增加时，可能会生成爆炸性危险物，这是非常危险的。例如，在乙烯催化氧化合成乙醛的反应中，由于在催化剂体系中含有大量的亚铜盐，若原料气中含乙炔过高，则乙炔与亚铜反应生成乙炔铜（Cu_2C_2），其自燃点为260~270℃，在干燥状态下极易爆炸，在空气作用下易氧化并易起火。烃与催化剂中的金属盐作用生成难溶性的钯块，不仅使催化剂组成发生变化，而且钯块也极易引起爆炸。

2. 反应操作的控制

在催化过程中，若催化剂选择得不正确或加入不适量，易导致局部反应激烈；另外由于催化大多需在一定温度下进行，若散热不良、温度控制不好等，很容易发生超温爆炸或着火事故。从安全角度来看，催化过程中应该注意正确选择催化剂，保证散热良好，不使催化剂过量，局部反应激烈，严格控制温度。如果催化反应过程能够连续进行，自动调节温度，就可以减少其危险性。

3. 催化产物的控制

在催化过程中有的产生氯化氢，氯化氢有腐蚀和中毒危险；有的产生硫化氢，则中毒危险更大，且硫化氢在空气中的爆炸极限较宽（4.3%~45.5%），生产过程中还有爆炸危险；有的催化过程产生氢气，着火爆炸的危险更大，尤其在高压下，氢的腐蚀作用可使金属高压容器脆化，从而造成破坏性事故。

六、认识聚合反应的安全技术要点

① 严格控制单体在压缩过程中或在高压系统中的泄漏，防止发生火灾爆炸。

② 聚合反应中加入的引发剂都是化学活泼性很强的过氧化物，应严格控制配料比例，防止因热量暴聚引起的反应器压力骤增。

③ 防止因聚合反应热未能及时导出而发生爆炸，如搅拌发生故障、停电、停水，由于反应釜内聚合物黏壁作用，使反应热不能导出，造成局部过热或反应釜飞温，发生爆炸。

④ 针对上述不安全因素，应设置可燃气体检测报警器，一旦发现设备、管道有可燃气体泄漏，将自动停车。

⑤ 对催化剂、引发剂等要加强贮存、运输、调配、注入等工序的严格管理。反应釜的搅拌温度应有检测和联锁，发现异常能自动停止进料。高压分离系统应设置爆破片、导爆管，并有良好的静电接地系统，一旦出现异常，及时泄压。

七、认识电解反应的安全技术要点

以食盐水电解为例讲解电解反应的安全技术要点。

1. 盐水应保证质量

盐水中如含有铁杂质，能够产生第二阴极而放出氢气；盐水中带入铵盐，在适宜的条件下（pH<4.5时），铵盐和氯作用可生成氯化铵，氯作用于浓氯化铵溶液还可生成黄色油状的三氯化氮。三氯化氮是一种爆炸性物质，与许多有机物接触或加热至90℃以上以及被撞击，即发生剧烈的分解爆炸。

因此，盐水配制必须严格控制质量，尤其是铁、钙、镁和无机铵盐的含量。一般要求Mg^{2+}<2mg/L，Ca^{2+}<6mg/L，SO_4^{2-}<5mg/L。应尽可能采取盐水纯度自动分析装置，这样可以观察盐水成分的变化，随时调节碳酸钠、苛性钠、氯化钡或丙烯酰胺的用量。

2. 盐水添加高度应适当

在操作中向电解槽的阳极室内添加盐水，如盐水液面过低，氢气有可能通过阴极网渗入阳极室内与氯气混合；若电解槽盐水装得过满，会造成压力上升。因此，盐水添加不可过少或过多，应保持一定的安全高度。采用盐水供料器应间断供给盐水，以避免电流的损失，防止盐水导管被电流腐蚀（目前多采用胶管）。

3. 防止氢气与氯气混合

氢气是极易燃烧的气体，氯气是氧化性很强的有毒气体，一旦两种气体混合极易发生爆炸，当氯气中含氢量达到5%以上，则随时可能在光照或受热情况下发生爆炸。造成氢气和氯气混合的原因主要是：阳极室内盐水液面过低；电解槽氢气出口堵塞，引起阴极室压力升高；电解槽的隔膜吸附质量差；石棉绒质量不好，在安装电解槽时碰坏隔膜，造成隔膜局部脱落或者送电前注入的盐水量过大将隔膜冲坏，以及阴极室中的压力等于或超过阳极室的压力时，就可能使氢气进入阳极室等，这些都可能引起氯气中含氢量增加。此时应对电解槽进行全面检查，将单槽氯含氢浓度控制在2%以下，总管氯含氢浓度控制在0.4%以上。

4. 严格电解设备的安装要求

由于在电解过程中氢气存在，故有着火爆炸的危险，所以电解槽应安装在自然通风良好的单层建筑物内，厂房应有足够的防爆泄压面积。

5. 掌握正确的应急处理方法

在生产中当遇到突然停电或其他原因突然停车时,高压阀不能立即关闭,以免电解槽中氯气倒流而发生爆炸。应在电解槽后安装放空管,以及时减压,并在高压阀门上安装单向阀,以有效地防止跑氯,避免污染环境和带来火灾危险。

八、认识裂解反应的安全技术要点

1. 引风机故障的预防

引风机是不断排除炉内烟气的装置。在裂解炉正常运行中,如果由于断电或引风机机械故障而使引风机突然停转,则炉膛内很快变成正压,会从窥视孔或烧嘴等处向外喷火,严重时会引起炉膛爆炸。为此,必须设置联锁装置,一旦引风机故障停车,则裂解炉自动停止进料并切断燃料供应,但应继续供应稀释蒸汽,以带走炉膛内的余热。

2. 燃料气压力降低的控制

裂解炉正常运行中,如燃料系统大幅度波动,燃料气压力过低,则可能造成裂解炉烧嘴回火,使烧嘴烧坏,甚至会引起爆炸。

裂解炉采用燃料油作燃料时,如果燃料油的压力降低,也会使油嘴回火。因此,当燃料油压降低时应自动切断燃料油的供应,同时停止进料。

当裂解炉同时用油和气为燃料时,如果油压降低,则在切断燃料油的同时,将燃料气切入烧嘴,裂解炉可继续维持运转。

3. 其他公用工程故障的防范

裂解炉其他公用工程(如锅炉给水)中断,则废热锅炉汽包液面迅速下降,如不及时停炉,必然会使废热锅炉炉管、裂解炉对流段锅炉给水预热管损坏。此外,水、电、蒸汽出现故障,均能使裂解炉发生事故。在此情况下,裂解炉应能自动停车。

九、认识磺化反应的安全技术要点

① 三氧化硫是氧化剂,遇到比硝基苯易燃的物质时会很快引起着火;三氧化硫的腐蚀性很弱,但遇水则生成硫酸,同时会放出大量的热,使反应温度升高,不仅会造成沸溢或起火爆炸,还会因硫酸具有很强的腐蚀性,增加对设备的腐蚀破坏。

② 由于生产所用原料苯、硝基苯、氯苯等都是可燃物,而且磺化剂浓硫酸、发烟硫酸(三氧化硫)、氯磺酸(列入剧毒化学品名录)都是氧化性物质,且有的是强氧化剂,所以二者相互作用的条件下进行磺化反应是十分危险的,因为已经具备了可燃物与氧化剂作用发生放热反应的燃烧条件。这种磺化反应若投料顺序颠倒、投料速度过快、搅拌不良、冷却效果不佳等,都有可能造成反应温度升高,使磺化反应变为燃烧反应,引起着火或爆炸事故。

③ 磺化反应是放热反应,若在反应过程中得不到有效的冷却和良好的搅拌,都有可能引起反应温度超高,以致发生燃烧反应,造成爆炸或起火事故。

十、认识烷基化反应的安全技术要点

① 被烷基化的物质大都具有着火爆炸危险。如苯是甲类液体,闪点-11℃,爆炸极限1.5%~9.5%;苯胺是丙类液体,闪点71℃,爆炸极限1.3%~4.2%。

② 烷基化剂一般比被烷基化物质的火灾危险性要大。如丙烯是易燃气体,爆炸极限2%~11%;甲醇是甲类液体,爆炸极限6%~36.5%;十二烯是乙类液体,闪点35℃,自

燃点220℃。

③ 烷基化过程所用的催化剂反应活性强。如三氯化铝是忌湿物品，有强烈的腐蚀性，遇水或水蒸气分解放热，放出氯化氢气体，有时能引起爆炸，若接触可燃物，则易着火；三氯化磷是腐蚀性忌湿液体，遇水或乙醇剧烈分解，放出大量的热和氯化氢气体，有极强的腐蚀性和刺激性，有毒，遇水及酸（主要是硝酸、乙酸）发热、冒烟，有发生起火爆炸的危险。

④ 烷基化反应都是在加热条件下进行，如果原料、催化剂、烷基化剂等加料次序颠倒、速度过快或者搅拌中断停止，就会发生剧烈反应，引起跑料，造成着火或爆炸事故。

⑤ 烷基化的产品亦有一定的火灾危险。如异丙苯是乙类液体，闪点35.5℃，自燃点434℃，爆炸极限0.68%～4.2%；二甲基苯胺是丙类液体，闪点61℃，自燃点371℃；烷基苯是丙类液体，闪点127℃。

十一、认识重氮化反应的安全技术要点

重氮化反应的主要火灾危险性在于所产生的重氮盐，如重氮苯盐酸盐（$C_6H_5N_2HCl$）、重氮苯硫酸盐（$C_6H_5N_2HSO_4$），特别是含有硝基的重氮盐，如重氮二硝基苯酚 [$(NO_2)_2N_2C_6H_2O$] 等，它们在温度稍高或光的作用下极易分解，有的甚至在室温时亦能分解。一般温度每升高10%，分解速度加快两倍。在干燥状态下，有些重氮盐不稳定，活性大，受热或摩擦、撞击能分解爆炸。含重氮盐的溶液若洒落在地上、蒸汽管道上，干燥亦能引起着火或爆炸。在酸性介质中，有些金属如铁、铜、锌等能促使重氮化合物激烈地分解，甚至引起爆炸。

作为重氮剂的芳胺化合物都是可燃有机物质，在一定条件下也有着火和爆炸的危险。

重氮化生产过程所使用的亚硝酸钠是无机氧化剂，于175℃时分解，能与有机物反应发生着火或爆炸事故。亚硝酸钠并非氧化剂，所以当遇到比其氧化性强的氧化剂时，又具有还原性，故遇到氯酸钾、高锰酸钾、硝酸铵等强氧化剂时，有发生着火或爆炸的可能。

在重氮化的生产过程中，若反应温度过高、亚硝酸钠的投料过快或过量，均会增加亚硝酸的浓度，加速物料的分解，产生大量的氧化氮气体，有引起着火爆炸的危险。

任务实施

活动　安全进行化学反应事故案例分析

活动描述：以小组为单位讨论以下两起事故（案例一、案例二）发生的原因，并制定防范措施。

活动场地：理实一体化实训车间。

活动方式：小组讨论。

案例一：

2007年11月27日10时20分，联化公司5车间分散蓝79#滤饼重氮化工序发生爆炸，事故造成8人死亡、5人受伤。

重氮化工艺过程是在重氮化釜中，先用硫酸和亚硝酸钠反应制得亚硝酰硫酸，再加入6-溴-2,4-二硝基苯胺制得重氮液，供下一工序使用。2007年11月27日6时30分，联化公司5车间分散蓝79#滤饼重氮化工序B7厂房当班4名操作人员接班，在上班制得亚硝酰硫

酸的基础上，将重氮化釜温度降至25℃。6时50分，开始向5000L重氮化釜加入6-溴-2,4-二硝基苯胺，先后分三批共加入反应物1350kg。9时20分加料结束后，开始打开夹套蒸汽对重氮化釜内物料加热至37℃，9时30分关闭蒸汽阀门保温。按照工艺要求，保温温度控制在（35±2）℃，保温时间4～6小时。10时许，当班操作人员发现重氮化釜冒出黄烟（氮氧化物），重氮化釜数字式温度仪显示温度已达70℃，在向车间报告的同时，将重氮化釜夹套切换为冷冻盐水。10时6分，重氮化釜温度已达100℃，车间负责人向联化公司报警并要求所有人员立即撤离。10时9分，联化公司内部消防车赶到现场，用消防水向重氮化釜喷水降温。10时20分，重氮化釜发生爆炸，造成抢险人员8人死亡（其中3人当场死亡）、5人受伤（其中2人重伤）。建筑面积为735m^2的5车间B7厂房全部倒塌，主要生产设备被炸毁，直接经济损失约400万元。

案例二：

2016年10月，万华油品有限公司将其停产闲置的厂房违法租赁给不具备安全生产条件的江苏省泰兴市某公司，该公司使用从网络查询的生产工艺，未经正规设计，私自改造装置生产医药中间体二羟基丙基茶碱（未烘干前含有25%的乙醇）。2017年4月2日，操作人员在密闭的烘房内粉碎未经干燥完全的二羟基丙基茶碱，开启非防爆粉碎机开关时，产生电火花，引爆二羟基丙基茶碱中挥发出的乙醇与空气形成的爆炸性气体混合物，进一步引燃堆放在粉碎机周边的甲醇、乙醇等易燃危险化学品，导致事故发生。

活动流程：

阅读以上两起案例，以小组为单位讨论案例中事故发生的原因，完成表8-3。

表8-3 安全进行化学反应事故案例分析

案例	事故原因分析	防范措施
案例一		
案例二		

项目九　职业危害防护技术

【学习目标】

知识目标
① 能识别职业病。
② 能识别职业危害因素。
③ 能描述生产性粉尘可以引起的病症。
④ 能描述预防粉尘危害的措施。
⑤ 能描述灼伤和化学灼伤的分类。
⑥ 能叙述化学灼伤的预防措施及现场急救知识。
⑦ 能描述噪声、电磁辐射、异常天气条件等物理因素可以引起的职业病症。
⑧ 能说出常见物理因素所引起的职业病的预防措施。

技能目标
① 可以编写职业危害分析记录表。
② 能根据现场粉尘危害程度选择正确的防治和预防对策。
③ 能预防或处置化学灼伤事故。
④ 能科学预防中暑、减压病、振动病等。
⑤ 能科学防护电离辐射和非电离辐射的危害。

素质目标
① 意识到职业危害防护的重要性。
② 树立健康的生产理念。
③ 树立维权意识。

任务一 认识职业危害

任务引入

截止到 2017 年底，我国累计报告职业病病例近百万人。无论是接触职业危害人数、职业病患者人数、职业危害造成的死亡人数还是新发职业病人数，这些年都有显著增加。除了法定职业病之外，还存在许多与工作相关的疾病。

原国家卫计委《关于 2016 年职业病防治工作情况的通报》显示，2016 年全国共报告职业病 31789 例。其中，职业性肺尘埃沉着病（旧称尘肺）及其他呼吸系统疾病 28088 例，职业性耳鼻喉口腔疾病 1276 例，职业性化学中毒 1212 例，其他各类职业病合计 1213 例。从行业分布看，报告职业病病例主要分布在煤炭开采和洗选业（13070 例）、有色金属矿采选业（4110 例）以及开采辅助活动行业（3829 例），共占职业病报告总数的 66.09%。

中华人民共和国国家卫生健康委员会发布的《2017 年我国卫生健康事业发展统计公报》显示，2017 年全国共报告各类职业病新病例 26756 例。职业性肺尘埃沉着病及其他呼吸系统疾病 22790 例，其中职业性肺尘埃沉着病 22701 例；职业性耳鼻喉口腔疾病 1608 例；职业性化学中毒 1021 例，其中急性、慢性职业中毒分别为 295 例和 726 例；职业性传染病 673 例；物理因素所致职业病 399 例；职业性肿瘤 85 例；职业性皮肤病 83 例；职业性眼病 70 例；职业性放射性疾病 15 例；其他职业病 12 例。

在实际生产劳动中，往往同一工作场所同时存在多种职业性危害因素，不同的工作场所存在同一种职业性危害因素，在识别、评价、预测和控制不良职业环境中有害因素对职业人群健康的影响时应加以考虑。

任务分析

职业卫生是保护社会生产力和劳动者权益，为企业安全生产和职工健康服务的重要工程，是企业顺利发展的前提和保证，是生产经营工作的必然需求，与生产唇齿相依。企业在从事生产过程中产生或形成了各种职业危害因素，直接危害劳动者的健康，因此必须加以预防。石化企业存在的有害因素种类较多，不仅有硫化氢、氨、氯、苯、甲苯、二甲苯、汽油、液化气、二硫化碳等有毒物质，而且存在粉尘、噪声、高温等物理性因素，长期接触这些有害因素，就会对人的健康造成损害，因此，必须引起足够的重视。

职业卫生防护措施包括职业病危害防护设施、个人使用的职业病防护用品以及职业病防治管理措施等。职业病危害防护设施是以预防、消除或者降低工作场所的职业病危害，减少职业病危害因素对劳动者健康的损害，保护劳动者健康为目的的设施、装置或用品。

必备知识

一、职业危害因素及我国职业危害的现状

1. 职业危害因素

职业危害因素是指在生产劳动场所存在的，可能对劳动者的健康及劳动能力产生不良影响或有害作用的因素。职业危害因素是生产劳动的伴生物。它们对人体的作用，如果超过人体的生理承受能力，就可以产生以下三种不良后果：

① 可能引起身体的外表变化，俗称"职业特征"，如皮肤色素沉着等；
② 可能引起职业性疾患，如职业病及职业性多发病；
③ 可能降低身体对一般疾病的抵抗能力。

2. 我国职业危害的现状

从我国卫生健康事业发展统计公报的相关数据中可以分析出我国职业危害的现状如下：我国工业基础薄弱，生产工艺落后，卫生防护设施差，工业场所普遍存在职业危害因素。

① 我国职业危害因素广泛，从传统工业到新兴产业，以及第三产业，接触的职业病危害因素人群数以亿计，职业病患者累计数量、死亡数量以及新发病人数量都居世界首位。

② 我国职业危害因素主要以粉尘为主，职业病人以肺尘埃沉着病为主，占全部职业病的71%，中毒占20%，两者占全部职业病的90%。肺尘埃沉着病又以煤工肺尘埃沉着病、硅沉着病（旧称硅肺、尘肺）最为严重，肺尘埃沉着病患者中有半数以上为煤工。

③ 根据有关部门的粗略估计，每年我国因职业病、工伤事故的直接经济损失达1000亿元，间接经济损失2000亿元。职业病造成的经济损失严重。

④ 职业性疾患是影响劳动者健康、造成劳动者过早失去劳动能力的主要因素，所产生的后果往往是恶劣的社会影响。

⑤ 对我国职业卫生投入调查表明，各级政府自1999年起职业卫生投入呈逐年增加的趋势。但由于基数低，人均职业卫生投入明显不足，与经济发展水平极不适应，造成职业卫生监督与技术服务等得不到保证。

⑥ 有数据表明，经过十余年的累积，"隐性"职业危害已经开始"显现"化。最近群体性的职业病案例大量出现，见诸各种媒体，在一些集中外出打工地区甚至出现了"尘肺村""中毒村"。

在实际生产劳动中，往往同一工作场所同时存在多种职业危害因素，不同的工作场所存在同一种职业危害因素，在识别、评价、预测和控制不良职业环境中有害因素对职业人群健康的影响时应加以考虑。

二、职业危害因素的分类

1. 按来源分类

（1）生产工艺过程　随着生产技术、机器设备、使用材料和工艺流程变化而变化，与生产过程有关的原材料、工业毒物、粉尘、噪声、震动、高温、辐射及传染性因素等因素有关。

（2）劳动过程　主要是与生产工艺的劳动组织情况、生产设备布局、生产制度与作业人员体位和方式以及智能化的程度有关。

（3）作业环境　主要是作业场所的环境，如室外不良气象条件，室内厂房狭小、车间位置不合理、照明不良与通风不畅等因素都会对作业人员产生影响。

2. 按性质分类

（1）环境因素

① 物理因素。是生产环境的主要构成要素。不良的物理因素或异常的气象条件如高温、低温、噪声、震动、高低气压、非电离辐射（可见光、紫外线、红外线、射频辐射、激光等）与电离辐射（如X射线、γ射线）等。

② 化学因素。生产过程中使用和接触到的原料、中间产品、成品及这些物质在生产过程中产生的废气、废水和废渣等都会对人体产生危害，也称为工业毒物。毒物以粉尘、烟尘、雾气、蒸气或气体的形态遍布于生产作业场所的不同地点和空间，毒物可对人产生刺激或使人产生过敏反应，还可能引起中毒。

③ 生物因素。生产过程使用的原料、辅料及作业环境中都可能存在某些微生物和寄生虫，如炭疽杆菌、霉菌、布氏杆菌、森林脑炎病毒和真菌等。

(2) 与职业有关的其他因素　劳动组织和作息制度的不合理，如工作的紧张程度；个人生活习惯的不良，如过度饮酒、缺乏锻炼；劳动负荷过重，长时间的单调作业、夜班作业，动作和体位的不合理等都会对人产生影响。

(3) 其他因素　社会经济因素，如国家的经济发展速度、国民的文化教育程度、生态环境、管理水平等因素都会对企业的安全、卫生投入和管理带来影响。另外，如职业卫生法制的健全、职业卫生服务和管理系统化，对控制职业危害的发生和减少作业人员的职业危害，也是十分重要的。

三、职业性危害因素的作用条件

(1) 接触机会　如若作业环境恶劣，职业性危害严重，可是劳动者不到此环境中去工作，即无接触机会，也就不会产生职业病。

(2) 作用强度　主要取决于接触量。接触量又与作业环境中有害物质的浓度（强度）和接触时间有关，浓度（强度）越高（强），接触时间越长，危害就越大。

(3) 毒物的化学结构和理化性质

① 化学结构对毒性的影响。烃类化合物中的氢原子若被卤族原子取代，其毒性增大；芳香族烃类化合物，苯环上氢原子若被氯原子、甲基、乙基取代，其对全身的毒性减弱，而对黏膜的刺激性增强，苯环上氢原子若被氨基或硝基取代，其毒害作用发生改变，有明显的形成高铁血红蛋白的作用。

② 理化性质对毒性的影响。毒物的理化性质对毒害作用有影响，如：固态毒物被粉碎成分散度较大的粉尘或烟尘，易被吸入，较易中毒；熔点低、沸点低、蒸气压低的毒物浓度高，易中毒；在体内易溶解于血清的毒物易中毒等。

(4) 个体因素　某一人群处在同一环境，从事同一种生产劳动，但每个人受到职业性损伤的程度差别较大，这主要与人的个体因素有关。

① 遗传因素。如患有某些遗传性疾病或过敏的人，则容易受到有毒物质的影响。

② 年龄和性别。青少年、老年人和妇女对某些职业性危害因素较为敏感，其中尤其要重视妇女从事有职业性危害因素的生产劳动对胎儿、哺乳儿的影响。

③ 营养状况。营养缺乏的人，容易受到有毒物质的影响。

④ 其他疾病。身体有其他疾病或因某些精神因素，也会受到有毒物质的影响。

⑤ 文化水平和习惯因素。有一定文化和科学知识者，能自觉预防职业病；而生活上某种嗜好，如饮酒、吸烟、药物会增加职业性危害因素的作用。

四、职业危害因素与职业病

1. 职业病的概念及特点

(1) 概念　职业病是指企业、事业单位和个体经济组织（用人单位）的劳动者在职业活动中，因接触粉尘、放射性物质和其他有毒、有害物质等因素而引起的疾病。职业病的诊断应当由省级以上人民政府卫生行政部门批准的医疗卫生机构承担。从广义上说，职业危害因素与职业病是一对因果关系的术语。职业危害因素是因，职业病是果。

（2）特点　病因明确，病因即职业危害因素，发病需一定作用条件，在消除病因或阻断作用条件后，可消除发病。所接触的病因大多数是可检测的、需达到一定的强度（浓度或剂量）才能致病，一般存在接触水平（剂量）-效应（反应）关系，降低和控制接触强度，可减少发病，但某些职业性肿瘤（如接触石棉引起的胸膜间皮瘤）则不存在接触水平（剂量）-效应（反应）关系。在接触同一因素的人群中常有一定的发病率，很少只出现个别病例；如能得到早期诊断、处理，大多数职业病愈后较好，但有些职业病如硅沉着病，迄今为止所有治疗方法均无明显效果，只能对症综合处理，减缓进程，故发现越晚，疗效越差。除职业性传染病外，治疗个体无助于控制人群发病，必须有效"治疗"有害的工作环境。

2. 职业危害因素所致的职业病分析

（1）生产过程中接触的职业危害因素所造成的职业病

① 化学因素

a. 各种毒物引起的职业中毒、职业性皮肤病、职业肿瘤；

b. 一些不溶或难溶的生产性粉尘引起的肺尘埃沉着病。

② 物理因素

a. 高温、低温引起中暑或冻伤；

b. 高湿使两手等处发生皮肤糜烂，导致皮肤病的发生；

c. 高低气压，如潜水员及沉箱工的减压病，高山高原地区的高山病；

d. 噪声引起的耳鸣或耳聋，并对心血管及中枢神经系统也有不良影响；

e. 震动，两上肢的局部震动引起血管痉挛、溶骨症及骨坏死，全身震动对神经系统、血管等也有不良影响；

f. 电离辐射，如 X 射线、γ 射线等引起的放射病；

g. 非电离辐射中的微波与高频电磁场，场强过高可引起神经系统功能紊乱等；

h. 光线、紫外线引起电光性眼炎，红外线引起白内障，照明过强、过弱引起眼疲劳；

i. 机械刺激或击伤。

③ 生物因素

a. 微生物。布氏杆菌、炭疽杆菌、森林脑炎病毒引起的职业性传染病；发霉的谷尘、蔗尘中耐热性放线菌引起的农民肺、蔗尘肺和蘑菇肺，这三种疾病都属于与免疫有关的变态反应性肺泡炎。

b. 昆虫和尾蚴引起谷痒症和稻田皮炎。

c. 水生动物的体液。如明虾及一些海鱼表层体液中含有能溶解皮肤角质层的特殊组分。

d. 植物。如黄山药可引起支气管哮喘。

e. 各种生物的蛋白质。如牲畜蛋白质及稻壳的细尘大量吸入后引起发热。

（2）作业环境中职业危害因素所造成的职业病　车间布置不合理，如把有毒和无毒工段安排在同一车间易造成中毒。厂房设计不合理，如厂房矮小、狭窄，没有必要的通风、换气或照明等，作业人员易患肺尘埃沉着病、职业性近视，易发生职业中毒。异常的气候条件，如高温、高低气压，会造成中暑、高原病等。

（3）劳动过程中职业危害因素所造成的职业病　主要由于有关器官及肌群等长期紧张劳

动、过度疲劳或不适当的强迫性体位或工具引起的职业性肌肉骨骼损伤疾患，如局部肌肉疲劳和全身疲劳，反复紧张性损伤和腰背痛等。劳动精神过度紧张，多见于新工人或新装置投产运行或生产不正常时。如重油加氢工艺中，高压、硫化氢浓度大易发生燃烧爆炸和中毒，新工人紧张，老工人在试运行期间也紧张。

五、职业危害程度分级标准

1. 职业危害程度分级标准是一种定性定量的管理评价方法

目前我国已颁布职业危害分级标准8项，其中部颁标准1项。分级标准将职业危害分为5个等级，即0级危害（轻微危害作业，可容许的风险），Ⅰ级危害（轻度危害作业，可承受的风险，在加强个人防护的基础上，定期监测），Ⅱ级危害（中度危害作业，中度风险），Ⅲ级危害（高度危害作业，重大风险），Ⅳ级危害（极度危害作业，不可承受风险）。针对不同的危害级别实行不同的监察管理办法。

2. 职业危害程度分级标准与卫生标准的区别

职业危害程度分级标准是为职业安全卫生监察工作提供对作业场所中存在的职业危害因素进行定性定量综合评价的一种宏观的管理标准，是职业安全工作深化改革的需要，为劳动保护、劳动保险、劳动工资制定政策提供科学数据。

卫生标准是一种理想的劳动条件标准，是为职业病诊断提供依据的。卫生标准只测定一项指标，即生产现场作业点有害物质浓度，不适用于职业安全卫生风险评价、现场监察宏观管理。

职业危害程度分级标准需要测定三项指标才能确定级别，既考虑了作业环境中有害物质浓度及有害物质本身的毒性，又考虑了作业强度、劳动时间。因此，用职业危害程度分级标准进行职业危害因素风险评价具有科学性、可靠性、合理性。

六、职业危害因素识别的方法应用

职业危害因素识别的方法很多，常用的有经验法、类比法、检查表法、资料复用法、工程分析法、实测法和理论推算法等。事实上不同的方法有不同的优缺点，不同的项目有各自的特点，应根据实际情况综合运用、扬长避短，方可取得较好的效果。结合化工企业生产现状，主要学习工作危害分析（JHA）。

1. 什么是JHA

工作危害分析（JHA）又称工作安全分析（JSA），是目前欧美企业在安全管理中使用最普遍的一种作业安全分析与控制的管理工具，是为了识别和控制操作危害的预防性工作流程。通过对工作过程的逐步分析，找出其多余的、有危险的工作步骤和工作设备、设施，进行控制和预防。

2. 主要用途和方法

JHA主要用来进行设备设施安全隐患、作业场所安全隐患、员工不安全行为隐患等的有效识别。

从作业活动清单中选定一项作业活动，将作业活动分解为若干相连的工作步骤，识别每个工作步骤的潜在危害因素，然后通过风险评价，判定风险等级，制定控制措施。

3. 作业步骤的划分

作业步骤应按实际作业步骤划分，佩戴防护用品、办理作业票等不必作为作业步骤分析。可以将佩戴防护用品和办理作业票等活动列入控制措施。划分的作业步骤不能过粗，但过细也不胜烦琐，以能让别人明白这项作业是如何进行的，对操作人员能起到指导作用为宜。电器使用说明书中对电器使用方法的说明可供借鉴。

作业步骤简单地用几个字描述清楚即可，只需说明做什么，而不必描述如何做。作业步骤的划分应建立在对工作观察的基础上，并应与操作者一起讨论研究，运用自己对这一项工作的认识进行分析。

如果作业流程长，作业步骤多，可以按流程将作业活动分为几大块，每一块为一个大步骤，再将大步骤分为几个小步骤。

4. 危害辨识

对于每一步骤都要问可能发生什么事，给自己提出问题，比如：操作者会被什么东西打着、碰着？他会撞着、碰着什么东西？操作者会跌倒吗？有无危害暴露，如毒气、辐射、焊光、雾等？危害导致的事件发生后可能出现的结果及其严重性也应识别。然后识别现有安全控制措施，进行风险评估。如果这些控制措施不足以控制此项风险，应提出建议的控制措施。统观对这项作业所作的识别，规定标准的安全工作步骤。最终据此制定标准的安全操作程序。

（1）识别各步骤潜在危害时，可以按下述问题提示清单提问

① 身体某一部位是否可能卡在物体之间？
② 工具、机器或装备是否存在危害因素？
③ 从业人员是否可能接触有害物质？
④ 从业人员是否可能滑倒、绊倒或摔落？
⑤ 从业人员是否可能因推、举、拉、用力过度而扭伤？
⑥ 从业人员是否可能暴露于极热或极冷的环境中？
⑦ 是否存在过度的噪声或振动？
⑧ 是否存在物体坠落的危害因素？
⑨ 是否存在照明问题？
⑩ 天气状况是否可能对安全造成影响？
⑪ 存在产生有害辐射的可能吗？
⑫ 是否可能接触灼热物质、有毒物质或腐蚀性物质？
⑬ 空气中是否存在粉尘、烟、雾、蒸汽？

以上仅为举例，在实际工作中问题远不止这些。

（2）还可以从能量和物质的角度做出提示　其中从能量的角度可以考虑机械能、电能、化学能、热能和辐射能等。机械能可造成物体打击、车辆伤害、机械伤害、起重伤害、高处坠落、坍塌、火药爆炸、瓦斯爆炸、锅炉爆炸、压力容器爆炸。热能可造成灼烫、火灾。电能可造成触电。化学能可导致中毒、火灾、爆炸、腐蚀。从物质的角度可以考虑压缩或液化气体、腐蚀性物质、可燃性物质、氧化性物质、毒性物质、放射性物质、病原体载体、粉尘和爆炸性物质等。

工作危害分析的主要目的是防止从事此项作业的人员受伤害，当然也不能使他人受到伤害，不能使设备和其他系统受到影响或受到损害。分析时不能仅分析作业人员工作不规范的危害，还要分析作业环境存在的潜在危害，即客观存在的危害更为重要。工作不规范产生的危害和工作本身面临的危害都应识别出来。我们在作业时常常强调"四不伤害"，即不伤害

自己,不伤害他人,不被别人伤害,保护他人不受伤害。在识别危害时,应考虑造成这四种伤害的危害。

5. 控制措施的制定

对识别的危害制定控制与预防措施,一般从以下四个方面考虑:

① 工程控制(能量隔离);
② 行政管理;
③ PPE(个人防护装备);
④ 临时措施。

6. 工作危害分析之后

经过评审,应进一步确定正确的作业步骤,制定此项作业的标准操作规程。

任务实施

活动 编写工作危害分析记录表

活动描述:在教师的指导下,学生以小组为单位,共同讨论、完成以下工作危害分析记录表(表 9-1),然后小组之间进行评价、完善。

表 9-1 工作危害分析记录表

工作岗位: ,工作任务:化学品罐内表面清洗,分析人员:
分析日期: 审核人: 审核日期:

序号	工作步骤	危害	控制措施
1	确定罐内状况	爆炸性气体氧气浓度不足; 化学品暴露; 刺激性、有毒气体、粉尘或蒸气; 刺激性、有毒、腐蚀性、高温液体; 刺激性、腐蚀性固体; 转动的叶轮或设备	
2	选择培训操作人员	操作员有呼吸系统疾病或心脏病; 其他身体限制; 操作员未经培训,无法完成任务	
3	装配设备	软管、绳索、设备——绊倒危险; 电气——电压太高,导体裸露; 马达——未闭锁,未挂警示牌	
4	在罐内架设梯子	梯子滑动	
5	准备进罐	罐内有气体或液体	
6	在储罐进口处架设设备	绊倒或跌倒	
7	进罐	梯子——绊倒危险; 暴露于危险性环境	
8	清洗储罐	与化学品的反应,释放烟雾或是空气污染物	
9	清理	操纵设备,导致受伤	

活动场地:教室。

活动方式：小组讨论、团队合作。

活动流程：以小组为单位讨论，根据危害制定出相应的控制措施，完成表 9-1。

任务二　预防生产性粉尘的危害

任务引入

陕西一小镇某村是"尘肺病"村，至 2016 年 1 月，被查出的 100 多个尘肺病人中，已有 30 多人去世。起因是 20 世纪 90 年代后，部分村民自发前往矿区务工，长期接触粉尘却没有采取有效防护措施。医疗专家组在普查和义诊中发现，当地农民对于尘肺病的危害及防治知识一无所知，得了病后认为"无法治疗"，很多患者只是苦熬，失去了最佳治疗时机。

尘肺病，是指在职业活动中，吸入生产性粉尘而引起的以肺组织弥漫性纤维化为主的全身性疾病，是我国目前发病率最高、危害最严重的职业病种，以尘肺、煤工尘肺、石棉肺、水泥尘肺等最为常见。

尘肺病起病缓慢，一般接触一年或几年后才发病，早期无明显症状，难以发现。随着病变发生，逐渐出现咳嗽、咳痰、胸痛、呼吸困难，并伴有喘息、咯血、全身乏力等症状。一旦患上尘肺病，即使脱离了粉尘环境，部分患者病情仍可继续恶化，且容易发生肺结核、支气管炎、肺炎、肺气肿、慢性肺心病等并发症，重者丧失劳动能力，甚至危及生命。

任务分析

在我国，能够产生粉尘的行业有很多，如金属矿与非金属矿的采掘和采石业，基础建设方面的筑路、开掘隧道和地质勘探作业，玻璃制造业，耐火及建筑材料加工业等。而在化工行业尤其是无机化工基础材料生产行业中，由于大量使用各种矿石作原料，其破碎、磨粉、传输等环节中产生的粉尘以及生产过程中产生的尾气烟尘等成为化工企业生产性粉尘的主要来源。

粉尘是指能够较长时间悬浮于空气中的固体微粒。在生产过程中产生的粉尘叫作生产性粉尘。如果对生产性粉尘不加以控制，它将破坏作业环境，危害工人身体健康，损坏机器设备，还会污染大气环境。可燃性粉尘在空气中的浓度达到爆炸极限时会引发爆炸事故，造成人员伤亡和财产损失。

必备知识

一、粉尘的产生及对人体的危害

粉尘对人体的危害程度取决于人体吸入的粉尘量、粉尘侵入途径、粉尘沉着部位和粉尘的物理、化学性质等因素。在众多粉尘中，以石棉尘和含游离二氧化硅粉尘对人体危害最为严重。石棉尘不仅引起石棉沉着病（旧称石棉肺），而且具有致癌性；含游离二氧化硅的粉尘可引起硅肺病，含游离二氧化硅 70% 以上的粉尘对人体危害更大。粉尘的粒径不同，对人体的危害也不同，$2\sim10\mu m$ 的粉尘对人体的危害最大。此外，荷电粉尘、溶解度小的粉尘、硬度大的粉尘、不规则形状的粉尘，对人体危害较大。

粉尘侵入人体的途径主要有呼吸系统、眼睛、皮肤等，其中以呼吸系统为主要途径。粉尘对人体各系统的危害表现如下：粉尘侵入呼吸系统后，会引发肺尘埃沉着病，有机粉尘导致肺部病变、呼吸系统肿瘤和局部刺激作用等病症；如果粉尘侵入眼睛，可引起结膜炎、角膜混浊、眼睑水肿和急性角膜炎等病症；粉尘侵入皮肤后，可堵塞皮脂腺、汗腺，造成皮肤干燥，易受感染，引起毛囊炎、粉刺、皮炎等。

二、生产性粉尘的性质

生产性粉尘种类繁多。不同种类的粉尘，根据其理化性质、进入人体的量和作用部位，可引起不同的危害。

1. 生产性粉尘的分类（按粉尘性质分类）

（1）无机粉尘

① 矿物性粉尘：如石英、石棉、滑石、煤等粉尘；

② 金属性粉尘：如铁、铝、锰等金属及其化合物粉尘；

③ 人工无机粉尘：如金刚砂、水泥、玻璃等粉尘。

（2）有机粉尘

① 动物性粉尘：如毛、丝、骨质、角质等粉尘；

② 植物性粉尘：如棉、亚麻、枯草、谷物、茶、木等粉尘；

③ 人工有机粉尘：如农药、有机染料、合成树脂、合成橡胶、合成纤维等粉尘。

（3）混合性粉尘　上述各类粉尘混合存在。如：煤矿开采时，有岩尘与煤尘；金属制品加工研磨时，有金属和磨料粉尘；棉纺厂准备工序，有棉尘和土尘等。对混合性粉尘，要查明其中所含成分，尤其是矿物性物质所占比例，对进一步确定其对人体危害有重要意义。

2. 生产性粉尘主要理化性质

（1）化学组成　粉尘中游离二氧化硅的含量越高，对人体的危害越大。如石英粉尘游离二氧化硅含量一般都在70%以上，因此对人体的危害最大，国家卫生标准为 $1.0\sim1.5mg/m^3$。煤粉尘游离二氧化硅含量一般都在10%左右，因此对人体的危害相对小一些，国家卫生标准为 $6mg/m^3$。

（2）粉尘浓度　粉尘浓度一般可分为质量浓度和数量浓度。空气中粉尘浓度越高，对人体危害就越大。

（3）分散度　分散度是指物质被粉碎的程度，用来表示粉尘粒子大小的百分构成，空气中粉尘由较小的微粒组成时，则分散度高；反之，则分散度低。粉尘粒子大小一般用直径（μm）表示。粉尘被吸入机体的机会及其在空气中的稳定程度与分散度有直接关系。分散度越高的粉尘，沉降速度较慢，被机体吸入的机会也就越多，对人体的危害就越大。

（4）溶解度　粉尘溶解度的大小，与其对人体的危害有一定关系，但首先由粉尘的化学性质决定其危害性。如某些毒物粉尘，随着溶解度的增加，对人体的危害也增加。一些矿物粉尘如石英，虽然在体内溶解度较小，但对人体危害却较严重。有些粉尘如面粉、糖等，在体内容易溶解、吸收、排出，对人体的危害反而小。

三、预防粉尘危害的对策

按照超标倍数，粉尘作业场所危害程度分为三个等级：0级（$B\leqslant0$，达标），Ⅰ级（$0<B\leqslant3$，超标），Ⅱ级（$B>3$，严重超标）。超标倍数是指作业场所粉尘时间加权平均浓度超过粉尘职业卫生标准的倍数。

目前，粉尘对人造成的危害，特别是肺尘埃沉着病尚无特异性治疗，因此预防粉尘危害，加强对粉尘作业的劳动防护管理十分重要。下面针对化工企业生产性粉尘的防护管理谈几点对策措施。

1. 工艺和物料

选用不产生或少产生粉尘的工艺，采用无危害或危害性较小的物料，是消除、减弱粉尘危害的根本途径。

例如：在工艺要求许可的条件下，尽可能采用湿法作业；用密闭风选代替机械筛分，尽可能采用不含游离二氧化硅或含游离二氧化硅少的材料代替含游离二氧化硅多的材料；不使用产生呼吸性粉尘或减少产生呼吸性粉尘（$5\mu m$ 以下的粉尘）的工艺措施等。

2. 限制、抑制扬尘和粉尘扩散

① 采用密闭管道输送、密闭自动（机械）称量、密闭设备加工，防止粉尘外逸，不能完全密闭的尘源，在不妨碍操作条件下，尽可能采用半封闭罩、隔离室等设施来隔绝、减少粉尘与工作场所空气的接触，将粉尘限制在局部范围内，减弱粉尘的扩散。利用条缝吹风口吹出的空气扁射流形成的空气屏幕，能将气幕两侧的空气环境隔离，防止有害物质由一侧向另一侧扩散。

② 通过降低物料落差、适当降低溜槽倾斜度、隔绝气流、减少诱导空气量和设置空间（通道）等方法，抑制由于正压产生的扬尘。

③ 对亲水性、弱黏性的物料和粉尘应尽量采用增湿、喷雾、喷水蒸气等措施，可有效地减少物料在装卸、运转、破碎、筛分、混合和清扫等过程中粉尘的产生和扩散；厂房喷雾有助于室内飘尘的凝聚、降落。

④ 为消除二次尘源、防止二次扬尘，应在设计中合理布置、尽量减少积尘平面，地面、墙壁应平整光滑、墙角呈圆角，便于清扫；使用负压清扫装置来清除逸散、沉积在地面、墙壁、构件和设备上的粉尘；对炭黑等污染大的粉尘作业及大量散发沉积粉尘的工作场所，则应采用防水地面、墙壁、顶棚、构件，并用水冲洗的方法清理积尘，严禁用吹扫方式清扫积尘。

3. 通风除尘

建筑设计时要考虑工艺特点和除尘的需要，利用风压、热压差合理组织气流（如进风口、天窗、挡风板的设置等），充分利用自然通风改善作业环境。当自然通风不能满足要求时，应设置全面或局部机械通风。

（1）**全面机械通风** 对整个厂房进行通风换气，把清洁的新鲜空气不断地送入车间，将车间空气中粉尘浓度稀释并将污染的空气排出室外，使室内空气中粉尘浓度达到标准规定的最高容许浓度以下。

（2）**局部机械通风** 一般应使清洁新鲜的空气先经过工作地带，再流向有害物质产生的部位，最后通过排风口排出；含有害物质的气流不应经过作业人员的呼吸带。

局部通风、除尘系统的吸尘罩、风管、除尘器、风机的设计和选用，应科学、经济、合理和使工作环境中的粉尘浓度达到标准规定的要求。

除尘器收集的粉尘，应根据工艺条件、粉尘性质、利用价值及粉尘量，采用就地回收、集中回收、湿法处理等方式，将粉尘回收利用或综合处理，并防止二次扬尘。

4. 其他措施

由于工艺、技术的原因，通风和除尘设施无法达到卫生标准的有尘作业场所，操作人员必须佩戴防尘口罩等个体防护用品。

同时，根据三级防护原则，生产企业必须对作业环境的粉尘浓度实施定期检测，确保工作环境中的粉尘浓度达到标准规定的要求；定期对从事粉尘作业的职工进行健康检查，发现不宜从事接尘工作的职工，要及时调离；对已确诊为肺尘埃沉着病的职工，应及时调离原工作岗位，安排合理的治疗和疗养。

任务实施

活动　材料分析

活动描述：阅读以下关于"尘肺病"相关资料，以小组为单位讨论引起"尘肺病"的原因并制定预防"尘肺病"的相关措施。

活动场地：现代化工实训中心。

活动方式：独立阅读、小组讨论。

活动流程：

材料一　尘肺病事故

位于大别山腹地的安徽省六安市裕安区西河口乡、石板冲乡、独山镇等三个乡镇属贫困地区，每年约有2万名青年外出打工。其中，1989~1996年约有1500人在海南东方市一些金矿务工，直接从事井下作业的有300余人。据打工者反映："风钻一开起来，眼前就像蒸气炉放气时一样，什么都看不见。"

许多矿井没有任何卫生防护设施，不配备个人卫生防护用品，更谈不上对工人进行定期体检了。自1995年起务工人员中陆续出现咳嗽、胸闷、呼吸困难、乏力等症状。由于缺乏尘肺病的知识，未能得到及时有效的治疗和妥善的安置。

直到1998年10月，该三个乡镇赴海南务工返乡人员才相继有10余人到省职业病防治所求治，现已发现有尘肺或可疑尘肺，且大多数为Ⅱ期以上，其中死亡两人。一名35岁的农民，从1993年起和老乡前往金矿打工，发现咳嗽带血时，因无知和为了多挣钱，一直在矿里挺着，直到今年4月实在挺不住了才回村，已是Ⅱ期尘肺患者。由于当时矿主都与打工者签有"生死合同"，矿主拒绝出示打工者的职业史证明，致使职业病诊断机构无法确诊为尘肺病，患者无法享受职业病待遇。这些尘肺患者，大多数是青壮年，只因"生死合同"患病后无人管，为了治病花光了所有的积蓄。乡镇政府已意识到问题的严重性。开始建立劳动服务站，完善管理职能，加大劳动保护的宣传力度，增强外出务工者的自我保护意识。

材料二　尘肺病的危害

尘肺是由于在职业活动中长期吸入生产性粉尘，并在肺内滞留而引起的以肺组织弥漫性纤维化（疤痕）为主的全身性疾病。尘肺按其吸入粉尘的种类不同，可分为无机尘肺和有机尘肺。在生产劳动中吸入无机粉尘所致的尘肺，称为无机尘肺。尘肺大部分为无机尘肺。吸入有机粉尘所致的尘肺称为有机尘肺，如棉尘肺、农民肺等。我国法定十二种尘肺有：硅肺、煤工尘肺、电墨尘肺、炭黑尘肺、滑石尘肺、水泥尘肺、云母尘肺、陶工尘肺、铝尘肺、电焊工尘肺、铸工尘肺。

尘肺病人由于长期接触生产性粉尘，使呼吸系统的防御机能受到损害，病人抵抗力明显降低，常发生多种不同的并发症。早期尘肺病人咳嗽多不明显，但随着病程的进展，病人多合并慢性支气管炎，晚期病人多合并肺部感染，均可使咳嗽明显加重。咳嗽与季节、气候等有关。咳痰主要是呼吸系统对粉尘的不断清除所引起的。一般咳痰量不多，多为灰色稀薄痰。如合并肺内感染及慢性支气管炎，痰量则明显增多，痰呈黄色黏稠状或块状，常不易咳出。胸痛尘肺病人常常感觉胸痛，胸痛和尘肺临床表现多无相关或平行关系。部位不一，且常有变化，多为局限性。一般为隐痛，也可胀痛、针刺样痛等。随肺组织纤维化程度的加重，有效呼吸面积减少，通气/血流比例失调，呼吸困难也逐渐加重。合并症的发生可明显加重呼吸困难的程度和发展速度。咯血较为少见，可由于呼吸道长期慢性炎症引起黏膜血管损伤，痰中带少量血丝；也可能由于大块纤维化病灶的溶解破裂损伤及血管破裂而使血量增多。除上述呼吸系统症状外，还有程度不同的全身症状，常见的有消化功能减退。

阅读材料一和材料二，以小组为单位讨论回答以下问题。
(1) 什么是尘肺病？
(2) 尘肺病发生的原因有哪些？主要存在哪些职业或岗位中？
(3) 如何预防尘肺病的发生？

任务三　预防灼伤伤害

任务引入

上海某皮革化工厂主要生产丙烯酸甲酯和丙烯酸丁酯。丙烯酸甲酯生产的化学反应：水 + 硫酸 + 丙烯腈──→丙烯酰胺 + 丙烯酸；丙烯酰胺 + 甲醇──→丙烯酸甲酯，经蒸发、精馏，成为丙烯酸甲酯精品。某日，该厂聘请 5 名大学教师进行丙烯酸甲酯试生产，生产现场约 10 名职工在旁观看。当丙烯腈加至六分之一时，反应锅发生了冲料，大量气雾喷出，10 名职工有明显呼吸道刺激症状和皮肤、眼睛刺激症状，医院诊断为硫酸雾吸入和化学性眼灼伤。

事故发生原因：试生产工艺不规范，水温和硫酸浓度超过反应要求，造成硫酸雾外喷，职工缺乏防护和现场抢救知识，车间安全通道不畅。

硫酸对人体的危害可分为急性中毒和慢性损害两个方面。硫酸对人体的长期影响表现为鼻黏膜萎缩，伴有嗅觉减退或消失，慢性支气管炎和牙齿酸蚀症等。长期接触高浓度硫酸雾的工人，可发生支气管扩张、肺气肿、肺硬变，出现胸痛、胸闷、气喘等症状。

任务分析

灼伤是工业生产、战争和日常生活常见的损伤。一般情况下，正确的早期处理可以减轻灼伤程度，降低并发症的发生率和死亡率。现场急救是灼伤救治最早的一个环节，处理不当常导致灼伤加重或贻误抢救时机，给入院后的救治带来诸多不便。在化工生产过程发生的灼伤事故多以化学灼伤为主，学习化学灼伤的现场急救与预防措施的相关知识非常有必要。

必备知识

一、灼伤及其分类

机体受热源或化学物质的作用，引起局部组织损伤，并进一步导致病理和生理改变的过程称为灼伤。按发生原因的不同分为化学灼伤、热力灼伤和复合性灼伤。

1. 化学灼伤

凡由于化学物质直接接触皮肤所造成的损伤，均属于化学灼伤。导致化学灼伤的物质形态有固体（如氢氧化钠、氢氧化钾、硫酸酐等）、液体（如硫酸、硝酸、高氯酸、过氧化氢等）和气体（如氟化氢、氮氧化合物等）。化学物质与皮肤或黏膜接触后产生化学反应并具有渗透性，对细胞组织产生吸水、溶解组织蛋白质和皂化组织脂肪的作用，从而破坏细胞组织的生理机能而使皮肤组织损伤。

2. 热力灼伤

由于接触炙热物体、火焰、高温表面、过热蒸汽等所造成的损伤称为热力灼伤。此外，在化工生产中还会发生液化气体、干冰接触皮肤后迅速蒸发或升华，大量吸收热量，致使皮肤表面冻伤。

3. 复合性灼伤

由化学灼伤和热力灼伤同时造成的伤害，或化学灼伤兼有的中毒反应等都属于复合性灼伤。如磷落在皮肤上引起的灼伤为复合性灼伤。由于磷的燃烧造成热力灼伤，而磷燃烧后生成磷酸会造成化学灼伤，当磷通过灼伤部位侵入血液和肝脏时，会引起全身磷中毒。

化学灼伤的症状与病情和热力灼伤大致相同，但对化学灼伤的中毒反应特性应给予特别的重视。在化工生产中，经常发生由于化学物料的泄漏、外喷、溅落引起接触性外伤，主要原因有：管道、设备及容器的腐蚀、开裂和泄漏引起化学物质外喷或流泄；火灾爆炸事故而形成的次生伤害；没有安全操作规程或操作规程不完善；违章操作；没有穿戴必需的个人防护用具或穿戴不完全；操作人员误操作或疏忽大意，如在未解除压力之前开启设备。

二、化学灼伤的现场急救

发生化学灼伤，由于化学物质的腐蚀作用，如不及时将其除掉，就会继续腐蚀下去，从而加剧灼伤的严重程度，某些化学物质如氢氟酸的灼伤初期无明显的疼痛，往往不受重视而贻误处理时机，加剧了灼伤程度。及时进行现场急救和处理，是减少伤害、避免严重后果的重要环节。

化学灼伤程度同化学物质的物理、化学性质有关。酸性物质引起的灼伤，其腐蚀作用只在当时发生，经急救处理，伤势往往不再加重。碱性物质引起的灼伤会逐渐向周围和深部组织蔓延。因此，现场急救应首先判明化学致伤物质的种类、侵害途径、致伤面积及深度，采取有效的急救措施。某些化学灼伤，可以从被灼伤皮肤的颜色加以判断，如苛性钠和苯酚的灼伤表现为白色，硝酸灼伤表现为黄色，氯磺酸灼伤表现为灰白色，硫酸灼伤表现为黑色，磷灼伤局部皮肤有特殊气味，有时在暗处可看到磷光。

化学灼伤的程度也同化学物质与人体组织接触时间的长短有密切关系，接触时间越长所造成的灼伤就会越严重。因此，当化学物质接触人体组织时，应迅速脱去衣服，立即用大量清水冲洗创面，不应延误，冲洗时间不得少于15min，以利于将渗入毛孔或黏膜内的物质清洗出去。清洗时要遍及各受害部位，尤其要注意眼、耳、鼻、口腔等处。对眼睛的冲洗一般用生理盐水或用清洁的自来水，冲洗时水流不宜正对角膜方向，不要揉搓眼睛，也可将面部浸入清洁的水盆里，用手把上下眼皮撑开，用力睁大两眼，头部在水中左右摆动。其他部位的灼伤，先用大量水冲洗，然后用中和剂洗涤或湿敷，用中和剂时间不宜过长，并且必须再用清水冲洗掉，然后视病情予以适当处理。常见的化学灼伤急救处理方法见表9-2。

表9-2 常见化学灼伤急救处理方法

灼伤物质名称	急救处理方法
碱类：氢氧化钠、氢氧化钾、氨、碳酸钠、碳酸钾、氧化钙	立即用大量水冲洗，然后用2%乙酸溶液洗涤中和，也可用2%以上的硼酸水湿敷。氧化钙灼伤时，可用植物油洗涤
酸类：硫酸、盐酸、硝酸、高氯酸、磷酸、乙酸、甲酸、草酸、苦味酸	立即用大量水冲洗，再用5%碳酸氢钠水溶液洗涤中和，然后用净水冲洗
碱金属、氧化物、氰氢酸	用大量的水冲洗后，0.1%高锰酸钾溶液冲洗后再用5%硫化铵溶液冲洗
溴	用水冲洗后，再以10%硫代硫酸钠溶液洗涤，然后涂碳酸氢钠糊剂或用1体积(25%) + 1体积松节油 + 10体积乙醇(95%)的混合液处理
铬酸	先用大量的水冲洗，然后用5%硫代硫酸钠溶液或1%硫酸钠溶液洗涤
氢氟酸	立即用大量水冲洗，直至伤口表面发红，再用5%碳酸氢钠溶液洗涤，再涂以甘油与氧化镁(2∶1)悬浮剂，或调上如意金黄散，然后用消毒纱布包扎
磷	如有磷颗粒附着在皮肤上，应将局部浸入水中，用刷子清除，不可将创面暴露在空气中或用油脂涂抹，再用1%~2%硫酸铜溶液冲洗数分钟，然后以5%碳酸氢钠溶液洗去残留的硫酸铜，最后用生理盐水湿敷，用绷带扎好
苯酚	用大量水冲洗，或用4体积乙醇(7%)与1体积氯化铁（1/3mol/L)混合液洗涤，再用5%碳酸氢钠溶液湿敷
氯化锌、硝酸银	用水冲洗，再用5%碳酸氢钠溶液洗涤，涂油膏即磺胺粉
三氯化砷	用大量水冲洗，再用2.5%氯化铵溶液湿敷，然后涂上二巯基丙醇软膏
焦油、沥青(热烫伤)	以棉花沾乙醚或二甲苯，消除粘在皮肤上的焦油或沥青，然后涂上羊毛脂

抢救时必须考虑现场具体情况，在有严重危险的情况下，应首先使伤员脱离现场，送到空气新鲜和流通处，迅速脱除污染的衣着及佩戴的防护用品等。

小面积化学灼伤创面经冲洗后，如致伤物确实已消除，可根据灼伤部位及灼伤深度采取包扎疗法或暴露疗法。

中、大面积化学灼伤，经现场抢救处理后应送往医院处理。

三、化学灼伤的预防措施

化学灼伤常常是伴随生产中的事故或由于设备发生腐蚀、开裂、泄漏等造成的，与安全管理、操作、工艺和设备等因素有密切关系。因此，为避免发生化学灼伤，必须采取综合性管理和技术措施，防患于未然。

制定完善的安全操作规程。对生产中所使用的原料、中间体和成品的物理化学性质，它们与人体接触时可造成的伤害作用及处理方法都应明确说明并做出规定，使所有作业人员都了解和掌握并严格执行。

设置可靠的预防设施。在使用危险物品的作业场所，必须采取有效的技术措施和设施，这些措施和设施主要包括以下几个方面。

1. 采取有效的防腐措施

在化工生产中,由于强腐蚀介质的作用及生产过程中高温、高压、高流速等条件对机器设备会造成腐蚀,加强防腐,杜绝"跑、冒、滴、漏"也是预防灼伤的重要措施。

2. 改革工艺和设备结构

在使用具有化学灼伤危险物质的生产场所,在设计时就应预先考虑防止物料外喷或飞溅的合理工艺流程、设备布局、材质选择及必要的控制、输导和防护装置。

① 物料输送实现机械化、管道化。
② 贮槽、贮罐等容器采用安全溢流装置。
③ 改革危险物质的使用和处理方法,如用蒸汽溶解氢氧化钠代替机械粉碎,用片状物代替块状物。
④ 保持工作场所与通道有足够的活动余量。
⑤ 使用液面控制装置或仪表,实行自动控制。
⑥ 装设各种型式的安全联锁装置,如保证未卸压前不能打开设备的联锁装置等。

3. 加强安全性预测检查

如使用超声波测厚仪、磁粉与超声探伤仪、X射线仪等定期对设备进行检查,或采用将设备开启进行检查的方法,以便及时发现并正确判断设备的损伤部位与损坏程度,及时消除隐患。

4. 加强安全防护措施

① 所有贮槽上部敞开部分应高于车间地面1m以上,若贮槽与地面等高时,其周围应设护栏并加盖,以防工人跌入槽内。
② 为使腐蚀性液体不流洒在地面上,应修建地槽并加盖。
③ 所有酸贮槽和酸泵下部应修筑耐酸基础。
④ 禁止将危险液体盛入非专用的和没有标志的桶内。
⑤ 搬运贮槽时要两人抬,不得单人背负运送。

5. 加强个人防护

在处理有灼伤危险的物质时,必须穿戴工作服和防护用具,如护目镜、面罩、手套、工作帽等。

任务实施

活动　预防灼伤伤害案例分析

活动描述:阅读以下材料,以小组为单位分析讨论案例发生的原因并制定防止事故发生的有关措施。

活动场地:现代化工实训中心。

活动方式:独立阅读、小组讨论。

活动流程:

1. 独立阅读

2008年3月19上午8:55左右,某厂生产技术科中心化验室副组长朱晓娟在溶液室配制氨性氯化亚铜溶液(1体积氯化亚铜,加入2体积25%的浓氨水)时,在量取200mL氯化亚铜溶液放入 500mL 平底烧瓶中后,需加入 400mL 的氨水。朱晓娟从溶液室临时摆放柜里拿了自认为是两个 500mL 的瓶装氨水试剂(每瓶约 200mL,其中一瓶实际为 98% 的浓硫酸,浓硫酸瓶和氨水瓶的颜色较为相似),将第一瓶氨水试剂倒入一只 500mL 烧杯中,后拿起第二瓶,在没有仔细查看瓶子标签的情况下,误将约 200mL,实为 98% 的浓硫酸倒入烧杯中,烧杯中溶液立即发生剧烈反应,烧杯被炸裂,溶液溅到朱晓娟脸上和手上,当时化验员沈春香正好去溶液室拿水瓶经过,脸上也被喷溅到,造成两人脸部及朱晓娟手部局部化学灼伤。

2. 以小组为单位分析讨论并回答以下问题
(1) 上述事故发生的原因有哪些?
(2) 上述灼伤事故属于哪种类型的灼烧,此类灼伤事故应如何避免再次发生?

任务四　预防物理性危害

任务引入

老魏是某大型机械制造企业工程制造部的员工,从事铆焊已 11 年,其工作场所是大车间。工作期间,老魏时常感觉耳膜阵痛,与同事、朋友日常交谈力不从心,听力明显下降。2014 年 7 月,老魏前往疾控部门进行职业健康体检,专家调取了其近 5 年的体检资料,发现他的听力测试结果异常,但他没按医生建议定期复查,最终被诊断为职业性重度噪声聋。

2009 年某公司打磨班总共有 60 多名工人,其中一大部分从事打磨岗位长达 6~10 年,8 月份,17 名工人因手指麻木、疼痛,怀疑得了职业病,多次要求厂方检查无果后,自己去广东省职业病防治院检查。之后,更多工人也自费去检查,经过省职业病防治院检查,实验确认 33 名工人患疑似职业性手臂振动病。这些打磨工人天天捏着打磨机,手不停地振动,一天工作 10~12h;加上车间粉尘太多,打磨班 60 多个工人几乎每个人都多少有些问题。

出现类似大规模物理性危害职业病的主要原因有:
(1) 企业对职业病防治不重视,未采取防治措施;
(2) 职工对职业病尤其物理性危害职业病知之甚少,未采取防护措施长时间工作;
(3) 企业未定期安排就业前和在岗职业健康检查,未能及时发现物理性损害。

任务分析

在化工生产中,存在许多威胁职工健康、使劳动者发生慢性病的物理性因素,因此在生产过程中必须加强劳动保护。从事化工生产的职工,应该清楚相关的劳动保护基本知识和保护措施,自觉地避免或减少在生产环境中受到伤害。

必备知识

物理性危害是指由物理因素引起的职业危害,如放射性辐射、电磁辐射、噪声、光等。

物理性危害程度是由声、光、热、电等在环境中的量决定的。

一、噪声及噪声聋

1. 生产性噪声的特性、种类及来源

在生产过程中，由机器转动、气体排放、工件撞击与摩擦所产生的噪声，称为生产性噪声或工业噪声。可归纳以下三类。

（1）空气动力噪声　由气体压力变化引起气体扰动，气体与其他物体相互作用产生。例如，各种风机、空气压缩机、风动工具、喷气发动机、汽轮机等噪声，是由压力脉冲和气体释放发出的。

（2）机械性噪声　在机械撞击、摩擦或质量不平衡旋转等机械力作用下引起固体部件振动所产生的噪声。例如，各种车床、电锯、电刨、球磨机、砂轮机、织布机等发出的噪声。

（3）电磁性噪声　由磁场脉冲、磁致伸缩引起电气部件振动产生。如电磁式振动台和振荡器、大型电动机、发电机和变压器等产生的噪声。

2. 生产性噪声引起的职业病——噪声聋

由长时间接触噪声导致的听阈升高、不能恢复到原有水平的称为永久性听力阈移，临床上称噪声聋。

3. 预防措施

（1）严格执行噪声卫生标准《工业企业设计卫生标准》规定　操作人员每天连续接触噪声8h，噪声声级卫生限值为85dB（A）；若每天接触噪声时间达不到8h，可根据实际接触时间，按接触时间减半，允许增加3dB（A），但是，噪声接触强度最大不得超过115dB（A）。

（2）噪声控制

① 消除或降低噪声、振动源，如铆接改为焊接、锤击成型改为液压成型等。为防止振动使用隔绝物质，如用橡胶、软木和砂石等隔绝噪声。

② 消除或减少噪声、振动的传播，如吸声、隔声、隔振、阻尼。

（3）正确使用和选择个人防护用品　在强噪声环境中工作的人员，要合理选择和利用个人防护器材。

（4）医学监护　认真做好就业前健康体检，严格控制职业禁忌。对已经从业的人员要定期健康体检，对发现有明显听力影响者，要及时调离噪声作业环境。

二、振动及振动病

1. 振动来源

生产过程中的生产设备、工具产生的振动称为生产性振动。产生振动的机械有锻造机、冲压机、压缩机、振动机、振动筛、送风机、振动传送带、打夯机、收割机等，在生产中手臂振动所造成的危害，较为明显和严重，国家已将手臂振动的局部振动病列为职业病。存在手臂振动的生产作业主要有以下几类。

（1）锤打工具　以压缩空气为动力，如凿岩机、选煤机、混凝土搅拌机、倾卸机、空气锤、筛选机、风铲、捣固机、铆钉机等。

（2）手持转动工具　如电钻、风钻、手摇钻、油锯、喷砂机、金刚砂抛光机、钻孔

机等。

(3) 固定轮转工具　如砂轮机、抛光机、球磨机、电锯等。

(4) 交通运输与农业机械　如汽车、火车、收割机、脱粒机等的驾驶员，下手臂长时间操作，亦存在手臂振动。

2. 振动对人体健康的影响

(1) 局部振动　长期接触局部振动的人，可能有头昏、失眠、心悸、乏力等不适，还有手麻、手痛、手凉、手掌多汗、遇冷后手指发白等症状，甚至工具拿不稳、吃饭掉筷子。

(2) 全身振动　长期全身振动，可出现脸色苍白、出汗、唾液多、恶心、呕吐、头痛、头晕、食欲不振等不适，还有体温、血压降低等症状。

3. 振动对人体健康影响的因素

(1) 振动参数

① 加速度。加速度越大，冲力越大，对人体产生的危害也越大。

② 频率。高频率振动主要使指、趾感觉功能减退，低频率振动主要影响肌肉和关节部分。

(2) 振动设备的噪声和气温　噪声和低气温能加重振动对人体健康的影响。

(3) 接振时间长短　接振时间越长，振动形成的危害越严重。

(4) 机体状态　体质好坏、营养状况、吸烟习惯、饮酒习惯、心理状态、作业年龄、工作体位等都会改变振动对人体健康的影响。

4. 振动的控制措施

① 控制振动源。应在设计、制造生产工具和机械时采用减振措施，使振动降低到对人体无害水平。

② 改革工艺，采用减振和隔振等措施。如：采用焊接等新工艺代替铆接工艺；采用水力清砂代替风铲清砂；工具的金属部件采用塑料或橡胶材料，减少撞击振动。

③ 限制作业时间和振动强度。

④ 改善作业环境，加强个体防护及健康监护。

三、电磁辐射及其所致职业病

在作业场所中可能接触以下几种电磁辐射。

1. 非电离辐射

(1) 高频作业、微波作业等

① 高频感应加热。金属的热处理、表面淬火、金属熔炼、热轧及高频焊接等，工人作业地带高频电磁场主要来自高频设备的辐射源，无屏蔽的高频输出变压器是工人操作场所的主要辐射源。射频辐射对人体的影响不会导致组织器官的器质性损伤，主要引起功能性改变，并具有可逆性特征，往往在停止接触数周或数月后可恢复。

② 微波作业。微波加热广泛用于食品、木材、皮革、茶叶等加工，以及医药、纺织印染等行业。微波对机体的影响主要表现在神经系统、分泌系统和心血管系统。

(2) 红外线　在生产环境中，加热金属、熔融玻璃、强发光体等可成为红外线辐射源，炼钢工、铸造工、轧钢工、锻钢工、玻璃熔吹工、烧瓷工、焊接工等会受到红外线辐射。长期受到炉火或加热红外线辐射可引发白内障，红外线致晶状体损伤，职业性白内障已列入职业病名单。

(3) 紫外线 在生产环境中，物体温度达1200℃以上时，热辐射的电磁波谱中可出现紫外线。随着物体温度的升高，辐射的紫外线频率增高。常见的辐射源有冶炼炉（高炉、平炉、电炉）、电焊、氧乙炔焊、氩弧焊、等离子焊接等。

紫外线对皮肤作用能引起红斑反应。强烈的紫外线辐射可引起皮炎，皮肤接触沥青后再经紫外线照射，能发生严重的光感性皮炎，并伴有头痛、恶心、体温升高等症状。长期受紫外线作用，可引发湿疹、毛囊炎、皮肤萎缩、色素沉着，甚至可引发皮肤癌。

在作业场所比较多见的是紫外线对眼睛的损伤，即由电弧光照射所引起的职业病——电光性眼炎。此外在雪地作业、航空航海作业时，受到大量太阳光中紫外线照射，可引起类似电光性眼炎的角膜、结膜损伤，称为太阳光眼炎或雪盲症。

(4) 激光 激光也是电磁波，属于非电离辐射，广泛应用于工业、农业、国防、医疗和科研等领域。在工业生产中主要利用激光辐射能量集中的特点，用于焊接、打孔、切割、热处理等。

激光对健康的影响主要是由它的热效应和光化学效应造成的。可引起机体内某些酶、氨基酸、蛋白质、核酸等活性降低或失活。眼部受激光照射后，可突然出现眩光感、视力模糊等。激光意外伤害，除个别发生永久性视力丧失外，多数经治疗均有不同程度的恢复。激光也会对皮肤有损伤。

(5) 防护措施 防护措施如下。

① 高频电磁场：对高频产生源进行屏蔽；
② 微波辐射：直接减少辐射源，屏蔽辐射源，加强个体防护；
③ 红外辐射：保护眼睛，如作业中戴绿色防护镜；
④ 紫外辐射：佩戴专用的防护用品；
⑤ 激光：使用吸光材料，加强个体防护。

2. 电离辐射

(1) 电离辐射概述 凡能引起物质电离的各种辐射均称为电离辐射。如各种天然放射性核素和人工放射性核素，X射线机等。

随着核能事业的发展，核工业、核设施也迅速发展，放射性核素和射线装置在工业、农业、医药卫生和科学研究中已经广泛应用，接触电离辐射的劳动者也日益增多。

在农业上，利用射线的生物学效应进行辐射育种、辐射菌种、辐射蚕茧，都可获得新品种。射线照射肉类、蔬菜，可以杀菌、保鲜、延长储存时间。在医学上，用射线照射肿瘤，杀伤癌瘤细胞用于治疗。从事上述各种辐照作业的工作人员，主要受到射线的外照射。工业生产上还利用射线照相原理进行管道焊缝、铸件砂眼的探伤等。放射性仪器仪表多使用封闭源，造成工作人员的外照射。

(2) 电离辐射引起的职业病——放射病 放射病是人体受各种电离辐射照射而发生的各种类型和不同程度损伤（或疾病）的总称。它包括：

① 全身性放射性疾病，如急性、慢性放射病；
② 局部放射性疾病，如急性、慢性放射性皮炎，放射性白内障；
③ 放射所致远期损伤，如放射所致白血病。

放射性疾病，除由战时核武器爆炸引起之外，常见于核能和放射装置应用中的意外事故，或由防护条件不佳所致职业性损伤。列为国家法定职业病者，包括急性、慢性外照射放射病，外照射皮肤放射损伤和内照射放射病四种。

(3) 防护措施　防护措施如下。
① 缩短被照射时间。
② 隔离防护。
③ 屏蔽防护。
④ 健康监护。放射作业人员，就业前必须进行健康体检，严格控制职业禁忌症。对就业后的人员，要根据实际情况、接触射线水平，确定定期健康体检的间隔时间。对已经出现职业病危害的人员，要早诊断、早治疗、早期调离放射作业。放射工作人员要注意加强营养，多供给高蛋白、高维生素饮食，并要注意休息。每年应安排放射工作人员有一定时间的休息或疗养，提高放射工作人员的健康水平。

四、异常气象条件及有关的职业病

1. 作业场所气象条件

气象条件主要是指空气的温度、湿度、气流与气压，在作业场所由这四要素组成的微小气候和劳动者的健康关系甚大。作业场所的微小气候既受自然条件影响，也受生产条件影响。

(1) 空气温度　生产环境的气温，受大气和太阳辐射的影响，在纬度较低的地区夏季容易形成高温作业环境。生产场所的热源，如各种熔炉、锅炉、化学反应釜，以及机械摩擦和转动的产热，都可以通过传导和对流使空气升温。在人员密集的作业场所，人体散热也会对工作场所的气温产生一定影响，例如 25℃的气温下从事轻体力劳动，其总散热量为 523kJ/h，在 35℃以下从事重体力劳动总散热量为 1046kJ/h。

(2) 空气湿度　对空气湿度的影响主要来自各种敞开液面的水分蒸发或蒸汽分散，如造纸、印染、缫丝、电镀、屠宰等，可以使生产环境湿度增加。潮湿的矿井、隧道以及潜涵、捕鱼等作业也可能遇到相对湿度大于 80% 的高湿作业环境。在高温作业车间也可能遇到相对湿度小于 30% 的低空气湿度。

(3) 风速　生产环境的气流除受自然风力的影响外，也与生产场所的热源分布和通风设备有关，热源使室内空气升温，产生对流气流，通风设备可以改变气流的速度和方向。矿井或高温车间的空气淋浴，生产环境的气流方向和速度要人工控制。

(4) 热辐射　热辐射是指能产生热效应的辐射线，主要是指红外线及一部分可见光。太阳辐射以及生产场所的各种熔炉、开放的火焰、熔化的金属等均能向外散发热辐射，既可以作用于人体，也可以使周围物体升温成为二次热源，扩大热辐射面积，加剧热辐射强度。

(5) 气压　一般情况下，工作环境的气压与大气压相同，虽然在不同的时间和地点可以略有变化，但变动范围很小，对机体无不良影响。某些特殊作业，如潜水作业、航空飞行等，在异常气压下工作，气压与正常气压相差很远。

2. 作业场所异常气象条件的类型

(1) 高温强热辐射作业　工作地点气温30℃以上、相对湿度80%以上的作业，或工作地点气温高于夏季室外气温2℃以上，均属高温、强热辐射作业。如冶金工业的炼钢、炼铁、轧钢车间，机械制造工业的铸造、锻造、热处理车间，建材工业的陶瓷、玻璃、搪瓷、砖瓦等窑炉车间，火力电厂和轮船的锅炉间等。这些作业环境的特点是气温高、热辐射强度大、相对湿度低、易形成干热环境。

(2) 高温高湿作业　特点是气温高，湿度大，热辐射强度不大，或不存在热辐射源。如在印染、缫丝、造纸等工业中，需液体加热或蒸煮，车间气温可达35℃以上，相对湿度达90%以上。煤矿深井井下气温可达30℃，相对湿度达95%以上。

（3）夏季露天作业　夏季从事农田、野外、建筑、搬运等露天作业以及军事训练等，受太阳的辐射作用和地面及周围物体的热辐射。

（4）低温作业　接触低温环境主要见于冬天在寒冷地区或极区从事野外作业。如建筑、装卸、农业、渔业、地质勘探、科学考察、在寒冷天气中进行战争或军事训练。室内因条件限制或其他原因无采暖设备亦可形成低温作业环境。在冷库或地窖等人工低温环境中工作，人工冷却剂的储存或运输过程中发生意外，亦可使接触者受低温侵袭。

（5）高气压作业　高气压作业主要有潜水作业和潜涵作业。潜水作业常见于水下施工、海洋资料及海洋生物研究、沉船打捞等。潜涵作业主要见于修筑地下隧道或桥墩，工人在地下水位以下的深处或沉降于水下的潜涵内工作，为排出涵内的水，需通较高压力的高压气。

（6）低气压作业　高空、高山、高原均属低气压环境，在这类环境中进行运输、勘探、筑路、采矿等生产劳动，属低气压作业。

3. 异常气象条件对人体的影响

（1）高温作业对机体的影响　高温作业对机体的影响主要是体温调节和人体水盐代谢的紊乱。机体内多余的热不能及时散发掉，产生蓄热现象，使体温升高。在高温作业条件下大量出汗使体内水分和盐大量丢失。一般生活条件下人出汗量为每日6L以下，高温作业工人日出汗量可达8~10L，甚至更多，汗液中的盐主要是氯化钠，引起体内水盐代谢紊乱，对循环系统、消化系统、泌尿系统都可造成一些不良影响。

（2）低温作业对机体的影响　在低温环境中，皮肤血管收缩以减少散热，内脏和骨骼肌血流增加，代谢加强，骨骼肌收缩产热，以保持正常体温。如时间过长，超过了人体耐受能力，体温将逐渐降低。由于全身过冷，使机体免疫力和抵抗力降低，易患感冒、肺炎、肾炎、肌痛、神经痛、关节炎等。

（3）高低气压作业对人体的影响　高气压对机体的影响，在不同阶段表现不同。在加压过程中，可引起充塞感、耳鸣、头晕等，甚至造成鼓膜破裂。在高气压作业条件下，欲恢复到常压状态时，有个减压过程，在减压过程中，如果减压过速，则会引起减压病。低压作业对人体的影响是由低压性缺氧而引起的损害。

4. 异常气象条件引起的职业病

（1）中暑　中暑是高温作业环境下发生的一类疾病的总称，是机体散热机制发生障碍的结果。按病情轻重可分为先兆中暑、轻症中暑、重症中暑。重症中暑症状有昏倒或痉挛，皮肤干燥无汗，体温在40℃以上。可采取防暑降温的措施，主要是隔热、通风和个体防护，暑季供应清凉饮料。

（2）减压病　急性减压病主要发生在潜水作业后，减压病的症状主要表现为皮肤奇痒、灼热感、紫绀、大理石样斑纹，肌肉、关节和骨骼酸痛或针刺样剧烈疼痛，头痛、眩晕、失明、听力减退等。

（3）高原病　高原病是发生于高原低氧环境下的一种特发性疾病。急性高原病分为三类：急性高原反应，主要症状为头痛、头晕、心悸、气短、恶心、腹胀、胸闷、紫绀等；高原肺水肿，是在急性高原反应基础上发生呼吸困难，X射线显示双肺里有片状阴影；高原脑水肿，出现剧烈头痛、呕吐等症状，发病急，多在夜间发病。

5. 低温作业、冷水作业的防护措施

① 实现自动化、机械化作业，避免或减少低温作业和冷水作业。控制低温作业、冷水作业的时间。

② 穿戴防寒服、手套、鞋等个人防护用品。

③ 配置采暖操作室、休息室、待工室等。

④ 冷库等低温封闭场所应设置通信、报警装置，防止误将人员关锁在里面。

任务实施

活动　预防物理性危害案例分析

活动描述：阅读以下两起事故，以小组为单位分析讨论案例发生的原因并制定防止事故发生的有关措施。

活动场地：现代化工实训中心。

活动方式：独立阅读、小组讨论。

活动流程：

1. 独立阅读

案例一：

1992年11月19日，山西省忻州市一位农民张某在忻州地区环境检测站宿舍工地干活，捡到一个亮晶晶的小东西，便放进了上衣口袋里，几小时后，便出现了恶心、呕吐等症状。十几天后，他便不明不白地死去。没过几天，在他生病期间照顾他的父亲和弟弟也得了同样的"病"而相继去世，妻子也病得不轻。后来经过医务工作者的调查，才找到了真正的病因，那个亮晶晶的小东西是废弃的钴60，其放射性强度高达10居里，足以"照死人"。

案例二：

2010年8月12日上午9时许，湖南某化工企业两名员工周某和杨某在合成塔塔顶作业（维护封头法兰），接近中午，天气突变，刮起了大风，由于该企业没有制定相应的事故突发应急预案，加之周某和杨某安全意识淡薄，起风后，吊篮倾斜，杨某从吊篮划出，悬挂在20米的高中，情况十分危急，幸好两人穿戴了安全带，没有导致事故后果进一步扩大。

2. 以小组为单位分析讨论并回答以下问题

（1）分别判断案例一和案例二事故属于哪类物理性危害？

（2）以上两起事故发生的原因有哪些？如何避免此类事故再次发生？

参考文献

[1] 张麦秋,唐淑贞,刘三婷.化工生产安全技术.3版.北京:化学工业出版社,2020.
[2] 刘景良.化工安全技术.4版.北京:化学工业出版社,2019.
[3] 齐向阳.化工安全技术.2版.北京:化学工业出版社,2014.
[4] 杨宗岳,杨文代.安全管理必备制度与表格典范.北京:企业管理出版社,2020.
[5] 高等学校安全工程学科教学指导委员会.化工安全.北京:中国劳动社会保障出版社,2008.
[6] 蒋军成.危险化学品安全技术与管理.3版.北京:化学工业出版社,2015.
[7] 张武平.压力容器安全管理与操作.北京:中国劳动社会保障出版社,2011.
[8] 李振花,王虹,许文.化工安全概论.3版.北京:化学工业出版社,2018.
[9] 袁雄军.化工安全工程学.北京:中国石化出版社,2018.
[10] 朱兆华,徐丙根,王中坚.典型事故技术评析.北京:化学工业出版社,2007.
[11] 付建平,刘忠,张健.化工装置维修工作指南.北京:化学工业出版社,2012.
[12] 孙玉叶,夏登友.危险化学品事故应急救援与处置.北京:化学工业出版社,2008.